国家出版基金项目
NATIONAL PUBLICATION FOUNDATION

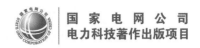

国家电网公司
电力科技著作出版项目

KEY TECHNOLOGY AND APPLICATION FOR
POWER TRANSMISSION AND TRANSFORMATION EQUIPMENT

输变电装备关键技术与应用丛书

变电站自动化
技术与应用

主 编 ◉ 郑玉平

副主编 ◉ 周 斌 黄国方

中国电力出版社
CHINA ELECTRIC POWER PRESS

内 容 提 要

本书对变电站自动化技术进行了介绍，阐述了变电站自动化系统结构，详细说明了站控层、间隔层、过程层关键设备及关键技术，系统介绍了 IEC 61850 技术、网络通信技术、电能质量监测技术、辅助监控技术、信息安全技术等，并给出了具体的工程应用案例，最后对未来技术发展进行了展望。本书总结了变电站自动化专业近年来的研究成果，且参编人员均来自变电站自动化技术研究、开发、试验及应用的第一线，有着较高的学术与专业水平。

全书共 16 章，包括概论、变电站监控系统技术、变电站测控及保护测控集成技术、合并单元及智能终端技术、时间同步技术、同步相量测量技术、IEC 61850 技术、网络通信技术、数字化计量技术、电能质量监测技术、辅助监控技术、变电站运维技术、信息安全技术、二次模块化技术、工程应用案例及未来发展展望。

本书可供从事变电站自动化技术研究、设计、使用的专家、学者使用，也可供从事电力系统二次专业系统、基建、调度、运维、检修技术人员和设备研发人员参考。

图书在版编目（CIP）数据

变电站自动化技术与应用 / 郑玉平主编 . —北京：中国电力出版社，2020.6
（输变电装备关键技术与应用丛书）
ISBN 978-7-5198-3668-9

Ⅰ . ①变… Ⅱ . ①郑… Ⅲ . ①变电站–自动化技术 Ⅳ . ①TM63

中国版本图书馆 CIP 数据核字（2019）第 195551 号

出版发行：中国电力出版社
地　　址：北京市东城区北京站西街 19 号（邮政编码 100005）
网　　址：http://www.cepp.sgcc.com.cn
责任编辑：周　娟　杨淑玲（010-63412602）
责任校对：黄　蓓　朱丽芳
装帧设计：王红柳
责任印制：杨晓东

印　　刷：北京博海升彩色印刷有限公司
版　　次：2020 年 6 月第一版
印　　次：2020 年 6 月北京第一次印刷
开　　本：787 毫米×1092 毫米　16 开本
印　　张：16
字　　数：361 千字
定　　价：108.00 元

《输变电装备关键技术与应用丛书》
编 委 会

《变电站自动化技术与应用》
编委会及编写组成员

总　序

　　电力装备是实现能源安全稳定供给和国民经济持续健康发展的基础，包括发电设备、输变电设备和供配用电设备。经过改革开放 40 多年的发展，我国电力装备取得了巨大的成就，发生了极为可喜的变化，形成了门类齐全、配套完备、具有相当先进技术水平的产业体系。我国已成为名副其实的电力装备大国，电力装备的规模和产品质量已迈入世界先进行列。

　　我国电网建设在 20 世纪 50～70 年代经历了小机组、小容量、小电网时代，80 年代后期开始经历了大机组、大容量、大电网时代。21 世纪开始进入以特高压交直流输电为骨干网架，实现远距离输电，区域电网互联，各级电压、电网协调发展的坚强智能电网时代。按照党的十九大报告提出的构建清洁、低碳、安全、高效的能源体系精神，我国已经开始进入新一代电力系统与能源互联网时代。

　　未来的电力建设，将随着水电、核电、天然气等清洁能源的快速发展而发展，分布式发电系统也将大力发展。提高新能源发电比重，是实现我国能源转型最重要的举措。未来的电力建设，将推动新一轮城市和乡村电网改造，将全面实施城市和乡村电气化提升工程，以适应清洁能源的发展需求。

　　输变电装备是实现电能传输、转换及保护电力系统安全、可靠、稳定运行的设备。近年来，通过实施创新驱动战略，已建立了完整的研发、设计、制造、试验、检测和认证体系，重点研发生产制造了远距离 1000kV 特高压交流输电成套设备、±800kV 和 ±1100kV 特高压直流输电成套设备，以及 ±200kV 及以上柔性直流输电成套设备。

　　为了充分展示改革开放 40 多年以来我国输变电装备领域取得的创新驱动成果，中国电力出版社与中国电工技术学会组织全国输变电装备制造产业及相关科研院所、高等院校百余位专家、学者，精心谋划、共同编写了《输变电装备关键技术与应用丛书》（简称《丛书》），旨在全面展示我国输变电装备制造领域在"市场导向，民族品牌，重点突破，引领行业"的科技发展方针指导下所取得的创新成果，进一步加快我国输变电装备制造业转型升级。

《丛书》由中国西电集团有限公司、南瑞集团有限公司、许继集团有限公司、中国电力科学研究院等国内知名企业的 100 多位行业技术领军人物、顶级专家共同参与编写和审稿。《丛书》内容体现了创新性和实用性，是我国输变电制造和应用领域中最高水平的代表之作。

《丛书》紧密围绕国家重大技术装备工程项目，涵盖了一度为国外垄断的特高压输电及终端用户供配电设备关键技术，以及我国自主研制的具有世界先进水平的特高压交直流输变电成套设备的核心关键技术及应用等内容。《丛书》共 10 个分册，包括《变压器　电抗器》《高压开关设备》《避雷器》《互感器　电力电容器》《高压电缆及附件》《换流阀及控制保护》《变电站自动化技术与应用》《电网继电保护技术与应用》《电力信息通信技术》《现代电网调度控制技术》。

《丛书》以输变电工程应用的设备和技术为主线，包括产品结构性能、关键技术、试验技术、安装调试技术、运行维护技术、在线检测技术、故障诊断技术、事故处理技术等，突出新技术、新材料、新工艺的技术创新成果。主要为从事输变电工程的相关科研设计、技术咨询、试验、施工、运行维护、检修等单位的工程技术人员、管理人员提供实际应用参考，也可供设备制造供应商生产、设计及高等院校的相关师生教学参考，也能满足社会各阶层对输变电设备技术感兴趣的非电力专业人士的阅读需求。

周鹤良

2020 年 4 月

序　言

当前世界范围内，以智能电网为标志的能源革命正在悄然兴起。智能电网在传统电力系统基础上，通过集成新能源、新材料、新设备和新技术，实现了电力系统的高度信息化、自动化、互动化，有效提升了电力系统的灵活性和适应性，是未来电力及能源系统的核心。我国高度重视智能电网建设，《电力发展"十三五"规划》中明确提出我国将加快推进"互联网+"智能电网建设，全面提升电力系统的智能化水平。

变电站作为智能电网的支撑节点以及电力输送控制的核心环节，其地位与作用越发突出。变电站自动化系统安全、稳定、可靠、智能、高效的运行，对于电网的安全经济运行至关重要。变电站自动化系统信息采集和展示的全面性、准确性、可靠性和及时性，决定了电网调度、运检人员对电网的驾驭能力。电网智能化水平的提高离不开变电站自动化技术的发展。

我国变电站自动化技术的研究随着电子信息、计算机科学技术和智能电网的发展，不断发展更替，新技术和新模式层出不穷。国内变电站自动化系统发展日新月异，近年来已经从常规变电站综合自动化系统，迅速换代到了智能变电站自动化系统，涌现出以统一建模技术、以太网通信技术、过程层采集控制技术、时间同步技术、同步相量测量技术、一体化监控技术、辅助监控技术和信息安全技术等为代表的一系列自动化领域新技术。

随着智能变电站技术的广泛应用，电网对自动化专业技术人员提出了更高的要求，他们除了要具有监控、测控等自动化原有专业知识外，还必须对网络通信、继电保护、网络安全等相关专业知识有全面的了解，只有具备多专业综合素质才能把工作做好。

本书较为全面地反映了最近十几年来变电站自动化技术发展取得的成果，对基础理论和基础概念的介绍较为清晰。以较多的篇幅阐述了采样测量、控制输出、时钟同步、数字建模、网络通信、信息安全和运行维护等自动化技术领域内容，还介绍了宽频测量、集群测控等前沿技术的发展趋势以及相关工程应用案例，可以满足新形势下自动化专业技术人员拓展知识面、掌握新技术、获得工程参考的需求。本书既适合从事变电站自动化专业的技术人员学习，也可供从事电力二次专业设计、基建、调度、运维、检修技术人员和设备研发人员参考。

中国工程院院士

2020 年 4 月

前　言

随着世界经济发展，全球能源消费总量不断攀升，可持续发展成为各国关注的焦点。智能电网能够优化现有能源利用体系，大幅度提升能源利用效率，已成为电网技术和社会经济发展的必然选择。变电站担负着电网电能转换和电能重新分配的繁重任务，是智能电网不可缺少的重要环节。变电站自动化技术对确保变电站高效稳定运行，实现站内设备监测、控制以及电网信息实时共享起着不可替代的作用，是保证变电站安全、经济运行的重要技术手段。

变电站自动化系统是二次系统的重要组成部分之一，其采用先进的计算机技术、电子技术、信号处理技术及通信技术，对变电站内二次设备进行优化设计，进而实现对变电站主要设备的监视、测量、控制、保护以及调度通信等功能。随着现代社会对电能供应的安全性、可靠性、经济性、优质性等指标要求的提高，电力系统对变电站自动化系统的要求也越来越高。

变电站自动化系统脱胎于传统的远动系统。早期系统主要由被控站远动设备、控制站远动设备和远动通道三部分组成。20世纪80年代微处理器芯片和大规模集成电路的发明及应用为变电站数据的采集和处理提供了有力的技术支撑，变电站远动系统逐步发展为变电站综合自动化系统。我国对变电站综合自动化技术的研究始于计算机技术普及的20世纪80年代和90年代。进入21世纪，随着计算机技术、半导体技术、传感器技术和通信技术的快速发展，伴随智能电网的出现，以及智能变电站的大规模推广与应用，变电站自动化技术又有了新的突破，进一步发展为当前的智能变电站自动化系统，系统功能越来越强，自动化、智能化水平越来越高，对电网的支撑作用也越来越大。智能变电站自动化系统在目标设计理念、设备硬件、通信方式以及自动化系统软件方面均发生了深刻变化。尤其是IEC 61850标准的引进与应用，其面向对象、分层分布的建模理念与全新的通信方式给自动化系统带来了一场重大变革。随着变电站自动化技术的深入发展，广大工程技术人员迫切需要一本系统阐述变电站自动化技术与应用的学习参考书，为此，南瑞集团有限公司组织相关专家与技术人员编写了《变电站自动化技术与应用》一书。

本书侧重介绍智能变电站自动化技术，涵盖面较广。书中详细阐述了变电站自动化系统结构，以及站控层、间隔层、过程层关键设备及关键技术，对 IEC 61850 技术、网络通信技术、电能质量监测技术、辅助监控技术、信息安全技术等做了系统性介绍，并通过具体的工程应用案例介绍让读者将书中所述的内容融会贯通。本书总结了编写组历年来的研究成果，参编人员都是来自变电站自动化技术研究、开发、试验及应用的第一线，有着较高的学术与技术水平。本书可供从事变电站自动化技术研究、设计和使用的专家学者以及工程技术人员使用。全书共 16 章。第 1 章介绍了变电站自动化技术发展历程、背景与现状，重点介绍了变电站自动化系统的构成和关键技术；第 2 章介绍了变电站监控系统技术；第 3 章介绍了变电站测控及保护测控集成技术；第 4 章介绍了合并单元及智能终端技术；第 5 章介绍了时间同步技术，重点介绍了智能变电站常见对时方式及对时原理和时间同步方法；第 6 章介绍了同步相量测量技术，重点介绍了同步相量测量装置功能、相量数据集中器功能；第 7 章介绍了 IEC 61850 技术，并介绍了 IEC 61850 第 2 版的现状；第 8 章介绍了网络通信技术，重点介绍了智能变电站网络通信架构及主要构成；第 9 章介绍了数字化计量技术；第 10 章介绍了电能质量监测技术；第 11 章介绍了辅助监控技术，重点介绍了辅助监控系统架构及主要构成；第 12 章介绍了变电站运维技术，重点介绍了广域运维技术、巡检机器人技术和配置工具；第 13 章介绍了信息安全技术；第 14 章介绍了二次模块化技术；第 15 章介绍了工程应用案例；第 16 章对变电站自动化技术的未来发展进行了展望，主要展望了宽频测量技术、内网安全监测技术、集群测控技术等。

当前，变电站自动化技术正朝着智能化方向大步前进，必将有大量的新技术和新设备不断涌现，需要我们密切跟踪并进行深入研究。

由于本书编写工作量大、时间仓促，难免存在不足之处，希望广大专家和读者批评指正。

编者

2020 年 4 月

目　　录

第1章 概　　论

1.1　变电站自动化技术发展历程

变电站自动化技术发展历程大体可分成三个阶段：早期的远动技术、中期的监控技术和近期的变电站自动化技术。近期的变电站自动化又包括传统变电站自动化、数字化变电站自动化和当前的智能变电站自动化，其发展历程如图 1-1 所示。

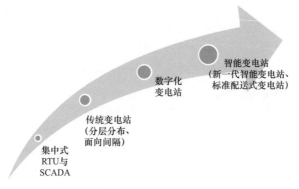

图 1-1　变电站自动化技术发展历程

早期的远动技术可追溯到 20 世纪 40 年代到 70 年代，当时的远动设备是集中式远方终端设备（Remote Terminal Unit，RTU），大部分只完成遥测、遥信的"二遥"功能，少部分同时具备遥测、遥信、遥控、遥调，即所谓的"四遥"功能。中期的监控技术可追溯至 20 世纪 80 年代到 90 年代中期，这一时期出现了所谓数据采集与监控系统（Supervisory Control And Data Acquisition，SCADA），即 SCADA 系统，远动一词也逐渐为监控所取代，远动功能由"二遥"发展为"四遥"，并且增添了若干附加功能。

20 世纪末到 21 世纪初，由于半导体芯片技术、通信技术及计算机技术的飞速发展，远动技术发展到变电站自动化阶段。其主要特点表现为：以分层分布式结构取代传统的集中式结构，在设计理念上不是以整个厂站作为设备所要面对的目标，而是以间隔设备对象作为设计的依据；在中低压系统采用物理结构和电气特性完全独立，功能上既考虑测控又涉及继电保护的保护测控集成装置对应一次系统中的线路、变压器、电容器、电抗器等间隔设备；在高压与超高压系统，以独立的测控单元对应相应的一次间隔。这一时期，变电站二次系统中智能电子设备（Intelligent Electronic Device，IED）广泛运用，诸如继电保护与安全自动装置、电源、五防、数字式电能表等均可视为 IED 而纳入一个统一的变电站自动化系统之中。保护装置与自动化系统的集成主要通过通信接口，包括早期的 RS485 总线串行接口以及后来广泛应用的以太网接口，通信协议一般采用 DL/T 667—1999《远动设备及系统　第 5 部分：传输规约　第 103 篇：继电保护设备信息接口配套标准》（idt IEC 60870 – 5 – 103：1997）。

由于采用了分层分布式的结构，并且相对传统上独立的远动、监控与继电保护联系更为紧密，远动技术由此上升到了一个崭新的高度，其概念与内涵也有了质的不同。因此这样的技术称为变电站自动化技术，由此而诞生的系统，称为变电站自动化系统。

随着变电站自动化技术的发展，数字化变电站的概念于 21 世纪初逐渐兴起，但由于种种原因，数字化变电站的确切定义一直未能明确，业内普遍认为，数字化贯穿变电站自动化的始终，目前所研究讨论的数字化变电站应该是数字化的变电站自动化发展过程中的一个阶段，即 2007 年以后随着 IEC 61850《变电站通信网络和系统》的试点应用，电子式互感器的不断成熟，以变电站一、二次设备为数字化对象，以高速通信技术为基础，通过信息数字化和标准化，实现信息共享和互操作，并以网络数据为基础，实现数据采集、继电保护、运行控制等功能，满足安全稳定、建设经济等现代化建设要求的变电站。这一定义基本反映了当时的技术共识。符合 IEC 61850 变电站通信网络和系统标准、电子式互感器、智能化的一次设备、网络化的二次设备、自动化的运行管理系统，是其最主要的技术特征。21 世纪初期，数字化变电站技术逐步发展起来并开始得到一定数量的应用，但不久，智能变电站的概念很快取代了数字化变电站的概念。

2009 年 12 月，国家电网公司发布了 Q/GDW 383—2009《智能变电站技术导则》。该导则提出："智能变电站是采用先进、可靠、集成、低碳、环保的智能设备，以全站信息数字化、通信平台网络化、信息共享标准化为基本要求，自动完成信息采集、测量、控制、保护、计量和监测等基本功能，并可根据需要支持电网实时自动控制、智能调节、在线分析决策、协同互动等高级功能的变电站"。这里提出的智能变电站概念，本质上是对智能变电站自动化技术和系统的定义。

智能变电站采用 IEC 61850 标准，将变电站一、二次系统设备按功能分为站控层、间隔层和过程层三层。站控层设备包括监控主机、数据通信网关机、操作员工作站和对时系统等，实现面向全站设备的监视、控制、告警及信息交互功能。间隔层设备一般指保护装置、测控装置和状态监测 IED 等二次设备，实现使用一个间隔的数据并且作用于该间隔一次设备的功能。过程层设备指的是一次设备及其所属的智能组件、独立智能电子设备。

数字化变电站技术尚未成熟时，受政策影响，变电站自动化技术迅速向智能变电站方向发展。由技术特征来看，两者颇具共同性。智能变电站与数字化变电站的区别在于数字化是手段、智能化是目标，两者从不同角度阐述变电站自动化技术发展的新特征。同时，在智能变电站技术研究和应用热潮的推动下，变电站数字化的范围和深度较以往得到了有力提升。

无论数字化变电站、智能变电站，都依据 IEC 61850 标准将变电站划分为三层结构，再加上 IEC 61850 标准统一建模的通信方式和电子式互感器的应用，这些因素都给变电站二次系统带来了深刻的影响。

1.2　智能变电站自动化发展背景与现状

进入 21 世纪以来，随着世界经济的发展，能源需求量持续增长，环境保护问题日益严峻。调整和优化能源结构，应对全球气候变化，实现可持续发展成为人类社会普遍关注的焦点，更成为电力工业实现转型发展的核心驱动力。在此背景下，智能电网成为全球电力工业应对未来挑战的共同选择。

2009 年，国家电网公司结合我国能源资源的禀赋特点和经济社会持续快速发展的实际情况，首次提出了发展"坚强智能电网"的战略目标，这一战略目标强调了三个方面的内涵：

（1）坚强智能电网是坚强网架与智能化有机融合的电网。

（2）坚强智能电网是协同高效的综合互联系统。

（3）坚强智能电网是现代社会新型的公共服务平台。

坚强智能电网是以特高压电网为骨干网架、各级电网协调发展的坚强网架为基础，以通信信息平台为支撑，具有信息化、自动化和互动化特征，包含电力系统的发电、输电、变电、配电、用电和调度六大环节，覆盖所有电压等级，实现"电力流、信息流、业务流"的高度一体化融合，具有坚强可靠、经济高效、清洁环保、透明开放和友好互动内涵的现代电网。"坚强"与"智能"是现代电网的两个基本发展要求，"坚强"是基础，"智能"是关键。强调坚强网架与电网智能化的高度融合，是以整体性、系统性的方法来客观描述现代电网发展的基本特征。变电站是电力网络的节点，智能变电站作为智能电网的重要环节之一，为智能电网提供坚强可靠的节点支撑，是建设坚强智能电网的重要组成部分。

如图 1-2 所示，智能变电站能够完成比之前各种模式变电站范围更宽、层次和结构更复杂的信息采集和信息处理。它通过安装在站内各处的智能化设备收集变电站的各种信息，纵向与上级电网调度进行信息交互，横向与相连变电站、相连电源和用户之间进行信息交互和互动，在充分掌握系统信息的情况下实现电网的安全、稳定、协调、可靠运行。

智能变电站具有一次设备智能化、全站信息数字化、信息共享标准化、高级应用互动化等重要特征。

（1）一次设备智能化。一次设备智能化是智能变电站的重要标志之一。采用标准的信息接口，实现融合状态监测、测控保护、信息通信等技术于一体的智能化一次设备，可满足整个智能电网电力流、信息流、业务流一体化的需求。一次设备智能化不仅是概念上的转变和理论上的发展，而且具有技术上的突破，包括采用众多新技术、新材料和新工艺。智能化一次设备的发展包括一次设备本身的技术革新和其智能化部件技术革新以及它们相互之间的融合。电子式互感器具有传统互感器的全部功能，其原理、结构上的特点使其具有更多的应用优势，包括消除磁饱和现象、动态范围大、经济性好等，是智能变电站普及应用的重要设备。

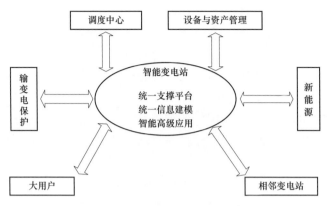

图 1-2　智能变电站概念示意图

（2）全站信息数字化。随着电子式互感器的使用，常规变电站模拟信号逐步被数字信号和光纤代替，断路器和变压器通过智能组件提供统一的对外信息接口，实现一、二次设备双向通信功能。通过上述技术手段，使全站信息采集、传输、处理、输出过程完全数字化。

（3）信息共享标准化。基于 IEC 61850 标准的统一标准化信息模型实现了站内外信息共享。智能变电站统一和简化了变电站的数据源，形成基于同一断面的唯一性、一致性基础通信，通过统一标准、统一建模来实现变电站内的信息交互和信息共享，可以将常规变电站内多套孤立系统集成为基于信息共享基础上的业务应用。

（4）高级应用互动化。实现各种站内外高级应用系统相关对象间的互动，满足智能电网互动化的要求，实现变电站与控制中心之间、变电站与变电站之间、变电站与用户之间以及变电站与其他应用需求之间的互联、互通和互动。

从智能变电站的定义及其基本特征可以看出，变电站智能化的关键在二次设备与技术，即便是一次设备的智能化也是通过二次设备与技术来实现的。

变电站自动化技术发展至今，智能变电站自动化较传统变电站自动化的范围进一步扩大。智能变电站自动化由监控系统、继电保护、变电设备状态监测、辅助设备、时钟同步、计量等设备实现。智能变电站监控系统纵向贯通调度、生产管理等系统，变电站内互联各 IED 设备，是变电站自动化的核心部分。

智能变电站监控系统直接采集站内电网运行信息和测控、保护等二次设备运行状态信息，通过标准化接口与输变电设备状态监测、辅助设备、计量等装置进行信息交互，完成变电站全站数据的采集和处理；实现变电站监视、控制和管理，同时为调度（调控）中心、生产管理等其他主站系统提供远程控制和浏览服务。智能变电站自动化系统示意图如图 1-3 所示，其中所有接入的信息遵循 DL/T 860 标准接入智能变电站监控系统。

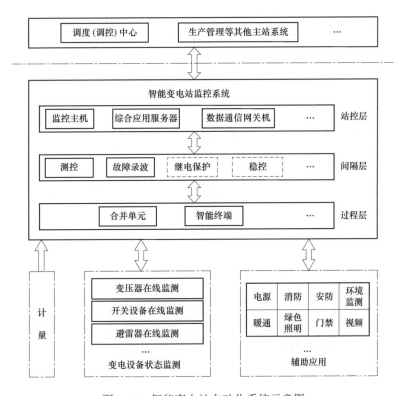

图 1-3 智能变电站自动化系统示意图

注：图中用点画线框标识部分与智能变电站监控系统进行信息交互

1.3 变电站自动化系统构成

IEC 61850 标准提出了变电站的三层功能结构、功能间的逻辑接口以及逻辑接口到物理接口的映像。根据 IEC 61850 标准的上述指导思想，国内智能变电站实施过程中设计了多种不同的体系结构，其中应用较多的是"三层两网"结构。也提出过"三层三网"结构及"三层一网"结构。各种结构形式的共同点是都遵从三层结构，而在网络配置上差异较大，所谓"三网"和"两网"自身也没有统一、明确的定义。本书介绍当前最典型的智能变电站自动化系统构架如图 1-4 所示。智能变电站二次系统分为站控层、间隔层和过程层三层设备，在逻辑上由这三层设备及站控层网、过程层网组成。站控层网络、过程层网络物理上相互独立。

智能变电站二次系统各层设备主要包括：

（1）站控层设备包括监控主机、数据通信网关机、数据服务器、综合应用服务器、操作员工作站、工程师工作站、相量数据集中器和计划管理终端等。

（2）间隔层设备包括继电保护装置、测控装置、故障录波装置、网络报文记录分析装置和稳控装置等。

（3）过程层设备包括合并单元、智能终端和智能组件等。

5

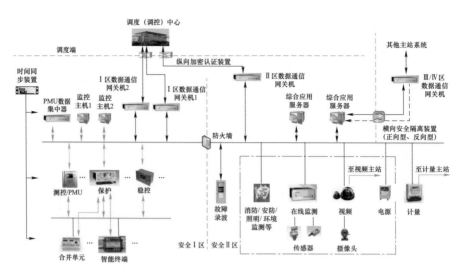

图 1-4 智能变电站自动化系统架构图

变电站网络在逻辑上由站控层网络和过程层网络组成。站控层网络是站控层设备和间隔层设备之间的网络，实现站控层内部以及站控层设备与间隔层设备之间的数据传输；过程层网络是间隔层设备和过程层设备之间的网络，实现间隔层设备与过程层设备之间的数据传输。间隔层设备之间的通信，物理上可以映射到站控层网络，也可以映射到过程层网络。全站的通信网络应采用高速工业以太网。

站控层网络采用星形结构的 100Mbit/s、1000Mbit/s 或更高速度的工业以太网；网络设备包括站控层中心交换机和间隔层交换机。站控层中心交换机连接数据通信网关机、监控主机、综合应用服务器、数据服务器等设备。间隔层交换机连接间隔内的保护、测控和其他智能电子设备。站控层和间隔层之间的网络通信协议采用制造报文规范（Manufacturing Message Specification，MMS），故也称为 MMS 网，网络可通过划分虚拟局域网（Virtual Local Area Network，VLAN）分隔成不同的逻辑网段。

过程层网络包括用于间隔层设备和过程层设备之间的状态与控制数据交换面向通用对象的变电站事件（Generic Object Oriented Substation Event，GOOSE）网和用于间隔层和过程层设备之间采样值传输的采样值（Sampled Value，SV）网。GOOSE 网一般按电压等级配置，采用星形结构，220kV 以上电压等级采用双网；采用 100Mbit/s 或更高通信速率的工业以太网；保护装置与本间隔的智能终端设备之间采用 GOOSE 点对点通信方式。SV 网一般也按电压等级配置，同样采用星形结构、100Mbit/s 或 1000Mbit/s 通信速率的工业以太网；保护装置以点对点方式接入 SV 数据。

对时系统是智能变电站自动化系统的重要组成部分，系统由主时钟、时钟扩展装置和对时网络组成。主时钟双重化配置，支持北斗卫星导航系统（BeiDou Navigation Satellite System，BDS）、全球定位系统（Global Positioning System，GPS）和地面授时信号，优先采用北斗卫星导航系统。时钟扩展装置数量按工程实际需求确定。时钟同步精度优于 1μs，守时精度优于 1μs/h(12h 以上)；站控层设备与时钟同步一般采用简单网络时间协议（Simple

Network Time Protocol，SNTP）方式，经站控层网络对时报文接收对时信号。间隔层和过程层设备一般采用 IRIG－B（DC）码（Inter-Range Instrumentation Group-B，IRIG－B）、秒脉冲（1PPS）对时方式，对时信号由主时钟或扩展装置时钟经单独的对时总线或串口发送至各设备的对时输入接口。智能变电站建设中也采用过一种 IEC 61588（IEEE 1588）对时方式，目前部分智能变电站也在使用。

第 2 章　变电站监控系统技术

2.1　概述

　　变电站监控系统软件随着计算机科学技术的发展而在不断地提高，从早期单任务 DOS 平台 16 位编程，到多任务多线程分布式操作系统 Linux、Unix、Windows 64 位编程；从使用种类繁多的各种图形板驱动编写字符型、半图形、全图形，到基于多窗口、多屏幕、与显示设备无关的基于操作系统的人机会话界面；从为运行人员操作定制的功能键盘到使用通用键盘和鼠标，这些变化体现了软件技术的发展给监控系统的人机界面、系统功能、智能应用等方面带来的革命性影响。监控系统软件的发展经历了几个阶段，早期的系统面向应用进行定制开发，随着技术的发展，应用新需求的不断增加，发展成为一套比较抽象的软件功能，从而进入了面向过程的应用开发阶段。随着应用功能的进一步抽象，特别是面向对象设计方法学的普遍流行，诞生了面向对象的监控系统，为变电站智能应用的实现提供了基础。而 IEC 61850 标准的发布，使得面向对象建模的方式得到了迅速的推广，传统的监控系统已难以满足 IEC 61850 面向对象建模的需求。

　　目前在 IT 行业迅猛发展和变化的情况下，迫切要求软件能够具有更好的可重用性、可扩展性及高可靠性。应用软件趋于复杂，代码量大大增加，软件开发也从个体手工作坊式向团队开发发展。随着 Internet/Intranet 的普及，提出了跨平台分布式应用的要求，需要一种采用平台化设计内核的系统，该系统程序模块要求架构清晰，独立性强，即应用与应用间接口耦合性要低，应用程序与数据库接口尽可能通过应用服务层来实现，系统功能变化尽可能采用数据库增加配置的方式来适应不同用户的需求，并且应用实时性能要求满足国家相关标准，软件完全按照跨平台设计，能够在 Linux/Unix/Windows 操作系统上运行，对于计算机的内部字节顺序与长度要求不做限制。同时考虑到应用可能在嵌入式计算机系统运行的需求，系统模块要求可裁剪性高，以尽可能减少系统资源开销。

　　计算机监控系统提供了一个能满足上述需求的适用于未来变电站各种监控需求的开发平台。主要平台模块包括了系统数据建模工具、支持动态模型的数据库系统、通用组态软件与数据模板管理、按通信规约建模的通信管理系统、与应用无关的图形基系统、综合量计算模块以及系统功能冗余等管理模块，为了提高开发质量，同时提供了仿真控制与调试模块。这些模块均为跨 Linux/Unix/Windows 操作系统平台设计。

　　基于以上开放系统平台架构，采用人机友好的界面风格和易操作性，可以增强系统建模能力，提高应用功能的模块化程度，同时具备数据辨识、状态估计、多级智能告警、源端维护、顺序控制等多种变电站高级应用功能，为智能变电站发展提供技术支撑。

2.2　监控系统体系架构及其构成

计算机监控系统适用于多种厂站端监控软件产品,系统采用多主机分布式结构配置。随着技术的不断进步,系统目前已由基于网络化的常规变电站发展到基于 IEC 61850 的智能变电站阶段,相关产品也在同步更新升级。图 2-1 是基于网络化的常规变电站监控系统典型应用配置图。其中,本地监控系统包括服务器、操作员工作站、五防工作站、管理工作站、保护工程师站和远动机等多种设备,其中网络既可是单网配置,也可是双网配置。变电站监控系统分为站控层和间隔层,每一个间隔设置包含测控和保护等设备在内的硬件装置,负责收集该间隔的数据,再转发给计算机监控系统。间隔层内通信采用现场总线方式,与站控层之间采用以太网通信。专门设置远动机,负责调度信息的收集和转发。

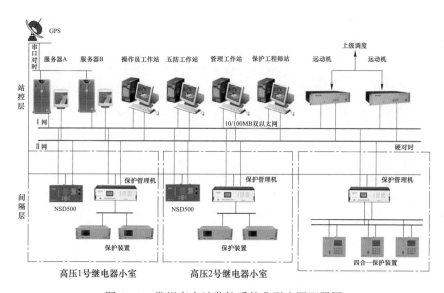

图 2-1　常规变电站监控系统典型应用配置图

智能变电站监控系统,基于监控主机和综合应用服务器,统一存储变电站模型、图形和操作记录、运行信息、告警信息、二次设备在线监测、故障波形等历史数据,为各类应用提供数据查询和访问服务。智能变电站监控系统结构遵循 DL/T 860《变电站通信网络和系统》,其应用配置如图 2-2 所示。

(1) 在安全 I 区中,监控主机采集电网运行和一、二次设备工况等实时数据,经过分析和处理后在操作员工作站上进行统一展示。

(2) 安全 I 区监控主机具备完整的防误功能。

(3) 安全 I 区数据通信网关机通过直采直送的方式实现与调度(调控)中心的实时数据传输,并提供运行数据告警直传和远程浏览服务。

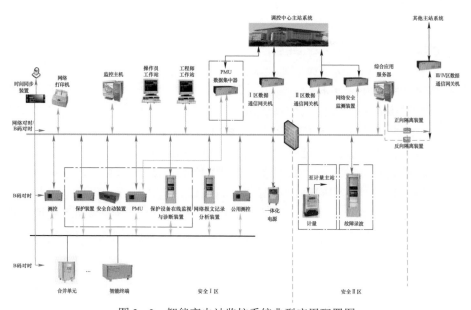

图 2-2 智能变电站监控系统典型应用配置图

注：图中点画线框内设备为智能变电站一体化监控系统接入设备

（4）在安全Ⅱ区中，综合应用服务器经防火墙获取安全Ⅰ区的保护设备及其在线监视与诊断装置的信息，并和安全Ⅱ区的故障录波器进行通信，实现对全站继电保护等二次设备的综合分析、故障诊断、智能运维和可视化展示。

（5）安全Ⅱ区数据通信网关机经过站控层网络从保护装置、综合应用服务器、故障录波器等处获取数据、模型等信息，与调度（调控）中心进行信息交互，提供信息查询和远程调阅等服务，并上送全站二次设备运行信息、保护专业信息、故障录波等信息。

（6）网络安全监测装置一般部署在安全Ⅱ区，获取服务器、工作站、交换机、安全防护设备的重要运行信息、安全告警信息等，实现数据采集、安全分析、告警、本地安全管理和告警上传等功能。

2.2.1 系统硬件配置

1. 常规变电站

系统主网采用单或双 10/100Mbit/s 以太网结构，通过 10/100Mbit/s 交换机构建，采用国际标准网络协议。SCADA 功能采用双机热备用，完成网络数据同步功能。其他主网节点，依据重要性和应用需要，选用双节点备用或多节点备用方式运行。

主网的双网配置是保障系统负荷平衡及热备用双重功能的重要手段，在正常运行情况下，双网以负荷平衡模式工作，一旦其中一个网络发生故障，另一网络就可以自动接替全部通信负荷，从而保证实时系统通信的 100% 可靠性。

（1）服务器。负责整个系统的协调和管理，保持实时数据库的完整最新备份；负责组织各种历史数据并将其保存在历史数据库服务器中。

当某一服务器发生故障时，系统将自动进行切换，切换时间小于 30s。任何单一硬件设备故障和切换都不会造成实时数据和 SCADA 功能的丢失，主备机也可通过人工进行切换。

（2）操作员工作站。完成对电网的实时监控和操作功能，显示各种图形和数据，并进行人机交互。它为操作员提供了所有功能的入口，显示各种画面、表格、告警信息和管理信息，提供遥控、遥调等操作界面。

（3）远动机。负责与调度自动化系统进行通信，完成多种远动通信规约的解释，实现现场数据的上送及下达远方操作的遥控、遥调命令。

（4）五防工作站。五防工作站主要提供给操作员对变电站五防操作进行管理。可在线通过界面操作生成操作票；在制作操作票的过程中，进行操作条件检测；可在界面上模拟执行操作票；系统可提供操作票模板，在生成新操作票时，只需对操作票模板中的对象进行编辑，就可生成新的操作票。

系统还具有操作票查询、修改操作及按操作票和设备对象进行存储和管理的功能。可设置与计算机钥匙的通信。

（5）保护工程师站。保护工程师站主要提供给保护工程师对变电站内的保护装置及其故障信息进行管理维护。保护工程师指运行管理人员、维护人员及保护设计人员、调试人员。保护工程师站关心的信息包括保护设备（故障录波器）的参数、工作状态、故障信息和动作信息等。

故障录波综合分析是给保护工程师进行故障分析的工具，作为事故处理、运行决策的依据。故障录波综合分析不仅分析录波数据，还综合考察故障时的测量值、定值参数和其他信号等，提供多种分析手段，生成综合性的报告结果。

（6）管理工作站。根据用户制定的设备管理方法，管理工作站对系统中的电力设备进行监管，比如根据断路器的跳闸次数提出检修要求，根据主变压器的运行情况制定检修计划，并自动将这些要求通知用户。

2. 智能变电站

智能变电站全站的通信网络采用高速以太网，传输带宽大于或等于 100Mbit/s，交换机采用工业以太网标准，部分中心交换机之间的连接采用 1000Mbit/s 数据端口互联，过程层交换机之间级联采用 1000Mbit/s 数据端口互联。

（1）监控主机。实现站内设备的运行监视、操作与控制、防误闭锁、信息综合分析及智能告警功能，支持变电站实时运行数据和记录事件的存储功能，支持历史告警信息文件导出等功能。

（2）操作员工作站。站内运行监控的主要人机界面，实现对全站一、二次设备的实时监视和操作控制，具有事件记录及报警状态显示和查询、设备状态和参数查询、操作控制等功能。

（3）工程师工作站。实现智能变电站监控系统的配置、维护和管理。

（4）Ⅰ区数据通信网关机。直接采集站内实时数据，通过专用通道向调度（调控）中心传送实时信息，同时接收调度（调控）中心的操作与控制命令；实现变电站告警信息向调度主站的直接传输，同时支持调度主站对变电站的图形调阅和远程浏览。

（5）Ⅱ区数据通信网关机。实现Ⅱ区数据向调度（调控）中心和其他主站系统的数据传输，具备远方查询和浏览功能。

（6）综合应用服务器。接收全站设备运行工况和异常告警信息、二次设备运行数据、故障录波及继电保护专业分析和运行管理信息、设备基础档案和台账信息等，进行集中处理、存储、分析和展示。综合应用服务器宜采用成熟商用关系数据库、实时数据库和时间序列数据库，支持多用户并发访问。

（7）防火墙。实现站内安全Ⅰ区和安全Ⅱ区设备之间的数据通信隔离。

（8）正向隔离装置。实现安全Ⅱ区到安全Ⅲ/Ⅳ区的数据单向传输。

（9）反向隔离装置。实现安全Ⅲ/Ⅳ区到安全Ⅱ区的数据单向传输。

（10）网络安全监测装置。实现服务器、工作站、网络设备及安全防护设备等设备运行信息和网络安全监测数据的采集、安全分析与告警、本地安全管理和告警上传等功能。

2.2.2　系统软件环境

1. 操作系统

支持 Linux 操作系统的多个版本，主要有凝思、麒麟、Redhat、Suse、Debian。

2. 系统软件

数据库系统可以采用基本的二进制文件库、SQLite 或由用户指定的其他商用数据库等。系统采用面向对象的程序设计方法，采用 C++、Qt、Java 开发环境。采用报表和数据库组态工具，生成图文并茂的图形报表和组态界面。操作风格与 Microsoft Excel 完全兼容，提供多媒体功能，具有语音报警和图形显示等功能。

2.2.3　系统软件架构

1. 系统总体架构

变电站监控系统采用基于组件和面向服务的体系架构（Service Oriented Architecture，SOA）进行设计，以支撑系统各节点内部以及节点之间的信息完全共享、各种应用的分布式一体化实现，达到系统整体架构灵活性与扩展性的目标。为了确保开发的阶段性，系统采用"统一的基础平台＋组件式模块"的构建模式，支持各类应用的即插即用，组件式构建示意图如图2－3所示。

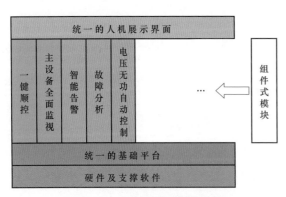

图2－3　组件式构建示意图

在调度端和变电站端一体化管理的基础上，研究基于 SOA 架构，纵向可以贯通各级调度和变电站系统，横向可以贯穿三个安全分区的广域服务总线，系统的各类业务功能均可以在广域服务总线的基础上开展建设。

通过纵向服务总线，可以实现上下级调度系统之间，以及调度和变电站系统之间相关业务系统的互联互通，满足信息交互的需求，并可以实现系统之间的协调控制以及流程化管理；通过横向服务总线，可以实现系统内各业务功能模块的标准化建设和即插即用，实现各业务功能的"横向协同"。

变电站监控系统的体系架构示意图如图 2−4 所示。

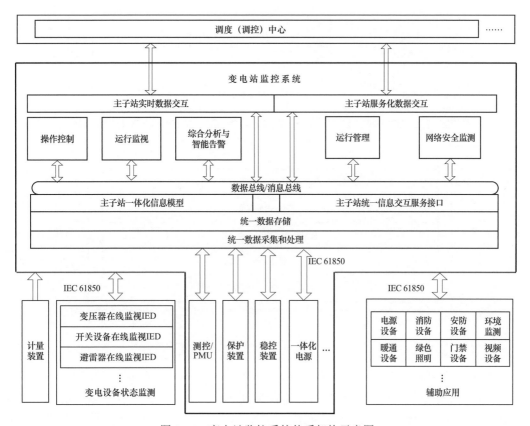

图 2−4　变电站监控系统体系架构示意图

2. 基础平台架构

基础平台应采用层次化的功能设计，能对软硬件资源、数据及软件功能模块进行组织，对应用开发和运行提供环境。基础平台应提供公共应用支持和管理功能，能为应用系统的运行管理提供全面的支持。

为了实现上述需求，系统的基础平台架构设计重点研究以下内容：

（1）基于面向服务的体系架构（SOA）的广域服务总线。需要研究面向服务、支持实时、准实时和非实时业务的服务总线，基于该总线技术实现变电站监控系统的基础平台架构。

（2）组件技术。需要研究组件模型、组件接口结构以及组件与其他组件交互的机制，研究基于组件的裁剪、配置技术，支持应用的即插即用。

（3）公共服务。需要研究基于服务总线的公共服务，为各应用的运行和进一步开发提供基础，研究数据、模型、应用等服务注册、请求、提供方式、技术规范和实现方案。

在体系架构上，基础平台应包含硬件、操作系统、基于 SOA 的广域服务总线、各类数据库和文件管理、统一数据访问服务和各类公共服务等 6 个层次，采用面向服务和组件化的体系架构，业务可灵活裁剪。变电站一体化监控系统基础平台架构示意图如图 2−5 所示。

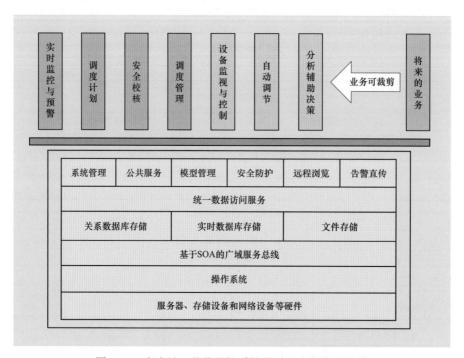

图 2−5　变电站一体化监控系统基础平台架构示意图

3. 系统应用架构

变电站一体化监控系统的各类应用构建在基础平台之上，包含了各类应用功能和服务。在调度端，应用架构应包含电网实时监控与预警、调度计划、安全校核和调度管理等四类核心应用的所有业务；在变电站端，除了包含原有设备监视与控制、自动调节、分析辅助决策等系统功能外，还应包括与调度系统之间进行协调控制的分布式处理类应用。按照横向、纵向一体化的总体思路，变电站监控系统的应用架构应支持构建分布式一体化的调度体系架构。

2.3　关键技术

2.3.1　基于 SOA 的平台软件架构

基于面向服务的体系架构（SOA）适用于变电站监控系统以及嵌入式终端的软件平台，具有以下主要特点：

（1）面向嵌入式需求，功能精炼可组合，资源消耗低，可以根据硬件配置不同，按需对各类功能进行选择和组合。

（2）兼容包括 X86、ARM 等多种硬件平台，支持多种不同配置的嵌入式装置运行，可应用于变电站智能网关机、楼宇监控等各类独立装置。

（3）提供内存实时数据库、高速服务总线、消息总线等数据、通信机制，能够记录装置运行状况，可按需配置各类服务，既可独立运行，也可作为系统中的一个节点。

（4）兼容既有系列平台相同的系统接口标准，能够和其他平台无缝对接、直接通信，支持应用程序在平台间快速移植。

1. 基础平台

基础平台软件采用分层结构，通过组件化和服务化等方式实现系统的裁剪性、扩展能力和对多种硬件的适应性。基础平台架构示意图如图 2－6 所示。

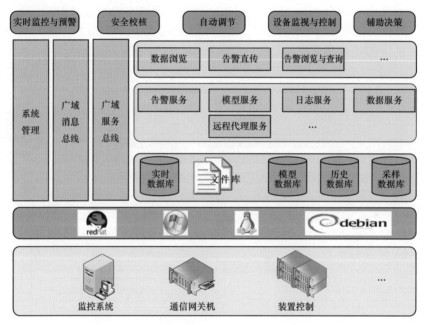

图 2－6　基础平台架构示意图

在硬件层，系统可适用在包括普通监控系统（PC 及服务器）、通信网关机及装置控制单元（ARM 架构）的多种类型硬件设备上。

在操作系统方面，系统支持各种主流的商业 Linux 操作系统和 Windows 操作系统。

在系统层，分为数据、服务和基础应用三个层面，并通过高速总线进行贯通，所有系统软、硬件资源通过系统管理功能进行统一管控和监视，实现高效的资源和系统管理。由于采用服务体系和开放式架构，业务应用可方便地在平台进行部署和运行。

基础平台设计突出灵活可裁剪的特点，通过对功能进行精细化拆分，形成核心功能组件和非核心功能组件。核心功能组件包括系统管理、服务总线和实时数据库等。非核心功能组件包括关系数据库、历史数据库、公共服务、数据浏览和告警直传等。核心功能为基础平台的必选功能，特点是占用资源少，可靠性强，能够适应从监控系统、通信网关到嵌入式终端的不同类型和不同配置的设备；非核心功能可根据设备配置和应用需求进行灵活裁剪，同时服务化管理和配置保证了相关模块可以在线增减，实现了组件模块的即插即用。基础平台采用 SOA 架构，基于面向服务的体系架构（SOA）的广域服务总线，各类公共服务包括告警、图形数据推送、文件管理等可根据应用需求配置，并通过发布的服务接口访问。

2. 基于 SOA 的变电站通用服务架构

在变电站监控系统内部，基于消息总线和服务总线等基于服务的通信协议建立基于 SOA 的变电站通用服务架构，为了充分发挥远程交互技术的支撑作用，采用监控主机与数据通信网关机一体化的模式，基于服务协议的远程交互功能模块可以自由地部署在监控系统内任意一个站控层节点，实现包括智能高级应用在内的变电站主要应用功能的服务化，从结构和功能分布等方面打破传统的远动通信方式的制约，并基于电力系统通用服务协议（General Service Protocol for Electric Power System，GSP）在内的远程交互技术的应用，在主子站之间建立了可以自由传输各种应用数据的信息高速公路，为主子站各类应用的广域协同提供了强有力的技术支撑。基于 SOA 的变电站通用服务架构的广域协同示意图如图 2-7 所示。

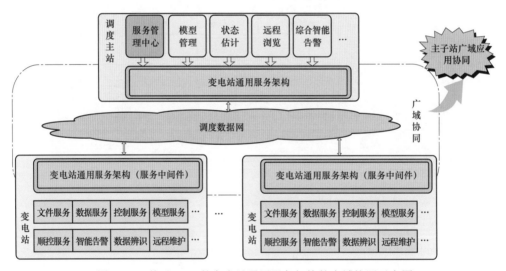

图 2-7　基于 SOA 的变电站通用服务架构的广域协同示意图

针对变电站远程维护的需求，系统增加了远程维护服务，实现了变电站图形远程调阅、远动转发表信息调阅修改、前置通道配置修改以及远程历史信息查询等远程功能，提升主站对变电站自动化设备的监视与维护能力。基于服务的主子站远程交互使主站与变电站可以充分发挥各自优势，减轻主站的负担，减少两端的重复配置调试功能，解决现场维护成本高、效率低的问题，保障无人值班变电站自动化设备的运行安全，全面提升变电站对大运行、大检修体系及无人值班模式的业务支撑能力。

为了保证主子站远程交互与应用深度协同互动的信息安全，着手建立了从调度端到变电站端纵深安全防护体系，并采用数字签名和权限认证等安全认证技术，确保远方操作的信息安全。

基于 SOA 的变电站通用服务架构将系统分为三个层次，如图 2 - 8 所示，分别为应用层、协议层和通信层。在三个层次中又有对应的服务安全模块，保证基于 SOA 的变电站通用服务架构中服务调用的安全性。应用层包括应用服务接口规范和服务管理中心，应用开发人员按照应用服务接口规范的要求封装自己的应用服务，并通过服务管理中心发布或定位需要的应用服务。在进行应用封装时应用开发人员只需要使用协议层提供的基本服务接口和公共服务接口，而不需要关心它们的实现。在应用层之下的协议层为应用层提供基本服务接口和公共服务接口，两类接口按照通用服务协议的标准实现，从而确保系统在协议层的通用性。最底层为通信层，负责完成主子站之间的数据交换，通信层提供同步通信机制保证的跨系统的高性能数据通信。

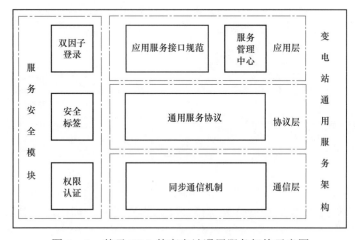

图 2 - 8　基于 SOA 的变电站通用服务架构示意图

服务的整个生命周期如图 2 - 9 所示，服务需要先在子站创建，然后向主站注册。服务注册成功后将进入服务测试阶段，通过测试的服务可以进入上线阶段真正投入使用。如果服务需要升级或维护，可以进入下线阶段，等服务升级或维护完成后，再重新进入测试、上线阶段。如果服务不再使用，可以进行服务注销和删除。

3. 主子站通信机制

主子站同步通信机制为主子站之间的广域通信提供一种同步通信手段，通信层以上各层屏蔽实现数据交换所需的底层通信技术和应用处理的具体方法，从传输上支持应用请求信息和响应结果信息的传输。

主子站同步通信机制接收上层通用服务协议封装后的数据，为实现主子站之间的广域传输，主子站同步通信机制再次对这些数据进行封装，增加远程系统域名、服务名等信息。封装后的数据将会被发送到与远程系统连通的代理服务器，代理服务器上的代理程序通过远程系统域名定位到远程系统的代理节点，并将数据转发。远程代理程序接收到数据后，根据服务名定位服务地址，并将数据转发给服务程序。服务程序处理完成后将响应信息通过原路径返回给客户端，从而实现整个主子站同步通信过程。主子站同步通信机制提供一组通信接口，包括服务请求、服务应答等，上层程序通过调用接口完成主子站同步通信过程。

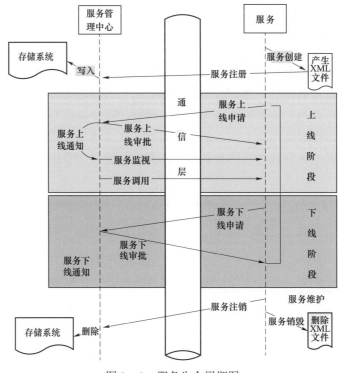

图 2 - 9　服务生命周期图

通用服务协议是电力系统通用服务协议（GSP）的简称。通用服务协议采用电力系统动态消息编码规范（M 编码）进行对象数据编码，定义了基于常用通信协议的电力系统通用服务的方法，适用于调度控制中心、发电厂、变电站内部及相互间的数据交换。在电力系统通用服务协议中对基本数据类型、公共类标识、基本服务接口和公共类进行了定义，具体细节参照 GB/T 33602—2017《电力系统通用服务协议》。

2.3.2　主子站交互技术

监控系统通过采用服务总线，为主子站间实时类应用的交互提供高效可靠的通信机制、实时访问接口以及总线管理功能。服务总线提供一种通信手段，为上层应用屏蔽了实现数据交换所需的底层通信技术和应用处理的具体方法，从传输上支持应用请求信息和响应结果信息的传输。

服务总线分为服务提供者、服务管理中心和本地服务消费者三个组成部分，为应用提供服务的注册、发布、请求、订阅、确认和响应等信息交互机制，同时提供服务管理的功能，以满足应用功能和数据的使用和共享。

在通信方式上，服务总线提供了请求/响应和订阅/发布两种通信方式，以满足不同的业务需求。同时，服务总线为上层应用程序提供了一组服务原语，包括对需要成为服务总线上的服务进行服务封装和注册、对服务总线上的服务进行管理、对服务总线的使用者提供服务调用等功能。

服务总线中的服务提供者可以通过通用服务总线提供的数据格式转换、传输协议转换等方式接入通用服务总线中，成为通用服务总线的服务，接受通用服务总线的统一管理，参与通用服务总线的流程编排和整合。

一个完整的服务调用流程包括服务注册、服务定位、服务位置、服务请求和服务响应五步。具体的服务调用流程如图 2 – 10 所示。

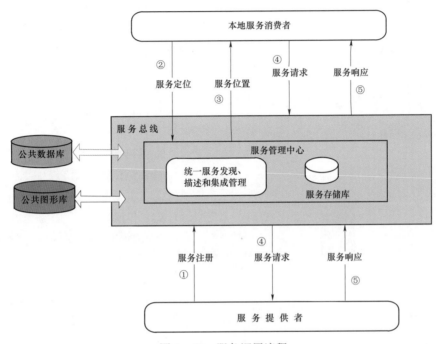

图 2 – 10　服务调用流程

1. 服务总线架构

完成一次服务调用包含服务提供者、服务消费者和服务管理中心三个组成部分。

（1）服务提供者。

服务提供者是提供具体服务的进程，负责服务功能的具体实现，接入到服务总线上，可直接对外提供服务，并通过注册服务操作将其所提供的服务发布到服务管理中心，当接收到服务消费者的服务请求时，执行所请求的服务。

（2）服务消费者。

服务消费者是服务执行的发起者，首先需要到服务管理中心查找符合条件的服务，然后根据服务描述信息进行服务绑定/调用，以获得需要的功能。

（3）服务管理中心。

服务管理中心是服务总线的核心组成部分，主要完成对服务提供者提供服务注册和状态更新功能；对服务请求者提供服务定位功能；对已注册服务进行服务监控功能。服务管理中心能够屏蔽服务的部署细节，实现对服务的透明访问。

服务管理中心还提供服务监控功能，用于监视服务工作状态，以及对其进行管理。具体功能如下：

1）管理服务监视、切换、重启、同步。

2）对服务进行监视，并监测服务状态供定位服务。

3）服务的注销。

2. 服务注册

服务注册实现服务的发布注册（也称发布服务）。服务注册和服务定位的流程如图 2–11 所示，各应用服务器向注册服务器注册所能提供的服务，包括服务器位置（节点 IP 和端口号）、服务类型（订阅/发布、请求/应答类）等信息。服务管理中心将这些服务注册信息保存，用于客户端的服务定位。

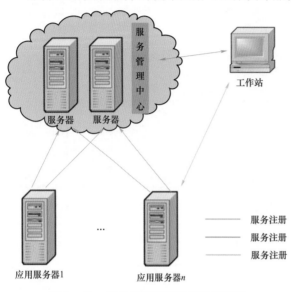

图 2–11　服务注册和服务定位的流程

3. 服务定位

服务定位提供给客户端定位已注册服务的有关信息，包括注册的服务器位置（节点 IP 和端口号）、服务类型（订阅/发布、请求/应答类），以及服务当前状态等。

4. 服务位置

服务位置是服务提供者提供给服务消费者的位置信息，包括变电站名称、IP 地址和端口号等，服务消费者将已经定位的位置服务分类，归并到指定变电站，实现指定变电站所有服务的统一管理和调阅。

5. 服务请求与响应

服务请求与响应支持请求/响应和订阅/发布两种方式。

（1）请求/响应方式。

服务端首先向服务管理中心进行服务注册 ServiceRegister，而后调用服务启动函数 ServiceDispatch 监听服务请求、等待客户端的 ServiceRequest 请求报文，当接收到客户端的请求信息后，进行处理，最后调用 ServiceResponse 将结果返回客户端。

客户端首先进行服务定位 ServiceLocator，通过服务管理中心定位到服务所在节点，而后向通过 ServiceRequest 服务程序发送请求报文，并等待服务端响应，最后接收服务端响应的结果报文。

请求/响应方式如图 2–12 所示。

（2）订阅/发布方式。

服务端首先向服务管理中心进行服务注册 ServiceRegister，而后调用服务分发函数 ServicePublish 监听服务请求、等待客户端的 ServiceSubscribe 订阅报文，当接收到客户端的订阅信息后，定时调用 ServiceResponse 将订阅内容返回客户端，直到接收到客户端的取消订阅报文。

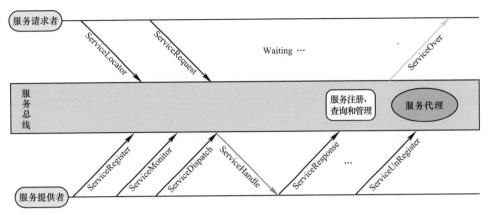

图 2 - 12　请求/响应方式

　　客户端首先进行服务定位 ServiceLocator，通过服务管理中心定位到服务所在节点，而后通过 ServiceSubscribe 接口向服务程序订阅报文，并等待服务端推送订阅内容，接收服务端推送的订阅内容并进行处理，并等待下一次服务端推送订阅内容，当不需要订阅信息时，可以通过 ServiceUnSubscribe 向服务端发送取消订阅报文。

　　订阅/发布方式如图 2 - 13 所示。

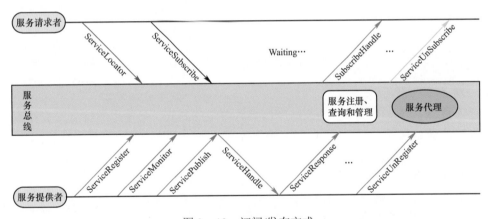

图 2 - 13　订阅/发布方式

2.3.3　数据存储与管理技术

　　变电站监控系统受软硬件配置所限，不推荐使用主流商用关系数据库产品，为了满足厂站端监控系统对模型和历史数据管理的需要，研发了自主可控的轻量级文件库管理系统。该系统提供一组通用的数据访问接口，支持 SQL 访问，可用来保存电网设备、参数、静态拓扑连接、系统配置、告警和事件记录、历史统计信息等数据。文件库数据管理功能通过平台提供的服务总线封装为文件库数据服务，供应用程序使用。

　　1. 实现方案

　　根据变电站一体化监控系统对数据库服务的需求，封装了文件库服务进程（以下简称服务进程），驻留在每台文件库服务器上。同时封装一组接口完成文件库服务进程和应用程序之间的通信，以动态库形式提供。服务进程和动态库形成文件库服务系统。服务进程使用自主开发的文件库接口访问本地磁盘，实现数据存取。同时，厂站端监控系统分布性的特点决定了文件库服务以一主多备的形式对应用提供服务，各个文件库服务器上的数据通过同步机制保持一致。

文件库管理系统结构如图 2-14 所示。

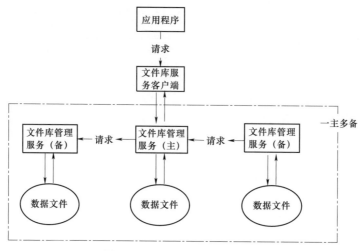

图 2-14　文件库管理系统结构

2. 文件库基本功能

文件库是自主开发的轻量级的数据库，具有占用资源低、易使用的特点。文件库使用文件系统存储数据，利用 B-树、页面缓存等保证高效率的文件读写，支持标准的 SQL 操作。文件库针对变电站系统的特点有如下功能：

（1）数据存储基于磁盘文件，可直接进行拷贝。

（2）数据文件可以跨平台使用。

（3）支持数据文件大小至 2TB。

（4）访问速度快，普通的数据操作比一些流行的商用数据库要快。

（5）提供简单的 API，使用 SQL 操作数据。

数据文件的访问功能以函数库形式提供，应用程序可直接调用 API 读写数据，文件库接口结构如图 2-15 所示。

3. 文件库管理服务

文件库接口提供了对磁盘文件的读写封装，而文件库管理服务则通过对网络访问的封装，提供接口实现了文件库的跨机器读写。厂站端监控系统中，保持系统数据的可靠性和安全性也非常重要，因此文件库管理服务进程也提供了完整的灾备及故障处理能力。服务进程包含以下主要功能：

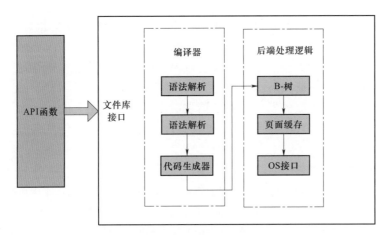

图 2-15　文件库接口结构

（1）监视数据库状态，同时实现 SQLite 数据库的网络访问功能。

（2）定期监测服务状态，并对异常情况做出相应处理。

（3）文件库服务进程在多台服务器上部署，一个主服务，多个备服务。

（4）所有的文件库服务进程依靠同步机制保证数据的一致性。

（5）提供数据文件备份和转储功能。

4. 多机数据同步和冗余备份

如图 2-16 所示，系统中多个文件库服务以一主多备的形式实现了同步和冗余机制，主服务和备服务遵从不同的逻辑。

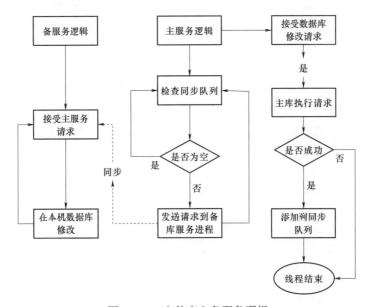

图 2-16　文件库主备服务逻辑

文件库主服务进程接收到数据库修改请求后，创建独立的线程专门负责处理该请求：首先对请求的合法性和有效性进行检查，若检查通过，将请求在数据库上执行，收集执行结果。上面两个检查结果若有错误，处理线程将把错误信息返回给应用程序；若无错误，处理线程将该请求加入同步队列，完成以上过程后线程退出。同时主服务进程中有专门线程负责检查同步队列，随时将队列中的请求发送给所有的文件库备服务。

文件库备服务接收到主服务发送的同步请求后，将其在本机上的文件库中执行。通过这样的流程既保证了应用程序对数据库修改请求的合法性，同时也确保主备服务对应的数据库之间数据一致。

同时，文件库服务也提供了数据文件转储功能，用作对损坏数据文件的修复。当文件库服务监视功能发现数据文件异常时，会从当前文件库主服务所在机器将其数据文件转储至本地，修复本地文件。转储功能分为完全转储和增量转储，前者直接拷贝整个数据文件，而后者会先比较目标和本地的数据文件差异，仅转储差异部分，减少网络传输压力和拷贝文件花费的时间。转储功能不仅在异常时起作用，而且可以被配置成定时模式：定期检查各个数据文件，发现差异时将系统中可信度最高的数据文件替换其他文件，同时备份被替换的文件。

主备冗余和同步机制在最大程度上既满足了厂站端监控系统对数据库冗余备份的需求，也保证了多文件库模式下的数据一致性和安全性。

2.3.4 数据远传技术

监控系统通信对象所采用的通信标准非常广泛，从 IEC 61850 到 IEEE 1344，从 IEC 104 到 Modbus，即使同是 IEC 104 规约在不同的地域也有不同的需求差异，需要基础平台的通信功能具备广泛适应性。广泛适应性还体现在通信介质的多样性上。新型远动机需要支持当前所有主流的通信介质，如 RS232/422/485、CANBus、通信光纤、以太网及 USB 接口。通信介质的多样性，必然增加通信驱动程序管理的复杂性，同时也加大通信程序的开发难度。为此，建立框架式的通信规约库，框架平台提供一个统一的抽象链路层，由该层统一管理各种驱动程序，并对外提供一个统一的描述符。通信程序的开发完全可以忽略通信介质的类型，而各个驱动的硬件参数，都是由组态工具对统一抽象的通信链路层进行组态设置，与具体的应用规约程序无关，极大地方便了通信协议程序的开发。不同通信介质的统一驱动结构如图 2－17 所示。

基础平台的通信规约可以实现动态扩展。它借鉴操作系统中驱动程序（drivers）的思想，处理规约各异的外部通信节点。系统首先制定统一的驱动程序接口标准，针对每种规约，开发相应的驱动程序，或称规约插件（plug－in），以动态库方式提供；然后在数据库中，为每一具体的通信节点配置其规约类型；运行时可以自动在规约插件和通信节点之间建立关联，对于新的通信标准，只需开发新的规约插件。

2.3.5 人机界面接口技术

界面集成统一框架通过提供统一的图形资源访问与调用接口将被集成系统中的图形资源集成到图形平台中。集成框架支持图元集成与窗口集成。图元集成是将变电站一体化监控系

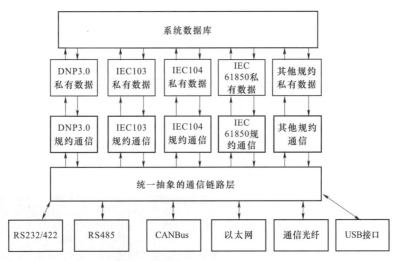

图 2-17　不同通信介质的统一驱动结构

统中的复杂图元（表单、曲线与仪表盘等）通过集成接口集成到框架的图元库中；窗口集成则是将变电站一体化监控系统中的界面资源（图形窗口、工具条、菜单等）作为一个整体集成到图形平台中。界面集成统一框架满足不同层次的图形集成需求，实现被集成的界面和图形平台之间的无缝对接。

1. 图元集成

图元集成是将图形界面集成为图形文件的一部分，平台中有一个容器类图元负责图形界面与平台的交互，集成后的图形界面相关属性写入 CIM/G 文件中。在图形编辑器中，通过资源选择对话框将相应的界面资源绑定到某个图形上（内部使用了界面集成容器图元），浏览器则解析该图形文件中绑定的界面资源，通过动态加载的方式生成绑定资源的图形实例。光字牌图元集的集成如图 2-18 所示。

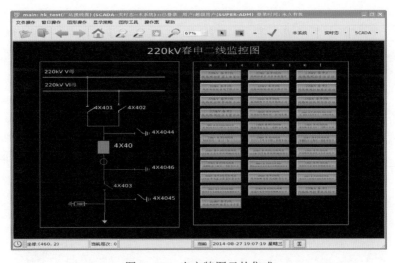

图 2-18　光字牌图元的集成

2. 窗口集成

界面窗口集成是将界面内容集成为停靠窗口，该停靠窗口与平台画面窗口中打开的CIM/G 图形无直接关联，集成的内容也不写入图形文件。界面窗口集成不需要在编辑器中作为资源绑定，图形框架也不事先加载应用界面，界面窗口集成采用的是消息驱动模式，图形框架收到特定界面操作消息（该消息中包含了界面窗口所在的动态库、加载位置、尺寸等）后动态生成界面窗口实例，并将其加载到停靠窗口中。手工开票窗口集成如图 2-19所示。

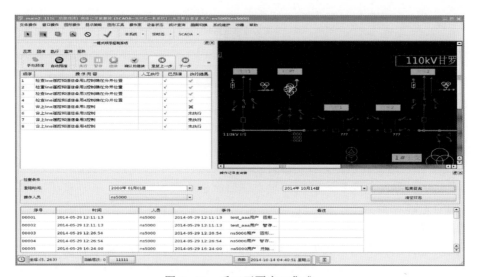

图 2-19　手工开票窗口集成

2.3.6　顺序控制技术

1. 总体架构

顺序控制总体技术路线，以变电站现场操作的典型票为原本，由主站调用变电站后台典型票，并与变电站后台之间按票执行。根据主子站防误系统之间原理、防误侧重点与范围的不同，以及数据信息颗粒度及实时性差异，利用主站全网拓扑防误校验与变电站五防规则防误校验相结合，彼此之间互为补充，提高远方操作安全性。主子站间以字符串"控制对象名称＋状态变化"为唯一关键字进行全匹配。顺序控制系统总体架构如图 2-20 所示。

在变电站中加装顺序控制主机，通过双网冗余接入Ⅰ区站控层网络，具有采集一、二次设备运行状态，实时电气测量值，电网异常指示等变电站信息功能，具有完善的防误闭锁逻辑及"五防"功能，具有顺控操作一、二次设备的功能。采用 IEC 104 规约实现本站顺序控制主机与调度（调控）中心Ⅰ区集中控制服务器间的信息交换，为远方调取顺序控制操作票、远方启动顺序控制操作提供技术条件。在站内新增公用测控装置，完善与顺序控制操作相关的信息接入。

在调度（调控）中心内设置Ⅰ区集中控制服务器，通过 IEC 104 规约与变电站进行顺序控制信息交互，采用指定授权方式实现运维班工作站的远程访问，支持多个变电站、运

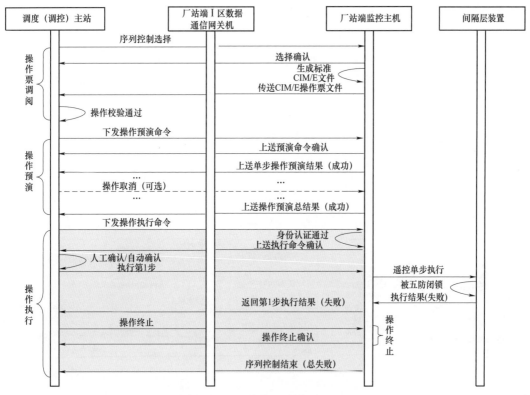

图 2 - 20　顺序控制系统总体架构

维班工作站的扩展接入。Ⅰ区集中控制服务器配置一台工作站，对顺序控制相关数据进行
管理。

在Ⅰ区集中控制服务器前端增设纵向加密装置及路由器，实现数据的安全接入。

在变电站所属运维班驻地设置工作站，通过调度（调控）中心Ⅰ区集中控制服务器授权，实
现变电站运维班顺序控制功能。在运维班工作站前端增设纵向加密装置及路由器，实现数据
的安全接入。

顺控系统硬件架构如图 2 - 21 所示。

2. 顺序控制技术基本要点

厂站端在监控系统中设置顺序控制服务模块，和主站共同配合，实现顺序控制功能。顺
序控制操作票在变电站监控系统内存储、维护，主站端无需存储顺序控制操作票，主站通过
变电站Ⅰ区数据通信网关机召唤顺序控制操作票、显示操作内容、操作记录。监控系统中顺
序控制服务模块负责顺序控制操作票的解析和上送、预演和执行。数据通信网关机负责调度
主站和监控系统中顺序控制操作服务模块之间的通信转发。

（1）顺序控制中的防误闭锁技术。

主站端在顺序控制操作启动前应对源态进行辅助判断，并对操作前后的电网拓扑进行防
误校验，校验通过后才能下发相应的任务指令。

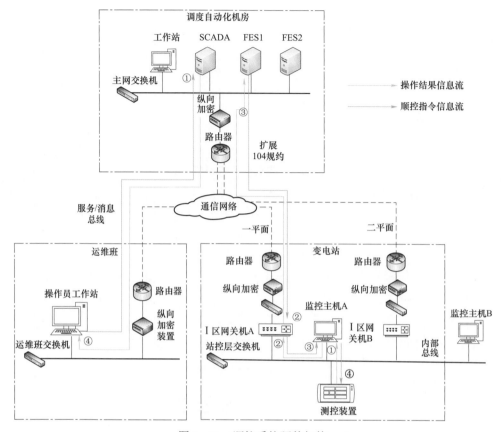

图 2-21 顺控系统硬件架构

站端防误闭锁分为变电站站控层的监控五防、变电站间隔层的防误联闭锁两个层面。

顺序控制操作票预演和执行时，每个步骤不仅要进行操作前条件判断、操作后确认条件判断，还必须经过变电站监控五防校验。操作票执行时应经过变电站五防校验和间隔层联闭锁校验。

（2）顺序控制中的多源确认技术。

在站内进行顺序控制操作的同时能够查看变电站一次设备的图像信息，辅助判断在现场的一次设备位置状态信息。顺控服务器具备同机监控功能，避免运行人员在进行顺序控制操作时到另外一台节点（图像监控系统）查看设备的图像信息，增加运行人员的工作复杂性和繁琐性。

监控系统内实现视频监控功能，通过和站内视频监控系统的交互实现隔离开关位置的多源确认。操作人员在站内监控系统上进行程序化操作时，根据当前顺控任务需要操作的一次设备，自动搜索其关联的摄像头和预置位信息，使摄像头自动对准当前操作的一次设备，在监控画面上自动显示与该程序化操作相关的场景，实现视频实时监视和联动。操作人员可以通过控制云台和镜头，调整视频监视画面的角度和大小。

在顺控任务执行过程中，视频监控系统通过智能视频分析技术，对隔离开关等一次设备的各项指标进行智能分析，获取设备的状态参数，智能判断设备状态与顺控任务指令是否一致。视频监控系统应将分析结果传送给监控系统，监控系统将分析结果作为顺控任务是否执行成功的判断条件之一。

2.3.7　源端维护技术

源端维护技术将主站调试和维护工作具体下沉到变电站端，通过变电站图形模型的本地化维护修改，使得数据从源头就实现标准化，便于后期各种系统使用，大幅提高工作效率，减少重复工作。

如图 2-22所示，监控系统通过集成 IED 能力描述文件（IED Capbility Description，ICD）、IED 实例配置文件（Configured IED Description，CID）汇总成全站系统配置文件（Substation Configuration Description，SCD），同时基于一次接线图生成符合一次电气设备接线的系统规格文件（System Specification Description，SSD），结合 SCD 和 SSD 文件建立变电站图模库一体化模型。通过源端维护功能模块在变电站端将图模库一体化模型导出成调度主站需要的公共信息模型（Common Information Model，CIM），然后利用 CIM 模型生成可缩放的矢量图形（Scalable Vector Graphics，SVG）或者基于 CIM 的图形交换规范格式（CIM based graphic exchange format，CIM/G）。调度主站获得 CIM 和 SVG（或者 CIM/G）模型后，能够快速创建主站数据库、一次接线图和数据关联。当变电站模型修改后，重复上一过程，从而实现从变电站端到调度主站的源端维护。

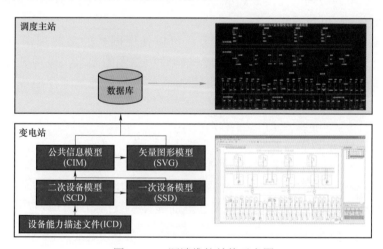

图 2-22　源端维护结构示意图

1. 共享建模

主站和变电站共享建模实现从变电站源端的建模建图，结合监控系统中的模型、图形，通过按需裁剪功能，实现图模的分布式维护和纵向一体化共享。达成调度主站和变电站"源端维护，全网共享"的目标，主要功能包括：

（1）变电站一次设备的配置描述规范及配置。

完整的 SCD 模型配置规范，除二次设备模型外，还包含一次设备及其连接关系、一次设备与二次设备逻辑节点之间的关联关系，满足生成基于 CIM 的高效模型交换格式（CIM based efficient model exchange format，CIM/E）的要求。

（2）IEC 61850 SCD 模型到 IEC 61970 CIM/E 模型映射。

由于在 IEC 中分属不同的工作组，61850 模型和 61970 模型无论是在模型描述方式，还是在模型定义本身上都是截然不同的。因此，通过对 SCD 模型校验以及 SCD 模型到 CIM/E 模型文件的转换，生成变电站一次设备模型及拓扑关系，并且根据 SCD 模型生成断路器、隔离开关、变压器等一次设备量测信号，供主站使用。

（3）变电站生成 CIM/G 一次设备接线图。

电网的快速发展，逐步形成了由大量的厂站及其互联网络构成的庞大系统，即便一个区域的调度监控中心都可能需要面对数百个发电厂、变电站，而每个厂站的建设改造带来的电网连接关系的变化都需要在主站通过图形进行描述和呈现。因此，变电站端生成符合 IEC 61970 CIM/G 标准的厂站接线图，不仅可以避免不必要的人力资源浪费，而且还可以有效地保证主站系统及时同步地跟踪电网的变化，有效地保证电网调度监控的准确和可靠，满足精细化协调控制的要求。

（4）调度监控主站可裁剪式 CIM/E 模型接入。

我国的电网调度管理实行分层管理，因而调度自动化系统的配置也与之相适应，信息分层采集，逐级传输，命令也按层次逐级下达。变电站所提供的 CIM/E 模型应包含站内所有的设备信息，不同级别的调度系统应该能够根据需要，从中裁剪出本系统所需的部分。

（5）调度监控主站可裁剪式 CIM/G 图形接入。

在可裁剪式 CIM/E 模型接入的基础上，可以使用同样的裁剪规则对厂站端提供的 CIM/G 图形进行裁剪，以满足不同级别调度机构对厂站图的要求，最常见的应用是裁剪掉变压器中、低压侧的图形。图形裁剪采用拓扑搜索的方法，能够干净地裁剪掉图形中不需要的部分。

2. 功能分析

（1）SCD 文件转换分析。

由厂站端提供全站 SCD 文件（SSD 文件）和 SVG 图形，主站端对 SCD 文件（SSD 文件）进行解释。厂站端提供的 SCD 文件是标准的 IEC 61850 标准文件，其模型分为三部分：① 变电站模型，描述了一次设备的相互关联以及它们的连接关系；② IED 装置模型，描述了变电站二次智能电子设备的模型和功能等；③ 通信系统模型，描述了与通信相关的对象模型。IEC 61850 数据模型图如图 2－23 所示。

SCD 文件中不仅包含上面三部分模型，还有一次设备与二次设备逻辑节点的关联关系。IEC 61970 模型中与子站相关的主站采集数据模型包括采集模型、电网模型和测量模型。

（2）交互通信结构。

与站内各 IED 通信的 IED 接收模块和 IEC 61850 站控层转出模块，负责数据的整合及转出；主站前置机上运行 IEC 61850 站控层通信接收模块以及模型分析软件，负责与变电站远动机通信；信息整合模块负责实现调度主站所需的变电站信息与调度主站整体 CIM 模型的整合。主站前置机如同站内监控后台一样，与站内所有 IED 建立通信连接，可以通信获取所有

IED 的模型。当然从安全角度看，可以在站内增加一道防火墙。交互通信结构如图 2-24 所示。

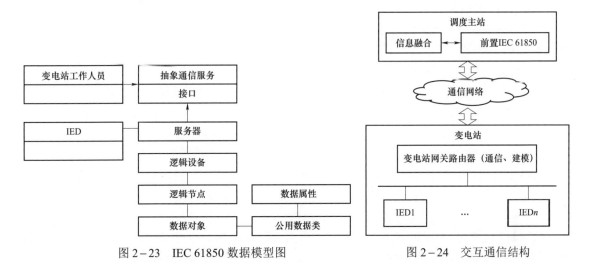

图 2-23　IEC 61850 数据模型图　　　　图 2-24　交互通信结构

（3）上送主站模型整合。

站内 IED 给主站上送的报告都是以数据集为单位，一个完整的数据集包含 CIM 和 SVG，与调度主站的数据库无缝连接后，调度主站可以调用建立好的数据库，从界面上可以得到变电站模型、图形的显示。

（4）模型与点表的快速交互。

变电站的模型更新直接在数据通信网关机上进行，当变电站模型更新后，以告警方式提示主站模型已更新。主站可以在已有的数据通道上通过文件传输服务获取变电站已生成好的 CIM/E 模型和 CIM/G 图形文件。主站更新模型后，可以修改所需的远动点表，再将点表文件通过文件传输服务载入数据通信网关机。由于主站下发的点表基于变电站生成的模型，故点表文件能够与变电站的数据模型对应。数据通信网关机可基于此，自动将下发的文本格式的点表转换为数据通信网关机可解析加载的远动转发表，从而实现数据通信网关机转发表维护过程的远程化、自动化和智能化。全自动化过程可避免人工错误，且大大提高维护效率。实现"模型的源端维护、点表的调度维护"，能够有效地减少主子站建设的重复工作量。

2.3.8　智能告警技术

智能告警技术是通过建立智能变电站故障信息的逻辑和推理模型，进行在线实时分析和推理，实现告警信息的分类和过滤，为调度（调控）中心提供分类的告警简报。智能告警技术主要包括告警分析、故障诊断和信息交互三部分。

1. 告警分析

告警分析属于变电站监控系统的基本公共服务，根据对电网的影响程度对告警信息分层、分类，它实时地处理各种遥信、遥测、保护、装置自检信息等监控数据，当检测到异常或者变化（断路器、隔离开关位置变化等）时，根据数据库中的告警预定义设置，产生不同告警类型和等级的告警信息。

全站告警信息主要分为事故信息、异常信息、变位信息、越限信息和告知信息五类。事故信息是由于电网故障、设备故障等，引起开关跳闸（包含非人工操作的跳闸）、保护装置动作出口跳合闸而产生的信号以及影响全站安全运行的其他信号，是需要实时监控、立即处理的重要信息。异常信息是反映设备运行异常情况的报警信号以及影响设备遥控操作的信号，直接威胁电网安全与设备运行，是需要实时监控、及时处理的重要信息。变位信息特指开关类设备状态（分、合闸）改变的信息，该类信息直接反映电网运行方式的改变，是需要实时监控的重要信息。越限信息是反映重要遥测量超出报警上下限区间的信息，重要遥测量主要有设备有功、无功、电流、电压、主变压器油温、断面潮流等。告知信息是反映电网设备运行情况、状态监测的一般信息，主要包括隔离开关、接地开关位置信号、主变压器运行挡位，以及设备正常操作时的伴生信号（如保护压板投/退，保护装置、故障录波器、收发信机的启动、异常消失信号，测控装置就地/远方等），该类信息需定期查询。

2. 故障诊断

故障诊断是结合遥测越限、数据异常、通信故障等信息，对电网实时运行信息、一次设备信息、二次设备信息、辅助设备信息进行综合分析，通过单事项推理与关联多事件推理，生成告警简报。

故障诊断的基础是变电站故障推理模型，主要分为二次设备故障与电网故障两类。二次设备故障判据主要基于二次设备上传的自检告警信息和量测信息，每个告警信号代表一种故障，具有故障种类多、故障特征简单的特点。电网故障则根据电压等级、接线方式、故障范围等客观条件的差异，针对具体的故障类型来进行，在总结故障特征基础上对其进行抽象并生成故障判别典型逻辑，然后将其转化成为一组产生式规则。

以上故障规则通过基于可扩展的标记语言（Extensible Markup Language，XML）规范的故障逻辑描述语言进行描述。故障逻辑描述语言采用一套层次化的字符型变电站对象关键字体系来描述模型所涉及的各类设备对象与数据对象，实现变电站故障条件及特征的标准化描述。结合电压等级、相别、时间特性等环境约束条件，并考虑到推理过程中需要进行多种算术逻辑运算，故在模型中引用预先定义的计算脚本公式，从而实现整个故障诊断模型的描述。

故障诊断结合实时接收的告警信息，对故障告警信息进行分类和过滤，并基于上述变电站故障推理模型，采用模型驱动的推理方式，将告警信号与故障诊断模型条件进行匹配，这种智能推理机自身不含任何推理逻辑，其逻辑来自故障模型库，推理机自动接收站内的告警信息，并根据告警信号的 IEC 61850 模型关键字检索相关的一次和二次设备的详细信息，然后与故障模型的启动条件进行匹配，当模型启动条件满足时启动推理实例，如果某个推理实例中故障特征以及约束条件全部满足时，就可以完成推理并生成结论供变电站运维人员参考。该方式增强了应用的灵活性和适应性，提高了工程化水平。

3. 信息交互

信息交互是指智能告警的人机展示方式，既支持根据告警信息的类型和等级，通过图像、声音、颜色等方式展示告警信息，又支持多种历史查询方式，包括可以按厂站、间隔、设备来查询，也可按时间查询，还可以按自定义查询。

　　此外，故障诊断的分析结果应以简报的形式及时上送给调度中心，告警简报提供包括故障时间、故障元件、故障相别、故障间隔、保护动作情况等完整的告警信息，便于主站调度员和监控员快速做出判断和决策，及时处置以避免故障波及更大范围。

2.3.9　故障信息综合分析决策技术

　　故障信息综合分析决策技术是在电网事故、保护动作、装置故障、异常报警等情况下，通过综合分析站内的事件顺序记录、保护事件、故障录波、同步相量测量等信息，实现故障类型识别和故障原因分析。故障信息综合分析决策技术应能为运行人员提供参考和帮助，应实现对站内实时、非实时运行数据、辅助应用信息、各种告警及事故信号等综合分析处理，主要包括数据采集、信息分析和人机展示等环节。

　　1. 数据采集

　　数据采集模块采集的故障数据类型包括：

　　（1）保护录波简报。利用保护的录波数据提取相关故障特征量（如故障时间、故障相别及类型、跳闸相别、故障距离等），它由录波头文件、配置文件和数据文件 3 个部分组合而成。

　　（2）保护告警、动作事件。包括重要继电器的启动、出口和返回时间。

　　（3）断路器状态。包含断路器状态、跳闸、闭锁信息。保护动作、断路器跳闸等开关量变位数据应带准确时标。

　　（4）隔离开关状态。隔离开关状态是形成网络拓扑，进而进行故障分析的重要依据。

　　（5）保护定值。它是执行继电器特性分析、保护定值在线校核等功能的重要基础。

　　（6）保护通道信息。快速保护往往需要对侧的通道信息才能完成正确的保护装置逻辑判断与执行。

　　（7）同步相量动态数据/故障测距数据。包括故障前后一周波的电压、电流相量，故障类型（单相、多相、发展性故障）。

　　2. 信息分析

　　基于上述采集到的数据，信息分析模块在故障情况下对事件顺序记录、保护事件、相量测量数据及故障波形等信息进行数据挖掘和综合分析，以保护装置动作后生成的报告为基础，结合故障录波、设备台账等信息，生成故障分析报告。

　　信息分析模块能有效管理故障时刻的故障量、录波数据、告警信息、定值、保护版本等关联信息，将故障关联数据进行分类和整理，形成一次故障完整的综合信息，为继电保护人员提供故障时刻信息的完整综合展示，同时建立故障分析模型，依赖故障分析专家系统进行智能分析，推断可能的故障位置、故障类型和故障原因，并给出故障恢复策略，指导运行人员快速进行故障恢复或通过故障恢复策略引导智能控制模块自动进行故障的恢复。

　　信息分析模块实现的主要功能包括：

　　（1）故障诊断。判断故障类型、故障性质和故障位置。

　　（2）故障行为分析。判断断路器是否正确动作，是否拒动、偷跳。

　　（3）保护动作行为分析。保护是否正确动作，是否拒动、误动。

3. 人机展示

信息分析模块根据综合分析决策结果生成故障分析报告，报告的格式遵循XML1.0规范，存储于数据服务器。故障分析报告应包含故障相关的电网信息和设备信息，包括装置的相关描述信息、故障过程中的保护动作事件、故障过程中的故障电流、故障电压、故障相、故障距离、故障前装置开入自检等信号状态、保护故障过程中装置开入自检等信号的变化事件、故障时装置定值的实际值等信息，该报告内容可以较好地反映和显示故障的概况和动作过程。

故障分析报告可支持通过Ⅰ区数据通信网关机主动上送给调度（调控）中心，同时也支持调度（调控）中心按指定条件调阅变电站生成的故障分析报告，解决了以往调度（调控）中心只能被动接收变电站实时信息，难以浏览子站历史信息的问题，有效地提高了主、子站信息交互水平。

2.3.10 经济运行与优化控制技术

经济运行与优化控制技术实现全站智能电压无功自动控制、变压器负荷优化控制、站域备自投等多种经济运行与优化控制功能。通过远动和主站互动，既可生成调节策略供调度员选择参考，也可接受主站系统下发的控制策略，从而达到智能调节的目的。

经济运行与优化控制技术的使用可以强化变电站值班员对站内电压、无功和负荷的控制，通过优化操作，实现全站的经济运行，同时可以大大减轻值班员的工作量，增强调度员对调节策略的干预，最大限度地实现站内设备的经济运行。

站域备自投同样是智能化变电站经济运行不可缺少的重要组成部分，通过该模块的使用可以保证当正常供电电源因故障失去供电能力时，备用电源能快速替换，以保持对重要用户或变电站的持续供电，从而大大提高供电的持续性和可靠性。

1. 智能电压无功调节

对于变电站或电厂来讲，为了使电压与无功功率达到所需的值，通常采用改变主变压器分接头档位和投切电容器或电抗器来改变系统的电压和无功功率，也可通过励磁电机的调节来实现对无功功率的调节。分接头的变化不仅对电压有影响，而且对无功功率也有一定的影响，同样电容器或电抗器的投切对无功功率影响的同时也对电压起着一定的影响。励磁电机的调节效果与容抗器类似，只是其调节范围是可变的。

（1）分接头调节与电容器、电抗器投切对电压、无功功率的影响。

在很多地方供电系统中，除了采用无功功率，还可以采用功率因数作为调节依据。实际上，可以根据当时的有功功率换算出无功功率的控制范围，在处理上目标是一致的，只不过无功的上下限范围始终是动态变化的范围。

在实际应用中，主变压器分接头调节主要用于电压的调节，电容器、电抗器的投切主要用于无功的调节，同时也用于电压的调节。

下面以一台变压器来分析各种情况下的电压与无功调节方式。其中电压（U）取值于主变压器的低压侧母线线电压，无功（Q）取值于主变压器的高压侧无功。

由图2-25～图2-27可以看出：

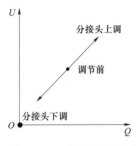

图 2 - 25　分接头调节对
U 及 Q 的影响

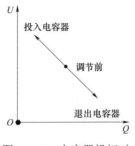

图 2 - 26　电容器投切对
U 及 Q 的影响

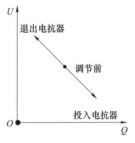

图 2 - 27　电抗器投切对
U 及 Q 的影响

分接头上调后，U 将变大，Q 将变大；分接头下调后，U 将变小，Q 将变小。

投入电容器后，Q 将变小，U 将变大；退出电容器后，Q 将变大，U 将变小。

电抗器投切对电压、无功的影响与电容器正好相反，下面章节仅对电容器进行说明。

（2）调节策略（图 2 - 28），每个指向正常区域的箭头代表一种调节方案。

各个区域的调节策略如下：

区域 1：U 越上限，Q 越下限。

调节对策：退出电容器。

备用方案：分接头下调（电压优先方式）。

区域 2：U 越上限，Q 正常偏小。

调节对策：退出电容器。

备用方案：分接头下调（电压优先方式）。

区域 3：U 越上限，Q 正常。

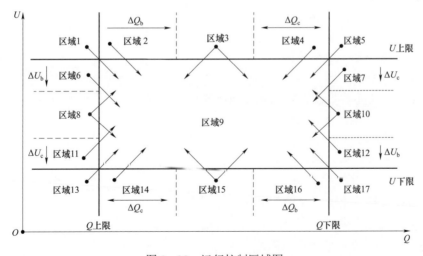

图 2 - 28　运行控制区域图

ΔU_c —分接头调节一挡引起的电压最大变化量；ΔU_b —投切一组电容器引起的电压最大变化量；

ΔQ_b —分接头调节一挡引起的无功最大变化量；ΔQ_c —投切一组电容器引起的无功最大变化量

调节对策：分接头下调，或退出电容器（电容器优先）。

备用方案：退出电容器，或分接头下调（电容器优先）。

区域 4：U 越上限，Q 正常偏大。

调节对策：分接头下调。

备用方案：退出电容器（电压优先方式）。

区域 5：U 越上限，Q 越上限。

调节对策：分接头下调。

备用方案：退出电容器（电压优先方式），或投入电容器（无功优先方式）。

区域 6：U 正常偏大，Q 越下限。

调节对策：退出电容器。

区域 7：U 正常偏大，Q 越上限。

调节对策：分接头下调。

备用方案：投入电容器（无功优先方式）。

区域 8：U 正常，Q 越下限。

调节对策：退出电容器。

区域 9：U 正常，Q 正常。

一切正常，保持现状。

区域 10：U 正常，Q 越上限。

调节对策：投入电容器。

区域 11：U 正常偏小，Q 越下限。

调节对策：分接头上调。

备用方案：退出电容器（无功优先方式）。

区域 12：U 正常偏小，Q 越上限。

调节对策：投入电容器。

区域 13：U 越下限，Q 越下限。

调节对策：分接头上调。

备用方案：退出电容器（无功优先方式）或投入电容器（电压优先方式）。

区域 14：U 越下限，Q 正常偏小。

调节对策：分接头上调。

备用方案：投入电容器（电压优先方式）。

区域 15：U 越下限，Q 正常。

调节对策：分接头上调，或投入电容器（电容器优先）。

备用方案：投入电容器，或分接头上调（电容器优先）。

区域 16：U 越下限，Q 正常偏大。

调节对策：投入电容器。

备用方案：分接头上调（电压优先方式）。

区域 17：U 越下限，Q 越上限。

调节对策：投入电容器。

备用方案：分接头上调（电压优先方式）。

（3）定值定义方式。

定值给定有两种方式，即根据时间段给定值和根据时间点给定值。根据时间点给定值方式中，定值点与定值点之间是按折线连接的，即不同时间，定值不同。

某些地区要求当主变压器负荷变大时，要调整电压的上限值；或主变压器负荷变小时，要调整电压的上限值。此时需要设置相应的参数。

（4）越限判定。

越限判定有两种方式：

1）取平均值。系统在设定的时间内计算 U 与 Q 的平均值，以平均值来判定 U 与 Q 的当前运行区域，当调节对策无法实现时（有时可能无电容器可用或分接头挡位已调到极限位置等闭锁情况），启用备用方案。

2）智能方式。系统在设定的时间内，计算分接头或电容器的累积动作值，若动作值达到给定的限值，则变电站内的电压无功控制（Voltage Quality Control，VQC）装置动作。

2. 智能负荷优化调节

通过判定当前主变压器已满足过负荷条件后，根据负荷的优先等级和闭锁情况生成待切负荷策略并上送给调度决策。调度决策有三种情况，分别为完全同意、部分同意和完全否决。若为完全同意，则可以直接下发控制令执行；若为完全否决，则需要重新寻找其他可切负荷供调度决策；若为部分同意，则需要在已同意切除负荷的基础上继续寻找其他可切负荷切除，从而最终使主变压器脱离过负荷状态。

当下达切负荷的控制命令后，若一次没有切除成功，应尝试进行第二次切除动作，并且记录下切除失败的次数。如果切除失败的次数达到事先设定的限值，则认为该负荷无法切除，并把它从可切负荷列表中除去，然后重新生成新的切负荷策略上送给调度；否则会继续尝试切除该负荷。这样就可以最大限度地切除需要切除的负荷，保证主变压器运行安全。

3. 站域备自投调节

站域备自投实时采集全站数据，包括全站各母线电压、各线路电流和各开关的实时位置，以及各保护的动作闭锁信号，根据备自投基本原理完成全站各电压等级的备投、过负荷联切和过负荷闭锁动作。

通过监控系统可实时对站域备自投进行运行状态监视、保护定值在线设置、出口压板和开关检修压板设置，以及备自投动作过程的详细记录，从而完成备自投功能的全过程在线控制和分析，以及故障再现。

2.3.11　数据校验技术

变电站数据校验技术主要对变电站内拓扑数据进行处理，将拓扑错误解决在变电站内。基于不确定性推理的变电站数据校验技术，首先建立开关状态的不精确模型，综合考虑了每个数据和规则的可信度，基于不确定性推理的传播算法和合成算法，综合计算判断开关状态，可以快速有效地判定开关正确状态，完成变电站数据校验。

变电站数据校验的总体架构如图 2 – 29 所示。变电站数据校验在变电站内对原始数据做一次预处理，辨识和剔除坏数据，将相对准确的数据上传到调度中心，从而提高调度中心状态估计的准确性。

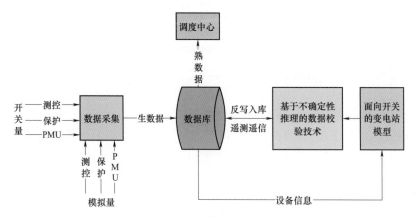

图 2 – 29　变电站数据校验总体架构

在不确定性推理中，结论的不确定性通过不确定性推理的传播算法求出。若已知且证据的可信度为 $F(E)$ ，规则的强度为 $F(H,E)$ ，则结论的可信度 $F(H)$ 为

$$F(H) = F(H,E)\max\{0, F(E)\} \tag{2-1}$$

如果两条不同规则推出同一结论，但可信度各不相同，则可用合成算法计算综合可信度。若已知两条规则推出的结论可信度为 F_1 和 F_2 ，则其综合可信度为

$$F_{1,2} = \begin{cases} F_1 + F_2 - F_1 F_2 & F_1, F_2 \geqslant 0 \\ F_1 + F_2 + F_1 F_2 & F_1, F_2 < 0 \\ \dfrac{F_1 + F_2}{1 - \min\{|F_1|, |F_2|\}} & F_1 F_2 < 0 \end{cases} \tag{2-2}$$

变电站数据校验的流程如下：

（1）假设所有开关状态都为闭合，此时所有状态都还没有经过证据和规则的判断，可信度为 0。

（2）为所有遥测量和遥信量赋予一个可信度值。

（3）利用不确定性推理知识依次对每个开关进行不确定性计算，具体方法如下：

1）如果对于某一开关，其所在支路的同一类型数据的遥测及开关遥信等数据满足某一条规则的条件，首先计算证据的可信度，然后根据不确定性的传播算法 [式（2-1）] 计算该条规则所得结论的可信度。

2）将这个可信度和该开关原来的可信度通过不确定性的合成算法 [式（2-2）] 进行累加，然后进入下条推理。所有规则判断完后，得到该开关的综合可信度。接着对下一个开关进行同样的判断。

（4）将最终得到的每个开关闭合状态的可信度，与可信度门槛值进行比较。如果开关闭合的可信度绝对值小于门槛值，则无法判断开关闭合状态是否正确，处于不确定状态；如果可信度绝对值超过门槛值，且可信度为正时，则表示开关闭合状态可信，假设成立；如果可信度绝对值高于门槛值，且为负数时，则开关闭合状态不可信，开关的真实状态应该为断开。

（5）将校验后的正确开关状态上传到调度中心，列出采集结果和辨识结果不一致的开关，对不确定的拓扑状态进行报警，利用人工判别开关状态，上传人工辨识结果，若无人工辨识，则上传其测控装置采集的原始遥信状态并进行可疑标记。

2.3.12 二次设备状态诊断技术

智能变电站用光缆代替了电缆，使得传统变电站中的二次回路接线和压板成为"虚拟回路"和"软压板"等虚拟信号，没有明显的物理断开点，给二次设备运维检修带来了困难。智能变电站二次设备状态智能诊断方法充分利用变电站全面推广典型化设计与全面应用 IEC 61850 标准等有利条件，通过标准化建模、模型自动映射、一次拓扑和二次拓扑等技术，并采用模型驱动模式，使诊断模型与监控系统平台和程序代码解耦，能够在不修改程序的前提下灵活地适应不同运行方式、电压等级、设备类型、制造厂商等因素导致的安措规则差异，实现二次设备在日常运行和安措操作过程中的状态诊断。诊断系统总体架构如图 2-30 所示。

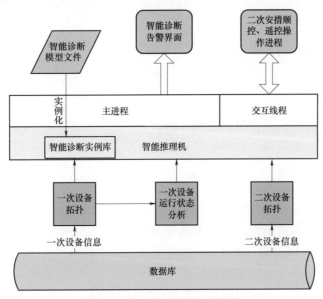

图 2-30　诊断系统总体架构

一次设备拓扑技术能够识别电气间隔的接线方式，获取一次设备的电气连接关系，读取断路器、隔离开关的实时位置与电压电流等遥测值。

一次设备运行状态分析技术在一次设备拓扑的基础上，根据接线方式、母线带电情况、间隔负荷电流、间隔内断路器、隔离开关的位置等信息，计算一次设备运行状态（运行态、热备用、冷备用、检修态），并写入数据库供智能诊断程序调用。

标准化建模的具体方法是通过分析各类继电保护和安全自动装置的诊断逻辑，将其转化成产生式规则，规则的每个条件对应到变电站设备模型中的设备对象或装置压板对象，通过条件的逻辑运算最后得到装置状态的诊断结论，形成标准化的诊断模型。

二次设备拓扑分析模块首先根据虚端子连接关系得到装置间的连接关系，然后根据保护装置虚端子与压板的对应关系和二次设备虚端子信息确定软压板名称，便可在数据库中找到对应的软压板，从而建立起装置连接和对应压板的拓扑关系网。智能诊断程序通过二次设备拓扑模块可快速获取与指定装置相关联的装置和对应的压板。

针对诊断模型中对象描述以及对象与变电站监控系统数据库自动映射需求，专门设计了aliasKey 关键字，如图 2 – 31 所示，采用"一次 + 二次"的模式来描述对象。其中对象一次设备模型信息基于变电站一次设备拓扑，对象二次设备模型信息基于 IEC 61850 标准及其应用模型规范，两者结合可以唯一地确定变电站监控系统内任意一个对象，而且借助于一次拓扑和二次拓扑能够快速地实现 aliasKey 关键字与实际对象的自动映射。

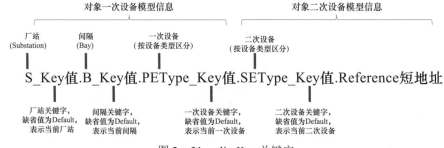

图 2 – 31　aliasKey 关键字

基于模型驱动的智能推理机是实现二次设备状态诊断功能的核心，智能推理机根据二次设备的类型，依次从智能诊断模型库中调用标识（DiagLogic 的 ID）相匹配的诊断模型，然后基于一次拓扑和二次拓扑的信息和模型映射方法，完成诊断模型中的数据对象向具体监控系统数据库的映射，生成智能诊断实例库。

智能推理机包含两个线程。主线程在完成诊断模型实例化后，循环调用二次设备状态诊断实例，实时诊断二次设备运行状态，并通过智能诊断人机界面，将诊断结果和操作建议提示给运行人员。交互线程通过数据总线与变电站顺序控制、遥控等功能模块交互，在接收到顺序控制或遥控的操作消息时，根据被操作设备对象信息检索到对应的诊断模型实例，基于该实例对操作的顺序和结果进行诊断，将诊断结果返回给顺序控制或遥控模块，并以图形化的方式将诊断结果、告警信息和解决建议提供给操作人员。

2.3.13　智能远动机技术

智能远动机是厂站端用于数据综合采集、数据处理、数据统一远方交换的远动通信设备。在常规的远动功能的基础上，高度集成了相量数据集中器、保信子站、状态监测系统、后台监控系统及其他站级高级应用功能，实现了远动系统数据业务的多维度和集约化，能够有效提升远动服务水平，对提高电网的综合化、高精准的管理水平具有重要的意义。

智能远动机能够完全替代监控后台、保护信息管理子站、在线监测子站等站控层设备，并将所有设备功能集成在同一个装置上。在系统架构设计上，智能远动装置采用软硬件分离的方式，系统软件可以运行在任何一台安装了主流 Linux 操作系统的计算机上。该计算机可以是商用计算机、工业计算机，甚至是笔记本电脑。如此，则系统软件功能既能够以分布式的方式在各个不同装置上运行，也能够以"一机多能"的方式集中或部分集中地运行在单一的智能远动装置上。应用智能远动机的智能变电站系统架构示意图如图 2-32 所示。

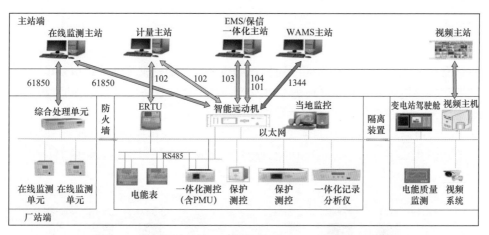

图 2-32　应用智能远动机的智能变电站系统架构示意图

集成远动、保信、PMU、计量和在线监测五大业务，基于统一建模，实现数据统一采集、处理、传输和应用，各业务通信规约如下：

远动：IEC 101/104 规约。

保信：南网 IEC 61850/103 规约。

PMU：IEC 1344 规约。

计量：IEC 102 或其他自定义规约。

在线监测：IEC 61850 规约。

第 3 章　变电站测控及保护测控集成技术

3.1　概述

测控装置是变电站自动化系统间隔层的核心设备，主要完成变电站一次系统电压、电流、功率、频率等各种电气参数测量（遥测）以及一、二次设备状态信号采集（遥信）；接收调度主站或变电站监控系统操作员工作站下发的对断路器、隔离开关、变电站分接头等设备的控制命令（遥控、遥调），并通过联闭锁等逻辑控制手段保障操作控制的安全性；同时还要完成数据处理分析，生成事件顺序记录等功能。测控装置在变电站自动化系统中的位置如图 3-1 所示。

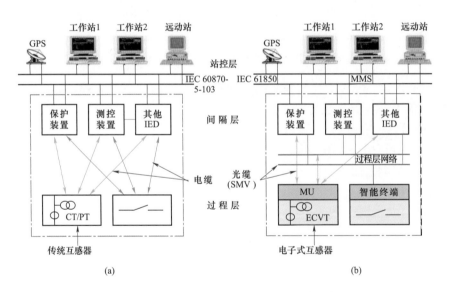

图 3-1　测控装置在变电站自动化系统中的位置

（a）传统变电站；（b）智能（数字化）变电站

变电站测控功能的实现方式经历了集中式和单元式两个阶段。20 世纪 80 年代以前，变电站的远动功能主要依靠集中式 RTU 装置实现，通过变送器及一些数字接口电路对变电站二次系统的一些测量和信号进行采集，对采集量进行集中处理。RTU 装置按照功能分为遥信单元、遥测单元、遥控单元和遥调单元等。此类系统称为集中 RTU 模式，集中 RTU 模式二次系统接线复杂，不利于维护和扩展。20 世纪 90 年代初期，随着嵌入式处理器及网络通信技术的发展，集中式 RTU 向单元式测控装置转变，测控功能按一次设备对象单独形成装置，完成一个设备间隔内的测量与控制功能。这种面向对象、分层分布的系统模式大幅度地减少了二次连接电缆，减少了电磁干扰对传送信息的影响，具有更高的可靠性，并且易于使用、方便管理及维护，目前已被大量应用。

变电站的测控装置采用按一次设备间隔配置的方式。根据监控对象的不同，测控装置主要分为线路测控、母线测控、主变压器测控、公用测控等类型，不同类型测控装置功能配置见表 3 - 1。

表 3 - 1　　　　　　　　　　　　　不同类型测控装置功能配置

序号	类型	功能配置
1	线路测控	主要用于变电站线路的测量与控制，采集线路电压、电流、频率、功率等电气量，实现间隔内的断路器、隔离开关等一次设备的控制
2	母线测控	主要用于变电站内母线电压的采集和母线隔离开关设备的控制
3	主变压器测控	主要用于变电站内变压器间隔的电气量采集，实现变压器挡位调节控制，并实现变压器温度等非电气量的监测
4	公用测控	主要用于集中采集变电站内的辅助系统状态量信号以及二次设备的告警信号，有时也兼顾变电站内所用变压器的运行状态监测和控制

智能变电站发展的总体要求是采集数字化、控制网络化、设备紧凑化、功能集成化、状态可视化、检修状态化和信息互动化。为了实现上述要求并简化智能变电站架构，提高智能变电站的可维护性，有必要对一个间隔内的多个装置，如保护装置、测控装置、合并单元、智能终端、计量单元等进行功能优化整合，研制多功能装置。

同时，计算机软硬件技术、通信技术的迅速发展，新型嵌入式中央处理器（Central Processing Unit，CPU）的性能越来越高，不仅处理速度大幅提高，同时具有丰富的 I/O 信号、串行通信接口（Serial Communication Interface，SCI）、串行外设接口（Serial Peripheral Interface，SPI）、控制器局域网络（Controller Area Network，CAN）通信接口等，无须扩展外部芯片即可完成强大功能，为中低压保护测控装置功能扩展提供了良好基础。

智能变电站采用了一种保护、测控等功能多合一装置。这种多合一装置主要应用于 110kV 以下电压等级间隔设备，包括馈线、电容器、电抗器、分段、站用变压器和接地变压器等设备。该装置将原保护装置（线路保护、分段保护、备用电源自投、配电变压器保护、电容器保护和电抗器保护中的一种）、测控装置、操作箱、非关口计量表、合并单元和智能终端等六种功能集中优化在一个装置内实现，可替代原有的上述六种装置，既提高了装置的集成度，减少了缆线，简化了变电站设备配置，降低了变电站建设成本，又提高了智能变电站的可维护性。由于该装置集保护、测控、断路器操作回路、合并单元、智能终端、计量等多种功能为一体，因此称之为保护测控多合一装置。

3.2　测控原理及实现

本节以国电南瑞的 NS3560 型综合测控装置为例介绍智能变电站测控技术实现方法。

NS3560 综合测控装置适用于 110kV 及以上电压等级线路、母线或主变压器，能够实现本间隔的测控、计量以及同步相量测量功能。既支持模拟量采样，又支持 SV 数字采样。数字量输入接口协议为 IEC 61850-9-2。装置跳合闸命令和其他信号输出，既支持传统硬接点方式，也支持 GOOSE 输出方式。

3.2.1　硬件设计

1. 硬件结构

测控装置硬件结构如图 3-2 所示。装置功能由多个 CPU 配合实现，硬件主要包括主 CPU 模块、过程层接口模块、开入模块、开出模块、人机接口模块、电源模块等功能模块。

主 CPU 模块由管理 CPU 单元、数字信号处理（Digital Signal Process，DSP）单元和可编程序逻辑单元构成。管理 CPU 单元完成测控装置所有功能模块的管理以及测控装置站控层的对外通信功能。DSP 单元完成测控装置的遥测、同步相量、电能计算功能，并对遥控、断路器同期操作进行逻辑判断。可编程序逻辑单元实现测控装置对时守时以及内部高速数据通信功能。

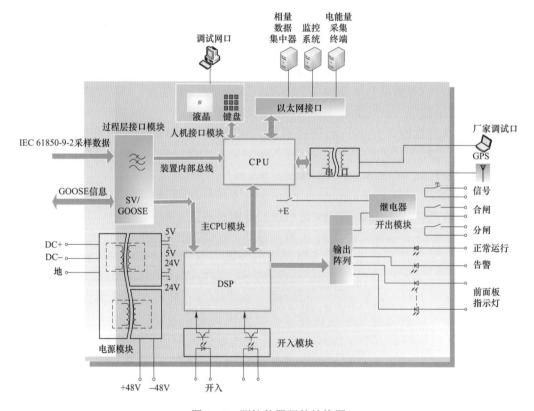

图 3-2　测控装置硬件结构图

过程层接口模块完成装置与过程层合并单元、智能终端的通信，接收 IEC 61850-9-2 采样数据，收发 GOOSE 信息。

开入模块采集站内开关量信号，使用光电转换，实现强弱电隔离。

开出模块实现对断路器、隔离开关的控制开出，遥控操作经启动、出口两级继电器完成，并实时对继电器状态进行返校。

主控 CPU 板系统处理数据量大，业务模块丰富，支持光或电形式的以太网接口，设计高性能 CPU 系统是确保装置实现功能，满足性能的基础。测控装置选用 Freescale 公司的 PowerPC 高速处理器和 ADI 公司的 Sharc 系列 DSP 处理器构建主 CPU 板，满足多种功能集成的数据运算和通信的需要。测控装置接收过程层 SV、GOOSE 数据的报文流量很大，需要设计专门的过程层接口模件完成该功能。测控装置通过 FPGA 自主设计高速以太网收发模块，配合 PowerPC 高速处理器实现过程层大流量报文的收发。

2. 通信机制

测控装置采用模块化的多 CPU 硬件架构，模块间存在交流采样数据、开关量数据、运算处理的中间数据等多种高速实时数据交换。因此需要设计一种高性能的通信平台，解决高速数据传输、大容量数据采样、数据采样同步等问题。Freescale 公司推出的 P1011 是目前在网络与通信领域应用非常广泛的一款微处理器芯片。高速的 PowerPC 内核，连同集成的网络与通信外围设备，提供了一个建立高端通信系统的全新系统解决方案。以高性能处理芯片 P1011 为例，其通信总线框图如图 3-3 所示。

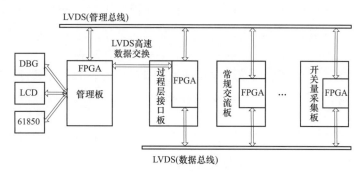

图 3-3　通信总线框图

管理总线负责传送配置信息、注册信息及实时检测等功能。检测原理采用节点拓扑方式，实时检测是否有新板件加入或原板件移除，以备数据库更新管理。数据总线负责将从板信息实时传送给主板，由其进行统一管理和逻辑运算，同时从板也分担了一些主板的逻辑运算，既减轻了主板的负担，又降低了数据交换流量。

测控装置内部通信主要采用低电压差分信号（Low-Voltage Differential Signaling，LVDS）技术，实现采样数据、开入开出、信号同步等实时性较高的数据传输。LVDS 总线分为发送总线和接收总线，物理上都由一对差分线构成，实现点对点全双工通信，通信速率为 100Mbit/s。LVDS 总线中数据交换的过程如下：FPGA 将 LVDS 串行数据经串并转换后写入 FPGA 中的接收缓存区（FPGA 内部 BLOCK RAM），CPU 通过自身并行总线访问接收缓存区获取接收数据。CPU 通过自身并行总线将要发送的数据写入 FPGA 中的发送缓存区，FPGA

从发送缓存区中取到数据后进行并串转换，通过 LVDS 总线发送。LVDS 总线中数据交换过程如图 3-4 所示。

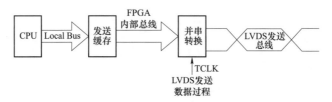

图 3-4　LVDS 总线中数据交换过程图

3.2.2　多种量测的综合采集

智能变电站数字化、网络化的采样为多种量测功能的集成奠定了基础。与传统的采样方式相比，数字化、网络化的采样在提高信息共享程度的同时也带来了一些新问题，需要采取新的技术手段加以解决。

1. 高精度的同步采样

智能变电站中合并单元集中采集传统或电子式互感器输出的交流量，再根据 IEC 61850-9-2 采样值传输标准组帧后通过网络发送至相关装置。合并单元接受时钟对时，输出与对时脉冲精确同步的采样脉冲，实现数据的同步采样。为保证全站采集数据的同步，其采样脉冲与对时脉冲始终保持同步。与传统测控装置不同，当系统频率出现波动时，智能变电站测控装置无法通过调整采样频率实现频率跟踪采样。为了满足整周期采样，减小频谱泄漏和栅栏效应带来的误差，需要对合并单元上送的采样值进行软件处理。另外，目前合并单元采样频率为 80 点/周波。而测控装置多采用傅里叶算法进行计算，采样率一般是 32 点、64 点等，两者并不相等。为了不改变原来装置成熟的算法，需要对接收到的合并单元采样值进行重采样。

Lagrange 插值法原理简单、运算快速、实时性高，在变电站 IED 数据重采样中得到广泛应用。以线性 Lagrange 为例，假设原始模拟信号为

$$x(t) = \sum_{k=0}^{N} A_{km} \sin(k\omega t + \varphi_k) \tag{3-1}$$

设 f_s 为合并单元采样频率，T_s 为对应的采样周期，由合并单元采样并输入间隔层交流采样装置的采样值信号序列为

$$x(n) = x(nT_s) \tag{3-2}$$

设间隔层交流采样装置采样频率为 f_s'，T_s' 为对应的采样周期，则其理想的采样序列为

$$y(n) = x(nT_s') = x\left(n\frac{f_s}{f_s'}T_s\right) \tag{3-3}$$

式中，$n\dfrac{f_s}{f_s'}T_s$ 是整数时可以直接抽取，$n\dfrac{f_s}{f_s'}T_s$ 不是整数时可以对其相邻的 2 个采样值点进行

线性 Lagrange 插值。

设 $l = n\dfrac{f_s}{f_s'}$，并设 i 是小于 $n\dfrac{f_s}{f_s'}$ 的最大整数，将 $y(n)$ 在 $x(i)$ 和 $x(i+1)$ 间进行线性插值，其线性插值公式为

$$y(n) = x(i)(i+1-l) + x(i+1)(l-i) \qquad (3-4)$$

线性 Lagrange 插值余项为

$$R_1 = \frac{x''(\xi)}{2!}(1-i)(1-i-1)T_s^2 \qquad \xi \in (iT_s, (i+1)T_s) \qquad (3-5)$$

利用 Lagrange 插值余项估计插值点的插值误差为

$$|R_1| \leqslant \frac{|X''(\xi)|}{8}T_s^2 \leqslant \frac{1}{8f_s^2}\sum_{k=1}^{N}A_{km}(k\omega)^2 \qquad (3-6)$$

由式（3-6）中可以看出，合并单元采样频率 f_s 越高，误差越小。

2. 多元量测的数据共享

要对多种量测功能进行整合集成，实现单装置对多元量测数据的同步采集，需要对多种量测功能的共性技术进行提炼，对量测功能的数据采集、运算处理等环节进行融合优化，形成统一的数据接口，以及实时的任务调度。

测控装置的交流量采样处理数据流如图 3-5 所示，通过统一的 AD 接口模块按照 4000Hz（80 点/20ms）的采样率进行采样，将数据缓存后采用频率跟踪重采样技术进行统一处理。

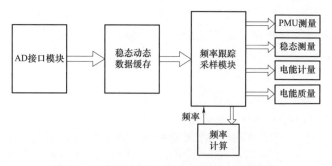

图 3-5 测控装置的交流量采样处理数据流

将 80 点/20ms 数据抽取成 64 点/20ms，再采用快速傅里叶变换进行运算处理，得到电压、电流的有效值和功率等量测值，以及同步相量的幅值相角以及各次谐波分量和各种电能质量统计值。频率跟踪重采样保证了系统频率在一定范围内波动时始终保证整周期采样，减小频谱泄露误差。当频率计算的分辨率足够高时，就能够满足同步相量高密度数据同步的要求。电能计量可以采用时域积分法，也可以采用频域计算法。为了抑制谐波对计量精度的影响，并且利用稳态计算的中间结果，一般采用频域计算法进行电能计量。

对几种功能量测数据的共享是指通过对多种量测功能的测量结果或中间运算数据进行共

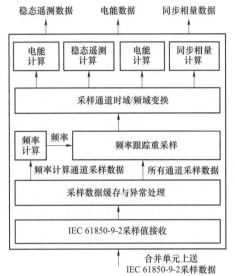

稳态遥测数据　电能数据　同步相量数据

图3-6　测控装置的公共模块设计

享使用，减少整个测控装置的冗余计算，提高测控装置的处理效率，并实现测量结果的优化。测控装置的公共模块设计如图3-6所示。

测控装置进行统一的采样及异常处理。采用高精度算法进行频率计算，频率测量的精度满足多种功能中最高的精度指标要求，频率测量的结果可提供给所有的功能模块使用。以上的多种功能均可通过傅里叶算法实现，对各采样通道的傅里叶计算进行集中处理。稳态遥测计算得到的精确的电压、电流、功率等量测数据可提供给PMU、电能计量、电能质量监测等功能模块使用，如PMU测量的动态数据可结合稳态遥测数据进行精度校核，动态事件可结合稳态测量电压、电流有效值进行判断；电能计量可使用稳态计算的功率结果进行等时间间隔累加，得到所需的电能量，各种计量的事件也可直接使用稳态计算结果判断产生。

3.2.3　开关量时标标注方法

事件顺序记录（Sequence of Events，SOE）的重要功能是辨别电网故障时各类事件发生的顺序。目前变电站测控装置大量采用GPS脉冲对时，对时精度得到保证，同时测控装置的SOE分辨率已经不大于2ms。这些都提高了SOE事件分辨能力，保证SOE信息的真实性。但是，由于信号接点变位时一般会发生抖动，GB/T 13729—2002《远动终端设备》中仅规定状态量"输入回路应有电气隔离和滤波，延迟时间为10～100ms"，对SOE时标应定位信号抖动之前还是抖动之后没有规定。各设备生产厂家对接点抖动普遍进行了滤波，可是对滤波后SOE时标的处理却不尽相同，这就造成不同设备间的SOE时标的系统误差远远大于SOE分辨率，使SOE分辨率失去意义，并可能造成对事件顺序的错误判断。

目前国内许多远动装置对遥信一般都设一个遥信去抖滤波时间T_d。T_d的物理意义是信号（如继电器接点）抖动的最长时间，T_d一般取几毫秒至数百毫秒。遥信去抖滤波方案基本相同，都是将小于设定时间T_d内的信号重复动作视为虚假遥信信号而滤去。如果在遥信瞬时变位后，信号经过一段时间抖动，变化到新的状态，装置将确定发生一次遥信事件，并打上发生时间的时标，形成一次SOE事件。但各装置的SOE时间的标注方法却存在差异，主要有以下两种。

1. 时间取信号变位稳定后的时间前沿

SOE时间取信号变位稳定后的时间前沿，就是将小于T_d的变位脉冲全部滤去，直到变位脉冲大于T_d，才将记录的稳定变位前沿作为SOE时标，如图3-7所示。该方法认为稳定的信号变位才是真正变位，而前面的信号抖动可能是干扰信号，或者是接点还未接触到位，信号仍然处于过渡状态，并未完全变位。该方案的优点是抗干扰能力较强，运算简单，软件实现耗时少，因而抗遥信雪崩能力较强。

2. 时标取信号抖动的前沿

此类方法都是先记录信号刚开始发生抖动的时间，但对信号变位的确认却有不同方法。如图 3－8a 所示，该方案记录遥信变位刚开始的抖动时间，每一个抖动脉冲的宽度不能大于 T_d，对抖动时间长度 Δt 没有限制，当遥信变位稳定 T_d 时间后确认该事件，并取刚开始抖动的时间作为 SOE 时标。另一种方案如图 3－8b 所示，该方案记录信号抖动的前沿时刻，延时 T_d 时间后检测信号状态，如果仍然变位，则确认变位，如果 T_d 时刻状态返回，则认为是抖动，重新捕捉变化前沿。该方案符合遥信防抖的物理意义，即遥信防抖时间 T_d 就是信号抖动的最大时间，在该时间内信号应该稳定。但该方案对信号稳定的确认相对简单，如果遇上强电磁干扰，信号发生反复抖动如图 3－9 所示，在 0 时刻和 T_d 时刻都状态变化，而 T_d 后又返回，装置将误认为遥信变位而误发 SOE 事件。

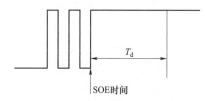

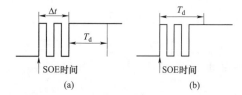

图 3－7　SOE 时间取信号变位抖动稳定后的时间前沿　　图 3－8　SOE 时间取信号变位抖动的前沿
（a）方案一；（b）方案二

要确定和改进状态信号 SOE 时标的获取方法，首先必须分析信号变位过程中发生抖动的原因。根据上述分析，状态信号变位时发生抖动主要有以下几方面原因：接点信号抖动、接点信号接触不良、强电磁干扰等。大部分情况是被监视信号的实际状态在信号抖动的前沿已经发生，因此 SOE 时标打在状态变位的抖动前沿比较合理。同时考虑到强电磁干扰，采取的方法应具有较强的抗干扰能力，处理方法也应具有较快的处理速度和抗信号雪崩能力。图 3－10 所示为改进的 SOE 时标方法。

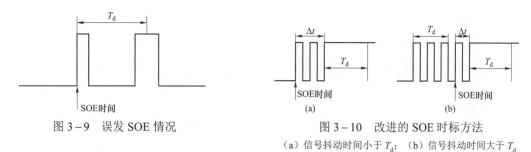

图 3－9　误发 SOE 情况　　　　　　　图 3－10　改进的 SOE 时标方法
　　　　　　　　　　　　　　　　　　　（a）信号抖动时间小于 T_d；（b）信号抖动时间大于 T_d

当信号发生抖动时记录此刻时间，如果信号抖动时间 Δt 小于 T_d，然后达到一个稳定状态，可以确认发生信号变位，并取抖动前沿时刻为 SOE 时间，如图 3－10a 所示。当抖动时间大于 T_d 时，应该是信号受到了干扰，前面的 T_d 时间放弃，取后面的变化前沿，并保证 Δt 小于 T_d，如图 3－10b 所示。信号变位后的稳定时间应大于 T_d。一般情况，信号变位前的抖动时间不会大于 T_d，SOE 时间就是信号刚开始抖动的时间。如果信号受到强电磁干扰而发生较长时间抖动，装置自动将前面的干扰滤去而保证 SOE 时间的相对准确。

3.2.4 数字化采样的同期检测

采用恒定越前时间的同期原理，在断路器两侧电压的相角差为零之前的一定时间发出合闸信号，当断路器的主触头闭合时，断路器两侧电压的相角差为零，对电网的冲击最小。

从测控装置发出合闸信号到断路器主触头闭合所经历的时间是断路器的合闸导前时间，主要包括出口继电器动作时间和断路器合闸时间。测控装置根据合闸导前时间和合闸点两侧电压的滑差推算出合闸越前相角，装置在此越前相角发出合闸信号。

装置采用最佳平方逼近方法，充分利用装置测量信息对断路器两侧电压的相位差的变化建立数学模型，根据模型进行同期点预报。首先每隔一定时间 T_0（一般为 2～5ms）对断路器两侧的相角差进行测量计算，取最新的 n 点的相角差 δ_i，按先后顺序，形成 n 点相角差序列 $\delta = [\delta_0, \delta_1, \cdots, \delta_{n-1}]$，式中，$\delta_{n-1}$ 为根据最新接收的采样值数据测量出的断路器两侧相位差。对断路器两侧电压相位差建立关于时间坐标的二次多项式数学模型为

$$\hat{\delta}(t) = a_0 + a_1 t + a_2 t^2 \tag{3-7}$$

根据相角差序列 δ，对上式中的 a_0, a_1, a_2 进行逼近，使得 $\sum_{i=0}^{n-1} (\hat{\delta}(t) - \delta_i)^2$ 取最小值，最大限度地降低测量误差对同期功能的影响，获得最佳的多项式系数。由于 δ_{n-1} 为最新测出的当前时间的断路器两侧相角差，设此时为 0 时刻，即该时刻 $t = 0$。定义三个 f 序列为

$$f_0(i) = 1$$
$$f_1(i) = (i + 1 - n) \times T_0$$
$$f_2(i) = [(i + 1 - n) \times T_0]^2$$

式中：$i = 0, 1, \cdots, n-1$；T_0 为两次计算相角差间的固定时间间隔。

定义内积空间

$$(f, g) = \sum_{i=0}^{n-1} [f(i) \times g(i)]$$

构建正规方程组为

$$\begin{bmatrix} (f_0, f_0) & (f_0, f_1) & (f_0, f_2) \\ (f_1, f_0) & (f_1, f_1) & (f_1, f_2) \\ (f_2, f_0) & (f_2, f_1) & (f_2, f_2) \end{bmatrix} \begin{bmatrix} a_0 \\ a_1 \\ a_2 \end{bmatrix} = \begin{bmatrix} (\delta, f_0) \\ (\delta, f_1) \\ (\delta, f_2) \end{bmatrix} \tag{3-8}$$

求取该方程组的解，即可求得最佳的 a_0, a_1, a_2。由于方程组的系数矩阵都为常数，可以离线计算完成。实际运行时装置只需要计算三个 (δ, f_i)，并求解一个三元一次方程组，计算量并不是太大。

在获得相位差的数学模型后，将断路器合闸导前时间 t_{DL} 代入式（3-7），即可计算出测

控装置在当前时间发出合闸命令，经过 t_{DL} 后断路器两侧的相角差。如果计算出的相角差几乎为零，同时满足其他同期闭锁条件，则可以发出合闸脉冲。如果计算出的相角差的绝对值大于允许合闸相角，则继续进行同期点捕捉。

该方法克服了传统方法只利用个别点的测量数据进行同期合闸参数的计算，计算结果容易受测量误差影响的缺点，可以充分利用测量数据，对断路器两侧的相位角的变化规律进行最佳逼近，最大限度地降低测量误差对同期预报的影响，计算出最佳的合闸时机。

对于数字化采样的同期判断逻辑需要增加一些采样值的异常处理措施，首先对报文中自带的品质位进行处理，若出现品质异常或持续无法收到正常的采样值时，测控装置将退出同期逻辑判断，并闭锁操作。对于来自不同合并单元的数据需要通过数据缓存判断报文中帧序号的方法对收到的各个通道采样值进行对齐。对于偶尔发生的单个数据丢点采用插值算法进行数据补充，数据频繁丢点或丢点数量较多时，则闭锁同期操作。

3.2.5　智能变电站防误闭锁

为确保变电站倒闸操作的正确，在二次操作回路上设置电气闭锁、操作设备把手上设置机械程序闭锁或装设微机防误闭锁系统，已成为防止人为误操作事故的有效手段。随着微机技术在电力系统中的应用和发展，微机防误闭锁系统广泛运用于新建变电站和电厂。为实现全站的防误操作闭锁功能，常采用以下三种典型方案进行设计：

方案一：通过监控系统的逻辑闭锁软件实现全站的防误操作闭锁功能，同时在受控设备的操作回路中串接本间隔的闭锁回路。

方案二：监控系统设置"五防"工作站。远方操作时通过"五防"工作站实现全站的防误操作闭锁功能，就地操作时则由电脑钥匙和锁具来实现，在受控设备的操作回路中串接本间隔的闭锁回路。

方案三：配置独立于监控系统的专用微机"五防"系统。远方操作时通过专用微机"五防"系统实现全站的防误操作闭锁功能，就地操作时则由电脑钥匙和锁具来实现，同时在受控设备的操作回路中串接本间隔的闭锁回路。专用微机"五防"系统与变电站监控系统应共享采集的各种实时数据，不独立采集信息。

三种方案各有特点，方案一能有效利用计算机监控系统的资源，由监控系统实现防误闭锁，节省了设备投资；方案二监控系统配置专用的"五防"工作站，全站设备操作的防误闭锁逻辑由"五防"工作站实现，防误闭锁与监控系统的其他功能分开，系统的安全性更高；方案三微机防误闭锁系统与监控系统是两个相对独立的系统，两个系统共享设备状态信息，各自启动自己的执行终端，两个系统执行终端接点串联。无操作任务时，即使监控系统因软、硬件故障或干扰影响，使其操作终端开出，都不会形成误操作，实现了强制闭锁。

三种方案在实际的工程实施中都得到了一定程度的应用，但随着监控系统防误闭锁功能的不断完善，设备成熟度与可靠性也不断提高。

按照智能变电站减少设备重复配置的原则，宜通过变电站监控系统的逻辑闭锁软件实现全站的防误操作闭锁功能，也就是采用一体化防误系统。该系统将专有"五防"系统与变电站自动化系统相结合，在变电站监控后台系统内，嵌入防误模块，结合间隔层测控装置的防误联闭锁模块，对电气设备的操作全程、实时判别防误闭锁条件并进行控制。

测控装置在一体化防误系统中主要实现间隔层的控制操作闭锁功能，它集成了完善的全站性防误闭锁判断，除判别本间隔电气回路的闭锁条件外，还通过网络对其他跨间隔的相关闭锁条件进行判别。除了对相应设备状态进行判别外，还对采集的相关模拟量进行判别。例如，操作隔离开关时判别电流互感器（Current Transformer，CT）无电流，合接地开关时判断电压互感器（Potential Transformer，PT）无电压，双母线停役一条母线前拉母联断路器时判断 CT 无电流等。

测控装置的防误闭锁功能主要包括两方面内容。

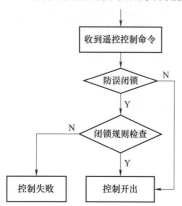

图 3-11　测控装置控制闭锁框图

1. 遥控闭锁

图 3-11 所示为测控装置控制闭锁框图。当测控装置收到遥控操作命令时，检查相应的防误闭锁逻辑，满足条件才允许出口，不满足条件则禁止出口。

2. 防误闭锁接点

为每个操作对象设计一对防误闭锁接点，为用户手动操作提供防误闭锁安全保障，实时进行闭锁规则检查。当条件满足时，则手动闭锁接点闭合；条件不满足时，则手动闭锁接点分开。正常情况下，防误闭锁接点断开。当用户需要进行当地手动操作时，可以通过当地后台监控，先进行防误操作预演。当地后台计算机记录操作顺序，然后按顺序逐个向对应的测控装置发出合上防误闭锁接点的指令。测控装置接收到指令后判断防误闭锁逻辑，条件满足后合上相应的防误闭锁接点。操作成功，则对前述测控装置发出断开闭锁接点的命令，并顺序向下一个操作对象对应的测控装置发出合上闭锁接点的命令，进行下一个操作。

采用以上机制进行变电站的当地手动操作，既可以实现操作的电气闭锁，又能够防止运行人员走错间隔，同时它还解决了独立微机"五防"系统存在的"走空程"现象。独立微机"五防"系统通常是采用编码锁来闭锁当地操作，只是解决了用一把微机钥匙依操作顺序开锁问题，机构之间没有在机械上的直接联系，并不是强制闭锁。用微机钥匙开锁后不一定对机构进行操作，就可转入下一步操作，即发生"走空程"现象。一旦发生"走空程"现象，就意味着误操作事故的可能发生。而监控系统的测控装置去闭锁当地手动操作，当一个操作没有完成时，由于反应一次设备的状态量信号没有改变，监控系统将不会允许进行下一项操作，确保了操作的正确可靠。

3.2.6　多功能统一建模

测控装置实现一个间隔的多种量测及控制功能，主要包括测量、控制、同步相量测量、非关口计量、电能质量分析等功能。为了提供多种功能的标准化接口，需要对多种功能进行统一建模。

对一台测控装置建立一个 IED 对象，该对象是一个容器，包含 server 对象，server 对象中包含多个逻辑设备（LD），每一个逻辑设备（LD）包含 LLN0、LPHD、其他应用逻辑节点。服务器（server）描述了一个设备外部可见（可访问）的行为，服务器下建立若干访问点（accessPoint），该访问点体现通信服务，与具体物理网络无关，测控装置一般建立三个访问点，访问点名称如下：

（1）站控层访问点（站控层 MMS 通信以及站控层 GOOSE 通信）：S1。

（2）过程层 GOOSE 通信：G1。

（3）过程层 SMV 通信：M1。

每个访问点下可建立多个逻辑设备，测控装置按照实现的功能在不同的访问点下建立多个逻辑设备，逻辑设备的建模如下：

（1）S1 访问点下逻辑设备（LD）：MEAS（测量）、CTRL（控制和信号）、PQM（电能质量）、PMU（同步相量测量）、METR（电能计量）、LD0（公用）。

（2）M1 访问点下逻辑设备（LD）：PISV（合并单元）。

（3）G1 访问点下逻辑设备（LD）：PIGO（过程层 GOOSE 通信）。

每个逻辑设备（LD）下建立多个逻辑节点（LN），逻辑节点是通信的最小功能单元，每一个逻辑节点（LN）包含该功能单元的所有数据和属性。DL/T 860.74 标准中定义了通用的逻辑节点模型。

3.3　保护测控集成装置构成及实现

1. 硬件结构

下面以国电南瑞的 NSR-3611 型中低压线路保护测控多合一装置为例说明，该装置硬件结构与 3.2 节综合测控装置一样，其主要不同在于装置所配置的插件不同。

2. 插件描述

（1）中央处理与通信插件。

该插件为装置的核心插件，中央处理器部分由高性能的 ARM 处理器和 DSP（数字信号处理器）处理器组成。ARM 处理器运行高稳定性的实时操作系统，主要实现人机界面、后台通信、文件记录等功能；DSP 处理器则主要完成开入开出控制、采样控制、保护算法与逻辑判断等功能。CPU 插件内设启动元件，启动元件启动后开放出口继电器的出口电源，同时设运行监视元件，监视板件的运行状态。CPU 插件具有以下对外接口：

1）3 路百兆以太网接口，用于监控、保信的通信。

2）4 路过程层光纤接口、FT3 级联和 B 码对时。

3）1 路串行打印接口。

4）1 路厂家专用的调试网口，该网口通过人机接口插件引出。

（2）电源插件。

电源插件的主要功能是提供整个装置的工作电源，并提供 16 路的开关量输入及 2 组遥信输出。装置为单 5V 供电，输出功率最大 20W。

（3）交流输入插件。

交流输入插件的型号较多，与特定装置的需求有关。插件的主要功能是负责将电压、电流这些模拟量转换为低压模拟信号，供主控插件采样。

（4）开入开出插件。

背板从左到右 3 号和 4 号插槽可以根据需求配置不同的开入开出插件，常用的开入开出插件型号如下：

1）操作回路插件。操作插件为三相单跳圈操作回路的控制板件。

2）强电开入开出插件。开入开出插件主要用于采集输入到装置的开关量及开关量的输出，每块板件可以提供 16 个开入及 9 个开出。

3）GOOSE 插件。该插件用于智能变电站装置对外的 GOOSE 通信服务，完成 IED 设备 GOOSE 信号的输入输出功能。当不采用 GOOSE 功能时，该插件不需要配置。该插件具备 8 路独立 MAC 全双工以太网，可以用于 GOOSE 点对点互联和 GOOSE 组网。

GOOSE 开入是否有效，需结合 GOOSE 接收链路是否完好、检修状态压板等因素影响，具体关系如下：当 GOOSE 接收信息的状态正常、发送端和接收端的检修状态压板一致并且对应的通信链路正常时，表示接收到的 GOOSE 信息是有效的。

3. 软件架构

软件总体架构如图 3－12 所示。

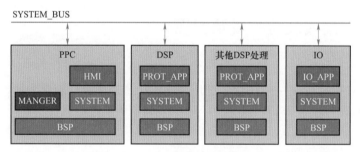

图 3－12　软件总体架构

主要插件包括 PPC（CPU 模块）插件、DSP 插件、其他 DSP 处理插件及 IO 插件。其中，PPC 模块完成任务管理调度（MANGER）、系统管理（SYSTEM）、人机界面管理（HMI）及底层驱动（BSP）；数字信号处理模块（DSP）和其他 DSP 处理模块除了完成部分系统管理（SYSTEM）、底层驱动（BSP）功能外，还完成相应应用功能（PROT_APP）；IO 插件模块完成包括系统管理（SYSTEM）功能、底层驱动（BSP）和 IO_APP 处理功能。装置软件包括平台模块、SV 报文收发和解析模块、GOOSE 报文收发和解析模块、AD 采样模块、采样抛物线插值的模块、测频模块、遥控模块和保护处理模块。

平台模块具备以下功能：

（1）任务管理调度。初始化时，应用模块将本模块的任务函数向系统程序注册，系统程序将所有应用模块按注册顺序将各任务函数按任务等级进行管理；运行时，系统程序将各应用模块按任务等级依次进行调用，并确保高优先级的任务优先执行。

（2）系统监视与异常处理。完成插件的各种外设、各级别任务以及所有插件的运行状态监视，并对监视结果依照不同情况进行处理。

（3）对时。完成插件内的时间系统以及所有插件间的时间同步，并确保装置内整个时钟系统的同步一致。为满足数字化变电站的需求，在外部 GPS 失步后，实现精确的守时功能。

（4）调试及下载。完成对插件中所有变量（全局及模块成员变量）调试功能，包括按变量名及内存地址两种方式调试。完成对本插件可执行文件的下载。

装置设置了 250μs 和 1ms 两个中断服务程序，分别进行信息采集及功能应用处理。中断流程图如图 3 – 13 所示。

4. 多源同步采样实现方法

为满足新一代智能变电站的建设要求，装置需要具备多种 SV 采样同时输入，并输出 IEC 61850 – 9 – 2 采样数据。

装置配置了 4 个 SV 输入输出光口，点对点方式可接受 4 个合并单元的 IEC 61850 – 9 – 2 报文，同时设置了 1 个 IEC 60044 – 8 级联光口，可接收合并单元发送的 IEC 60044 – 8 报文。另外，装置本身具备常规采样功能，这样装置具备了 IEC 61850 – 9 – 2 的接收和发送，IEC 60044 – 8 接收和本地 AD 采样的多种输入输出方式。

鉴于上述的三种方式的采样数据来源不同、格式不同和时间不同，因此需要突破多源同步采样的技术难点。

为保证装置的同步性，装置数据同步采样由 FPGA 控制，FPGA 接收 IEEE1588 或 IRIG – B 码对时信号，与其精确同步的同时，产生满足等间隔整周期采样的采样脉冲信号，直接控制 A/D 转换器采集交流信号；同时给 A/D 转换器采集数据、IEC 61850 – 9 – 2 报文和 IEC 60044 – 8 报文填写基于统一时间计时的精度可达纳秒的时戳。根据 IEC 61850 – 9 – 2 报文和 IEC 60044 – 8 报文自带的延迟时间，并依据装置的统一高精度计时时戳，可计算出各种采样方式下的数据采集时刻，并依据抛物线插值高精度算法，计算出同一时刻的适合保护处理的统一时间截面采样数据，以解决来源不同和时间不同的难题。

另外，由于 IEC 61850 – 9 – 2 报文传输的数据基于一次值，IEC 60044 – 8 传输的数据基于额定值，而本地采集的 A/D 数据是基于互感器变比与采集器位数折算后的数据，造成了 SV 数据格式不同，可采用统一转换方式，将各种数据统一转换成归一化、可调整相位和精度的统一数据，保证了 IEC 61850 – 9 – 2 发送来数据格式的统一并便于保护计算。

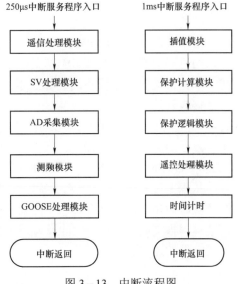

图 3 – 13　中断流程图

5. 站控层 GOOSE 的实现方法

具备站控层 GOOSE 的多合一装置实现原理框图如图 3-14 所示。

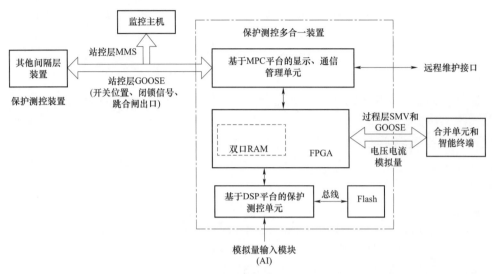

图 3-14　保护测控站控层 GOOSE 多合一装置实现原理框图

装置 CPU 插件实现站控层 GOOSE 的处理，该插件采用双 CPU 的硬件架构。基于 MPC 平台的显示和通信管理单元主要实现装置的菜单显示以及站控层通信功能，DSP 平台主要实现保护逻辑判断，双口 RAM 负责 2 个 CPU 之间的信息交互。装置 MPC 平台收到站控层 GOOSE 数据后将数据传输给双口 RAM，由双口 RAM 将数据交互给基于 DSP 平台的保护测控单元，用于保护逻辑判断，DSP 平台的保护逻辑单元输出跳合闸出口命令经双口 RAM 传递给 MPC 平台，由 MPC 平台发送站控层 GOOSE 跳合闸命令。

6. SV 和 GOOSE 共口实现

由于 SV 报文和 GOOSE 报文均属于以太网报文，只是报文类型和内容不同，因此，完全可以通过一个光口来实现 SV 报文和 GOOSE 报文的接收。对于接收的 SV 报文和 GOOSE 报文，根据报文类型设置不同的独立缓冲区，以便实现报文后续处理。

接收到的 SV 报文和 GOOSE 报文根据接受时刻，FPGA 依据自身时间（精度可达纳秒级）给每份 SV 报文和 GOOSE 报文填写接收到该报文接受时刻的时间戳，并存储在不同的缓存区间内。当 DSP 元件（保护处理逻辑单元）检测到有新的 SV 报文和 GOOSE 报文到来，即从 SV 和 GOOSE 不同的缓存区取相应的报文，进行处理。

从以上可看出，SV 和 GOOSE 共口实现的核心在于 FPGA。由于该 FPGA 具有高速运算性能且时间精度能达到纳秒级，因此，对于微秒级的 SV 报文和毫秒级的 GOOSE 报文，即使连续多封报文同时到达，也能及时地根据到达时刻，以纳秒级的分辨率进行处理和填写时戳，保证后续的连贯处理。

3.4　关键技术

3.4.1　交流量采集技术

1. 稳态遥测采集

变电站自动化系统测取的模拟量主要有交流电压 U、交流电流 I、有功功率 P、无功功率 Q、功率因数 $\cos\varphi$ 和频率 f 等。目前变电站中电压、电流等电气量普遍采用交流采样技术。所谓交流采样技术，就是通过对互感器二次回路中的交流电压、电流信号直接采样，通过对其进行 A/D 转换变换为数字量，再对数字量进行计算，从而获得电压、电流、功率、频率、电能等电气量值。智能变电站中过程层电子互感器和合并单元的应用，间隔层保护、测控设备的交流采样回路前移，采用数字化、网络化的方法实现交流采样，从技术原理的角度来看没有根本性的改变。

测控装置中遥测量的计算主要采用傅里叶算法。傅里叶算法是当前在各种交流电气量计算中广泛应用的基础算法。该算法可以从周期信号中提取基波分量和各次谐波分量，在电网中存在直流分量和谐波时也能够准确测量工频量，并且可以方便地实现谐波分析。

电力系统周期性的电流、电压信号 $x(t)$ 的傅里叶级数形式可表示为

$$x(t) = c_0 + \sum_{k=1}^{\infty} c_{km}\cos(k\omega_1 t + \varphi_k) \qquad (3-9)$$

即

$$x(t) = c_0 + \sum_{k=1}^{\infty} c_{km}(\cos\varphi_k \cos k\omega_1 t - \sin\varphi_k \sin k\omega_1 t) \qquad (3-10)$$

将式（3−9）写成

$$x(t) = c_0 + \sum_{k=1}^{\infty} (a_k \cos k\omega_1 t + b_k \sin k\omega_1 t) \qquad (3-11)$$

式中：$x(t)$ 为电力系统周期的电流或者电压信号；ω_1 为周期函数的角频率，$\omega_1 = 2\pi/T$，T 为电力系统周期；φ_k 为 k 次谐波的电流或者电压相角；k 为谐波次数；c_{km} 为 k 次谐波的电流或者电压幅值。

比较式（3−10）和式（3−11），对 k 次谐波可得下列关系

$$a_k = c_{km}\cos\varphi_k, \quad b_k = -c_{km}\sin\varphi_k, \quad c_{km} = \sqrt{a_k^2 + b_k^2}, \quad \tan\varphi_k = -\frac{b_k}{a_k}$$

$$(3-12)$$

利用三角函数的正交性，可得

$$\left.\begin{aligned} c_0 &= \frac{1}{T}\int_0^T x(t)\mathrm{d}t \\ a_k &= \frac{2}{T}\int_0^T x(t)\cos k\omega_1 t\mathrm{d}t \\ b_k &= \frac{2}{T}\int_0^T x(t)\sin k\omega_1 t\mathrm{d}t \end{aligned}\right\} \tag{3-13}$$

对式（3-13）中的 $x(t)$ 做周期为 N 点的离散化采样，则离散化后的谐波系数为

$$a_k = \frac{2}{N}\sum_{n=0}^{N-1} x(n)\cos\left(\frac{2\pi}{N}kn\right), \quad b_k = \frac{2}{N}\sum_{n=0}^{N-1} x(n)\sin\left(\frac{2\pi}{N}kn\right) \tag{3-14}$$

由此可以计算出信号第 k 次谐波的幅值、相角、有效值。

幅值
$$c_{km} = \sqrt{a_k^2 + b_k^2} \tag{3-15}$$

相角
$$\varphi_k = \arctan\left(-\frac{b_k}{a_k}\right) \quad (a_k > 0) \tag{3-16}$$

或
$$\varphi_k = \arctan\left(-\frac{b_k}{a_k}\right) + \pi \quad (a_k < 0) \tag{3-17}$$

有效值
$$c_k = \sqrt{\frac{1}{2}}c_{km} = \sqrt{\frac{1}{2}(a_k^2 + b_k^2)} \tag{3-18}$$

不考虑直流分量的影响，交流周期函数的有效值等于信号中基波和各次谐波的有效值的二次方和的算术平方根，因此电压、电流的有效值分别为

$$U = \sqrt{\sum_{k=1}^{M} U_k^2}, \quad I = \sqrt{\sum_{k=1}^{M} I_k^2} \tag{3-19}$$

式中，U_k 和 I_k 分别为各次谐波分量的有效值。

有功、无功功率为各次谐波有功、无功功率的代数和，即

$$P = \frac{1}{2}\sum_{k=1}^{M}(a_{uk}a_{ik} + b_{uk}b_{ik}), \quad Q = \frac{1}{2}\sum_{k=1}^{M}(a_{uk}b_{ik} - b_{uk}a_{ik}) \tag{3-20}$$

利用以上公式将交流信号进行分解，可以计算电压、电流信号各次谐波及总的有效值和有功功率、无功功率、功率因数。

2. 电能计量

对于正弦周期的电压、电流信号，其平均有功功率、无功功率定义为

$$P = UI\cos\varphi, \quad Q = UI\sin\varphi \tag{3-21}$$

式中，φ 为电压与电流间的相位差，则对应的有功电能和无功电能分别为

有功电能 $E_\mathrm{P} = \int P\mathrm{d}t$，无功电能 $E_\mathrm{Q} = \int Q\mathrm{d}t$ $\tag{3-22}$

电能计量功能就是要计算出电力系统中负载消耗的电能并反映负载的功率，具体可以划分为正向有功总电能、正向有功分相电能、反向有功总电能、反向有功分相电能、四象限无功总电能。在对电能进行统计的同时，还对可能造成电能计量误差的异常事件进行监视，生成相应的事件，并对电能数据进行冻结。主要的计量事件包括全相失电压、单相失电压、断相、失电流、掉电等，事件发生时冻结当时电能。

3.4.2　状态量采集技术

1. 采集原理

变电站测控装置采集的状态量信号，即远动所称的遥信量，反应的是变电站一次设备的运行状态、控制设备的动作信号及报警信号等信息，调度员以此为依据确定设备工况并决定是否进行操作。其信息的正确与否直接影响系统的运行方式、自动化设备的正确动作和调度人员的决策，对电网的正常运行具有重要意义。

测控装置对遥信量采集的原理是硬件上先对信号输入进行光电隔离变换，将强电的通断信号转换为数字量的"0""1"电平，然后进行定时采样处理。开关量采集原理如图 3 – 15 所示。

图 3 – 15　开关量采集原理图

图 3 – 15 中外部输入的强电开入信号经过滤波、分压、限流处理后驱动光电耦合器件，经光耦隔离后转换为装置 CPU 可采集的数字信号送至 CPU 进行采集。测控装置检测到遥信量发生改变时，进行记录并打上时标，形成事件顺序记录（SOE）。

目前 SCADA 系统中存在的一个很大问题是遥信误报，遥信误报不仅使调度人员对遥信变位的正确反应产生怀疑，久而久之还会对 SCADA 系统产生一种不信任感及麻痹心理，严重地影响电网调度运行。SCADA 系统的遥信误报的产生原因是多方面的，如设备现场安装时对大地的接线有问题、通道传输过程有问题等，但测控装置对状态量信号处理不当也是其中一个主要原因。测控装置设计制造时应采取措施，保证遥信信号的可靠性。

2. 防信号抖动处理

变电站中断路器和隔离开关的位置信号一般都取自其辅助接点，当断路器和隔离开关操作一定次数后，辅助接点的机械转动部分可能会出现缝隙和接点不对称；当断路器和隔离开关动作时，其辅助接点信号会发生短时抖动，抖动时间可能达到 100～200ms。抖动的结果是被监视设备的实际位置已经变位，但其辅助接点却要经历一段时间的抖动状态后才能达到稳定状态。此外，辅助接点表面也可能发生氧化，这些氧化物具有一定的电阻，会导致接触不良，需要一定的电压和电流将其击穿才能达到完全导通状态。因此当被监视设备已经变位后，

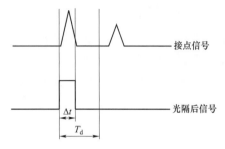

图 3-16 SOE 遥信滤波方案

相应的接点信号却要经历一段时间的氧化膜击穿过程，而这个过程就可能造成信号抖动。变电站内存在强电磁干扰，这些干扰信号串入遥信回路可能造成测控装置遥信输入回路的短时变位，经过光耦隔离后形成瞬间变位的信号，如果处理不当，也可能造成遥信误报。

为防止遥信误报或漏报，对状态量进行采集的同时对遥信信号采取硬件滤波和软件滤波。硬件滤波一般通过硬件电路中设计滤波回路实现。软件滤波为每一个遥信专门设计了一个遥信去抖时间定值 T_d，其值大于外部输入信号可能最长抖动时间，如图 3-16 所示。当信号抖动时间 Δt 小于参数 T_d，信号抖动后又恢复为以前的稳定状态，则确定为电磁干扰影响，抖动被滤除；当信号发生变位，经过 T_d 时间达到一个稳定状态，可以确认发生信号变位。

3.4.3 控制输出技术

1. 控制出口原理

执行调度或当地监控系统的操作命令，对断路器、隔离开关等设备进行分、合操作是变电站测控装置的基本功能。控制的安全性始终是首要考虑的问题，控制出口应具备极高的可靠性，一方面能在装置正常工作时正确动作，另一方面应能在装置异常时不误出口。控制输出的继电器一般需要经过光耦隔离，其输出回路应经过启动和出口两级继电器驱动。遥控输出接口电路示意图如图 3-17 所示。

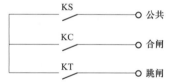

图 3-17 遥控输出接口示意图

每一次遥控操作必须经过遥控选择、返校、执行等几个步骤，确保遥控操作的正确。当进行遥控选择时，装置判断通信总线上的遥控命令是否发送给本装置的控制对象，若是则闭合相应对象的启动继电器 KS，并进行继电器返校，如果返校正确，同时收到合闸或分闸执行命令，再闭合 KC 或 KT 动作出口。

2. 断路器同期合闸

在高压变电站，对联络断路器的合闸操作必须进行检同期合闸。同期合闸操作是指通过断路器将两个电源进行互联的操作，也称同步操作或并列操作，它是变电站经常进行的一项重大操作。不恰当的同期操作可能损坏设备，对电网造成严重冲击。断路器进行同期合闸时应遵循如下原则：并列断路器合闸时，对系统的冲击电流应尽可能小，其最大值不应超过允许值；并列断路器合闸后，两侧系统或待并机组应能迅速进入同步运行状态，进入同步运行的暂态过程要短。

设系统的等效电路如图 3-18a 所示，其相量图如图 3-18b 所示。同期合闸时，断路器 QF 任一侧的电压可表示为

$$u = U_m \cos(\omega t + \varphi) \qquad (3-23)$$

式中：U_m 为电压幅值；ω 为电源的角频率；φ 为初相角。

当系统参数一定时，冲击电流决定于合闸瞬间的断路器（QF）两侧电压差ΔU。并列时要求 QF 合闸瞬间的ΔU值尽可能小，其最大值不应超过允许值，最理想情况ΔU的值为零，这是合闸冲击电流也就等于零。并且希望并列后两侧系统能顺利地进入同步运行状态。因此并列的理想条件为两侧电源电压的三个状态量全部相等，即 U_1、U_2 两个相量完全重合并且同步旋转。

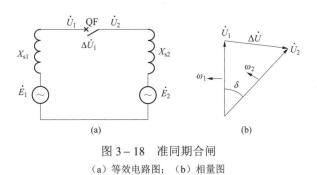

图 3-18　准同期合闸

（a）等效电路图；（b）相量图

并列的理想条件可表达为

$$
\left.
\begin{aligned}
&\omega_1 = \omega_2 \text{ 或 } f_1 = f_2 \text{（断路器两侧频率相等）} \\
&U_1 = U_2 \qquad \text{（断路器两侧电压幅值相等）} \\
&\delta = 0 \text{（相角差为零，} U_1 \text{ 和 } U_2 \text{ 两电压矢量重合）}
\end{aligned}
\right\}
\qquad (3-24)
$$

式（3-24）是准同期并列的理想条件，但是，断路器两侧电网要建立理想条件甚为困难。在实际运行中也没有必要这样苛刻，因为合闸时只要冲击电流较小，不危及电气设备，合闸后两侧系统能拉入同步的暂态过程，不致引起任何不良后果即可。

（1）同期合闸闭锁。

检同期合闸是一项重要的操作，操作不当将对电网造成很大冲击，甚至造成系统的振荡，因此其闭锁要求也较为严格，闭锁条件主要有压差闭锁、频差闭锁、频差变化率闭锁和相角差闭锁等。当断路器两侧有较大的电压差时，合闸后会产生较大的冲击电流，冲击电流主要是无功分量，会对电网中的发电机绕组产生不利影响，必须加以限制。如果断路器合闸瞬间两侧具有较大相位差，此时冲击电流主要为有功电流分量，这会引起电网中发电机转子绕组及轴系的机械损伤，这种冲击有时会引起电力系统和转子轴系机械系统出现次同步谐振（扭振），扭振所产生的破坏有时是惊人的。相角差闭锁是防止装置在较大的越前相角发出合闸命令时合闸瞬间相角差过大，对电网造成较大冲击。由于断路器的合闸时间具有一定分散性，频差较大时装置预报的同期合闸导前相角的误差将增大，如果发出的合闸信号的时间不恰当，就有可能在相角差较大时合闸。另外，如果两侧频差较大，即使合闸时的相角差满足要求，但由于两侧电网需要经历一个剧烈的暂态过程才能进入同步运行状态，严重时甚至失步，因此同期合闸时频差应有严格限制。频差的变化率较大时，系统的频率还不是很稳定，同样会影响同期合闸越前相角的预报，而且在合闸过程中，两侧频差有可能会超出合闸允许的频差范围，这是不允许发生的。

（2）同期点预报算法。

当断路器两侧系统的电压差和频率差在闭锁定值范围之内时，测控装置可以进行捕捉同期点合闸，即准同期合闸。在准同期合闸操作中，由于断路器合闸有一定的动作时间，合闸脉冲应在频率和电压都满足并列条件时，在 U_1 和 U_2 重合之前发出，当断路器主触头闭合时，电压的相角差为零，对系统的冲击最小。根据合闸脉冲提前量的原理不同，可分为恒定越前相角和恒定越前时间两种。测控装置一般采用恒定越前时间的同期原理，在断路器两侧电压的相角差为零之前的一定时间发出合闸信号，当断路器的主触头闭合时，断路器两侧电压的相角差为零，对电网的冲击最小。

从测控装置发出合闸信号到断路器主触头闭合所经历的时间是断路器的合闸导前时间，主要包括出口继电器动作时间和断路器合闸时间，合闸导前时间可以由定值设定。测控装置根据合闸导前时间和合闸点两侧电压的滑差推算出合闸越前相角，测控装置在此越前相角发出合闸信号，同期合闸越前相角可按下式求得

$$\delta_{yj} = \omega_{si} t_{QF} + \frac{1}{2} \frac{\Delta \omega_{si}}{\Delta t} t_{QF}^2 \qquad (3-25)$$

式中：t_{QF} 为合闸导前时间；ω_{si} 为计算点的滑差角速度，其计算方法如下

$$\omega_{si} = \frac{\Delta \delta_i}{\Delta t} = \frac{\delta_i - \delta_{i-1}}{\Delta t} \qquad (3-26)$$

式中：δ_i 和 δ_{i-1} 分别为本计算点和上一计算点的相角差值；Δt 为两计算点间的时间；$\Delta \omega_{si} / \Delta t$ 为滑差角加速度。

由于计及滑差角速度及角加速度，可以求得最佳的合闸导前角。测控装置在进行本点 δ_i 计算时，同时对下一点的 δ_{i+1} 进行预测，估计最佳合闸导前角是否介于二者之间，这样可以防止错过最佳合闸时机，在最佳合闸角度发出合闸信号，快速准确地进行同期并列，确保断路器合闸瞬间，两侧电压相角差接近于零。

第4章 合并单元及智能终端技术

4.1 概述

IEC 61850 标准采用面向对象技术，使用分层、分布的结构体系设计方法，将智能变电站自动化系统划分为站控层、间隔层和过程层的三层结构，三层之间用分层、分布、开放式网络系统实现连接。过程层位于最底层，是一次设备和二次设备之间联系的桥梁。

过程层自动化设备合并单元及智能终端的出现从根本上改变了变电站的二次回路接线形式。如图 4-1 所示，与传统变电站相比较，智能变电站用数字通信手段传递电量信号，用光纤作为传输介质取代传统的金属电缆，构成了数字化的二次回路。

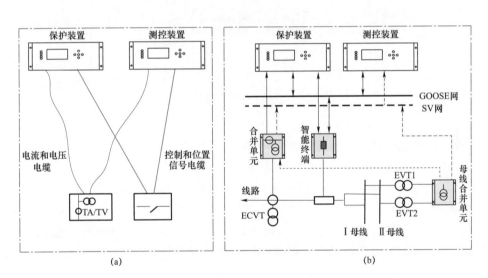

图 4-1 智能变电站与传统常规变电站二次回路区别示意图

（a）传统变电站；（b）智能变电站

使用过程总线传输智能化一次设备的数字信号，与模拟信号传输相比，其抗干扰能力增强，接线清晰，且复杂的二次接线系统被基于光纤以太网的通信系统所取代，节省了大量二次电缆。将传统保护、测试设备的信号采集功能下放到过程层完成，基于过程总线方便地实现了设备间的数据共享，为变电站高级应用功能的扩展奠定了基础。

4.2 过程层设备构成及实现

4.2.1 互感器

互感器是为电力系统进行电能计量和为继电保护提供电流、电压信号的重要设备。智能变电站中互感器主要分为传统电磁式互感器和电子式互感器。

1. 传统电磁式互感器

传统电磁式互感器是基于电磁感应原理制成的，其原理与变压器原理相同，主要是由铁心和一、二次绕组构成。当一次绕组中有电流通过时，在铁心中会引起励磁磁通，二次绕组中感应出感应电动势，在回路中产生电流。现场可根据不同的电压等级要求，设定一、二次绕组比值，得到不同等级的电压。

传统电磁式互感器又可分为电压互感器和电流互感器。合并单元可以通过电压、电流变送器，直接对接入传统电磁互感器的二次模拟量输出进行采集。如图 4-2 所示，模拟信号经过隔离变换、低通滤波后进入 CPU 采集处理并输出至 SV 接口。

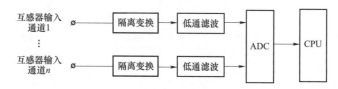

图 4-2　合并单元模拟量采集环节

2. 电子式互感器（ECT/EVT）

电子式互感器是一种基于现代光学技术、微电子学技术基础上的新型电流、电压互感器，通常采用罗柯夫斯基（Rogowski）线圈原理和电容电阻分压原理实现电流和电压的变换。

电子式互感器由传感单元、采集单元和传输系统组成，其通用框图如图 4-3 所示。其中，一次传感器为传感单元，主要是将一次侧高电压、大电流信号转换为适合采集的小电压、小电流信号；一次转换器为采集单元，用于对传感单元输出的信号进行调理、滤波、A/D 转换等，并通过微控制器将 A/D 转换的数据按 IEC 60044-7/8 格式组帧，通过光纤等传输介质发

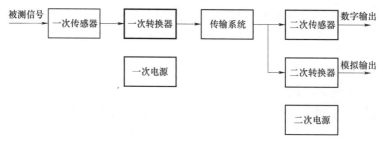

图 4-3　电子式互感器的通用框图

送给合并单元；二次转换器通常集成在合并单元内部，一般不作为单独的部件出现，合并单元会将多个电子式互感器的数据采集、处理后，按 IEC 61850-9-2 格式发送给保护、测控和计量设备使用。

相对于传统电磁式互感器，电子式互感器具有绝缘结构简单可靠、无磁饱和电压谐振问题、负载特性好、系统精度高等优点。但在实际运行中，电子式互感器的检验方法、电子元件的可靠性、系统热稳定性等问题都还有待提高。

4.2.2　合并单元装置构成及实现

合并单元（Merging Unit，MU）是用以对来自二次转换器的电流和/或电压数据进行时间相关组合的物理单元。合并单元可以是互感器的一个组件，也可以是一个分立单元。本节以国电南瑞的 NSR-386 系列合并单元装置为例介绍合并单元的装置构成和实现方法。

1. 硬件结构

合并单元装置硬件结构示意图如图 4-4 所示。装置功能由多个功能模块配合实现，硬件主要包括 CPU 模块、DSP 模块、开入模块、开出模块、时钟模块、人机接口模块、电源模块等。

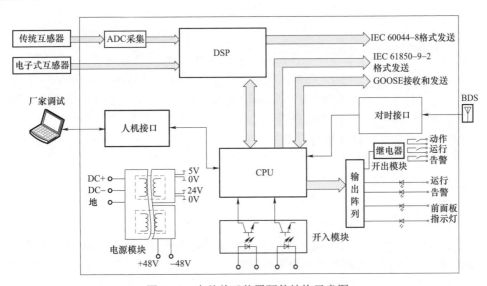

图 4-4　合并单元装置硬件结构示意图

（1）CPU 模块。由管理 CPU 单元和可编程序逻辑单元构成。管理 CPU 单元完成合并单元装置所有功能模块的管理以及装置对外通信功能。可编程序逻辑单元实现合并单元装置对时守时以及内部高速数据通信功能。

（2）DSP 模块。由 DSP 处理单元和可编程序逻辑单元构成。DSP 处理单元完成合并单元装置的数据采集、幅值相位补偿、数据同步处理、并列切换逻辑、报文组包发送等功能。可编程序逻辑单元实现高速采样、数据时标的锁存以及大流量报文的传输。

（3）开入模块。采集站内开关量信号，使用光电转换实现强弱电隔离。

（4）开出模块。实现并列、切换动作信号的输出，同时输出装置故障和告警信号，通过测控装置采集和转发至后台监控。

2. 软件设计

合并单元采用分布式架构，软件主要功能包括配置文件解析模块、SMV 收发模块、GOOSE 收发模块、对时守时模块。其中，SMV 收发模块作为合并单元的核心，主要由数据采集、数据处理和数据发送三部分组成，合并单元 SMV 收发模块设计示意图如图 4-5 所示。

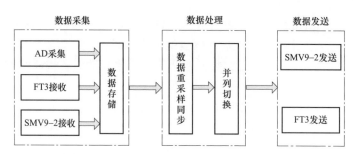

图 4-5　合并单元 SMV 收发模块设计示意图

（1）数据采集。

数据采集作为合并单元的数据输入接口，通过 FPGA 高精度定时器，完成 4kHz 速率的高速采样。按照数据来源的不同，数据采集可分为 AD 采集、FT3 接收和 SMV9-2 接收三个子模块。其中，AD 采集负责控制 AD 芯片采集传统电压互感器、电流互感器输出的模拟量信号；FT3 接收负责解码、校验和解析输入的电子式互感器信号报文（IEC 60044-8 格式）；而 SMV9-2 接收则负责解析其他合并单元发来的采样值报文（IEC 61850-9-2 格式）。合并单元按照自身采样中断顺序，对不同来源的采样值信息依次存储，存储信息包括各通道的数据值、品质和到达时间等。

（2）数据处理。

数据处理可分为数据重采样同步和并列切换两个子模块。

1）数据重采样同步。无论是通过常规互感器自采，还是光纤级联，合并单元采集的数据都存在延时现象，且不同来源、不同通道的数据延时可能不同。合并单元在配置了数据延时的基础上，再根据合并单元装置的同步脉冲，通过重采样算法将采集到的各个通道数据同步到同步脉冲上，实现数据同步。

2）并列切换。母线电压并列与切换是单母线分段或双母线接线变电站中保证供电可靠性的重要手段，合并单元可通过软件逻辑判别机制实现。其中，母线合并单元采集母线电压，接收母联断路器位置和并列把手位置，根据设定的并列逻辑，完成母线电压并列；间隔合并单元级联并列后的母线电压，接收线路隔离开关位置，根据设定的切换逻辑，完成母线电压切换，最终将切换后的母线电压送至间隔层保护、测控、计量等设备使用。

（3）数据发送。

数据发送按照配置需求对同步后数据组包，通过内部数据总线和背板总线传输至光口发送。输出支持 IEC 60044-8 接口形式和 IEC 61850-9-2 接口形式，合并单元装置可以根据需要任意配置。由于以太网具有开放性、稳定性、易维护性、便于实现互连和互操作等特点，因此目前合并单元与二次设备之间的数据通信模块，多采用 IEC 61850-9-2 的以太网接口形式。

4.2.3　智能终端装置构成及实现

智能终端是实现对一次设备（如断路器、隔离开关、主变压器等）测量、控制的一种智能组件。与一次设备采用电缆连接，与保护、测控等二次设备采用光纤连接。本节以国电南瑞的 NSR-385AG 分相断路器智能终端为例，介绍变电站智能终端的实现方法。

1. 硬件结构

NSR-385AG 分相断路器智能终端硬件结构示意图如图 4-6 所示，由 CPU 模块、GOOSE 通信模块、智能开入/开出模块、断路器操作回路模块、直流测量模块和开关量采集模块组成。

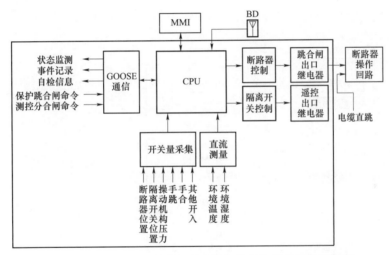

图 4-6　NSR-385AG 分相断路器智能终端硬件结构示意图

CPU 模块负责整个装置的运行管理和逻辑运算；GOOSE 通信模块负责与间隔层二次设备进行 GOOSE 通信；智能开入模块负责采集断路器、隔离开关等一次设备的开关量信息；智能开出模块负责控制断路器跳合闸、遥控分合等出口继电器；断路器操作回路模块提供断路器跳合闸自保持功能，并监视跳合闸回路的完好性；直流测量模块负责环境温湿度的测量。

智能终端装置的各个智能开入/开出模块上都有一个微控制单元（Microcontroller Unit, MCU），负责一部分开入/开出量的处理，模块的数目可以根据需要配置。各个智能开入/开出模块与主 CPU 模块之间采用内部通信总线连接，并保持时钟同步。对于开入量，由智能开入模块进行采集、消抖及打时标处理，然后通过内部总线以报文方式传给主 CPU；对于开出量，由主 CPU 模块通过内部总线以报文方式下发给智能开出模块，然后再转换成接点输出。

2. 软件设计

（1）GOOSE 跳闸、合闸原理。

智能终端装置接收的跳闸输入信号有保护分相跳闸 GOOSE 输入、保护三跳 GOOSE 输入、备自投跳 GOOSE 输入、测控 GOOSE 遥控输入、手跳硬接点输入和电缆直跳 TJR 输入。智能终端装置接收的合闸输入信号有保护分相重合闸 GOOSE 输入、保护三相重合闸 GOOSE 输入、备自投合 GOOSE 输入、测控 GOOSE 遥合输入和手合硬接点输入。

智能终端装置的跳闸逻辑、合闸逻辑受断路器操动机构的跳闸压力和操作压力影响。如图 4-7 所示，以 A 相跳闸为例，"G1""G2" 和 "G3" 构成跳闸压力闭锁功能，其作用是：在跳闸命令到来之前，如果断路器操动机构的跳闸压力或操作压力不足，即 "跳闸压力低" 或 "操作压力低" 的状态为 "1""G2" 的输出为 "0"，装置会闭锁跳闸命令，以免损坏断路器；而如果 "跳闸压力低" 或 "操作压力低" 的初始状态为 "0""G2" 的输出为 "1"，一旦跳闸命令到来，跳闸出口立即动作，之后即使出现跳闸压力或操作压力降低，"G2" 的输出仍然为 "1"，测控装置也不会闭锁跳闸命令，保证断路器可靠跳闸。

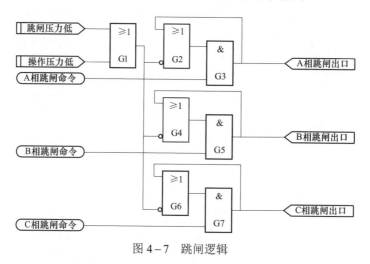

图 4-7　跳闸逻辑

（2）控制回路监视。

通过在跳闸、合闸出口接点上并联光耦监视回路，智能终端装置能够监视断路器跳合闸回路的状态。当跳闸、合闸回路导通时，光耦输出为 "1"；当任一相的跳闸回路和合闸回路同时为断开状态时，给出控制回路断线信号。

同时，智能终端装置通过与光耦开入得到的跳合位状态进行比较，可以进一步得出跳闸、合闸回路的异常状况，以 A 相为例，如果经光耦开入的 A 相跳位为 "1"、合位为 "0"，而 A 相合闸回路的状态为 "0"，则给出 A 相合闸回路异常报警；如果经光耦开入的 A 相合位为 "1"、跳位为 "0"，而 A 相跳闸回路的状态为 "0"，则给出 A 相跳闸回路异常报警，如图 4-8 所示。

（3）闭锁重合闸逻辑。

当发生遥合/手合、遥跳/手跳、三跳启失灵不启重合、三跳不启失灵不启重合、闭重开入、本智能终端上电的事件时，可通过 GOOSE 发送闭锁重合闸信号给本套保护。

双重化配置智能终端时，当发生遥合/手合、遥跳/手跳、GOOSE 闭重信号、三跳启失灵不启重合、三跳不启失灵不启重合的事件时，可通过继电器出口接点输出闭锁重合闸信号给另一套智能终端的闭重开入。

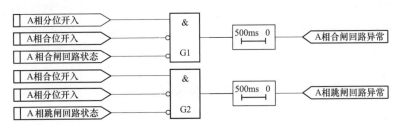

图 4-8　A 相跳合闸回路异常判断

（4）KK 合后和事故总。

KK 合后是从电力系统 KK 操作把手位置接点延伸而来，其含义就是用来判断断路器是否人为合上或分开的。当收到测控的 GOOSE 遥合命令或手合开入动作时，KK 合后位置为"1"，且在 GOOSE 遥合命令或手合开入返回后仍保持，当且仅当收到测控的 GOOSE 遥分命令或手跳开入动作后才返回。KK 合后逻辑如图 4-9 所示。

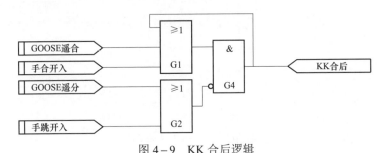

图 4-9　KK 合后逻辑

事故总是变电站中重要的告警信号，反映的是断路器在正常手合或者遥控合闸后，因各种故障或无理由造成了跳闸。该信号可通过 KK 合后和断路器之间位置关系合成，当 KK 合后位置为"1"，但任意相断路器处于分位时，产生事故总信号。

4.3　关键技术

4.3.1　合并单元技术

1. 数据同步

数据同步是指变电站二次设备需要的所有采样数据应在同一时间点上采集，即采样序列的时间同步，以避免相位和幅值产生误差。合并单元数据同步通常有两种方法，一是插值同步法，二是脉冲同步法。

（1）插值同步法。

对于外部报文点对点输入，由于互感器本体采样模块并不与合并单元同步，一般采用插值方法进行同步处理。如图 4-10 所示，合并单元利用硬件锁存外部数据到达时间，减少装置应用程序处理时间影响，将数据到达时间减去采样延时作为合并单元采样时刻。合并单元根据外部数据采样时刻和需要重采样的时刻，采用拉格朗日插值、牛顿插值等插值算法实现采样同步。

（2）脉冲同步法。

脉冲同步法直接利用全局同步脉冲来控制各路模拟量采样。对于同步采集方式，只要电子式互感器在合并单元发送脉冲时刻采样，就可以认为外部输入与合并单元同步。装置采样与时钟同步采用图 4-11 所示方式进行。合并单元根据输出采样率设置合并单元中断频率，在装置时钟整秒翻转时产生每秒的第一个中断，在每个中断产生同时，触发锁存采样，这样保证采集到的数据为中断时刻数据，与装置时钟始终同步。对于接收组网的外部 9-2 报文，由于全站同步，只要报文中采样计数与合并单元本身的时钟一致，可以认为外部输入与合并单元同步。

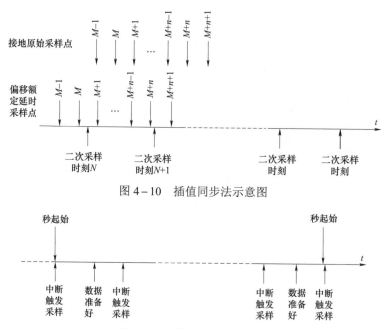

图 4-10　插值同步法示意图

图 4-11　脉冲同步法示意图

2. 对时和守时

合并单元时钟同步的精度直接决定了合并单元采样值输出的绝对相位精度，继而影响到后续测控、PMU 装置的精度，要求合并单元对时精度小于 $\pm 1\mu s$。

合并单元守时性能要求装置在时钟丢失 10min 内，内部时钟与绝对时间偏差保证在 $\pm 4\mu s$ 范围之内。合并单元一般利用外部时钟的秒脉冲宽度对装置晶振频率进行调整补偿，在时钟正常时计算补偿系数，在外部时钟消失后通过使用该补偿系数重新计算晶振的频率，从而在外部时钟消失后 10min 内依靠装置晶振频率运行，也能满足 $\pm 4\mu s$ 范围偏差要求。

合并单元的对时守时系统结构如图 4-12 所示，此系统主要基于 FPGA 实现，FPGA 内部由 IRIG-B 码解析模块、脉冲检测模块、样本统计模块、本地秒脉冲产生模块及 CPU 接口模块组成。FPGA 接收 IRIG-B 码流信号，经过综合处理形成高精度本地秒脉冲信号；CPU 作为管理接口与 FPGA 交换实时信息，实现系统时间同步。

3. 合并单元失步到同步实现

合并单元在外部时钟从无到有的过程中，其采样周期的调整及同步标志的置位时刻将影响到后续保护的动作特性。基于这种考虑，一般要求合并单元时钟同步信号从无到有变化过程中，其采样周期调整步长应不大于 1μs。为保证与时钟信号快速同步，允许在 PPS 边沿时刻采样序号跳变一次（清零），但必须保证采样报文发送间隔离散值不超过 10μs（采样率为 4kHz），同时合并单元输出的数据帧同步位由不同步转为同步状态。

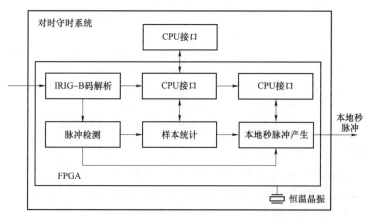

图 4-12 合并单元对时守时系统结构

4. 电压并列功能

母线电压合并单元通过开入插件采集母联（分段）断路器位置和母线电压并列控制开入信号（Ⅰ母线强制并列到Ⅱ母线命令，Ⅱ母线强制并列到Ⅰ母线命令），也可通过 GOOSE 插件采集母联（分段）断路器位置和母线电压并列命令（Ⅰ母线强制并列到Ⅱ母线命令，Ⅱ母线强制并列到Ⅰ母线命令），从而实现双母线电压并列功能。

双母线电压并列逻辑见表 4-1。

表 4-1　　　　　　　　　　　双母线电压并列逻辑

状态序号	把手状态		母联位置	各段母线输出电压	
	Ⅱ母线强制用Ⅰ母线	Ⅰ母线强制用Ⅱ母线	Ⅰ母线/Ⅱ母线的母联	Ⅰ母线的电压输出	Ⅱ母线的电压输出
1	0	0	X	Ⅰ母	Ⅱ母
2	1	0	10	Ⅰ母	Ⅰ母
3	1	0	01	Ⅰ母	Ⅱ母
4	1	0	00 或 11	保持	保持

状态序号	把手状态		母联位置	各段母线输出电压	
	Ⅱ母线强制用Ⅰ母线	Ⅰ母线强制用Ⅱ母线	Ⅰ母线/Ⅱ母线的母联	Ⅰ母线的电压输出	Ⅱ母线的电压输出
5	0	1	10	Ⅱ母	Ⅱ母
6	0	1	01	Ⅰ母	Ⅱ母
7	0	1	00或11	保持	保持
8	1	1	10	保持	保持
9	1	1	01	Ⅰ母	Ⅱ母
10	1	1	00或11	保持	保持

注：1. 把手位置为1表示该把手位于合位，为0表示该把手位于分位。

2. 母联位置包括母联断路器位置及母联隔离开关位置，母联断路器位置为双位置，"10"为合位、"01"为分位、"00"和"11"表示中间位置和无效位置，X表示处于任何位置。

3. 当母联位置为中间位置和无效位置时，延迟1min以上报警"母联位置异常"。

4. 当2个把手状态同时为1时，延迟1min以上报警"并列把手状态异常"。

5. 在"保持"逻辑情况下上电，按分列运行。

6. 不考虑遥控并列或自动并列。

5. 电压切换功能

当合并单元对应间隔接两段母线时，其间隔电压根据运行方式可能取Ⅰ母电压也可能取Ⅱ母电压，这时需要合并单元完成本间隔的电压切换功能。

双母线线路间隔母线电压切换可通过开入/开出插件采集线路隔离开关位置实现，也可通过GOOSE插件采集线路隔离开关实现。

双母线切换逻辑见表4-2。

表4-2　　　　　　　　　　　双母线切换逻辑

序号	Ⅰ母隔离开关		Ⅱ母隔离开关		母线电压输出	报警说明
	合	分	合	分		
1	0	0	0	0	保持	延时1min以上报"隔离开关位置异常"告警
2	0	0	0	1	保持	
3	0	0	1	1	保持	
4	0	1	0	0	保持	
5	0	1	1	1	保持	
6	0	0	1	0	Ⅱ母电压	
7	0	1	1	0	Ⅱ母电压	
8	1	0	1	0	Ⅰ母电压	报"同时动作"告警
9	0	1	0	1	电压输出为0状态有效	报"同时返回"告警
10	1	0	0	1	Ⅰ母电压	

续表

序号	Ⅰ母隔离开关		Ⅱ母隔离开关		母线电压输出	报警说明
	合	分	合	分		
11	1	1	1	0	Ⅱ母电压	延时 1min 以上报"隔离开关位置异常"告警
12	1	0	0	0	Ⅰ母电压	
13	1	0	1	1	Ⅰ母电压	
14	1	1	0	0	保持	
15	1	0	0	1	保持	
16	1	1	1	1	保持	

注：间隔合并单元上电未收到隔离开关信息时，输出品质无效位置 1，上电收到隔离开关位置与表中母线电压输出为"保持"一致时，输出品质无效位置 1。

4.3.2　智能终端技术

1. 直流量采集

智能终端能够实时监测所处环境的温度和湿度，本体智能终端还能够实时采集变压器油面温度、绕组温度等信息，这些信号由安装于一次设备或就地智能柜中的传感元件输出，通常采用 0～5V 和 4～20mA 两种方式。

2. GOOSE 通信

智能终端与间隔层 IED 的通信功能通过 GOOSE 传输机制完成。保护和测控等间隔层设备对一次设备的控制命令通过 GOOSE 通信下发给智能终端，同时智能终端以 GOOSE 通信方式上传就地采集到的一次设备状态，以及装置自检、告警等信息。

对于智能终端，命令传输的可靠性要求很高。GOOSE 作为一种事件驱动的数据通信方式，通常采用重发机制加强其可靠性，即使外部状态不发生变化，也重发 GOOSE 报文，只是重发间隔逐渐拉长。

GOOSE 报文发送机制如图 4−13 所示。在稳定状态下，装置每隔 T_0 时间发送一次当前状态，又称为心跳报文。当装置中有事件发生（如开入变位）时，报文中的数据就发生变化，装

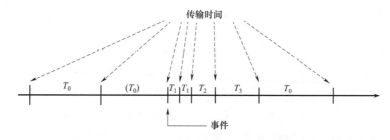

图 4−13　GOOSE 报文发送机制

T_0—稳定条件（长时间无事件）下重传；(T_0)—稳定条件下的重传可能被事件缩短；

T_1—事件发生后，最短的传输时间；T_2、T_3—直到获得稳定条件的重传时间

置立刻发送该报文一次（第 1 帧），然后间隔 T_1 重发两次（第 2、第 3 帧），再分别间隔 T_2、T_3 各重发一次（第 4、第 5 帧）。通常，T_2 为 $2T_1$，T_3 为 $2T_2$。当重新达到稳定状态后，后续报文恢复为间隔 T_0 的心跳报文。工程中重发间隔可自定义，T_1 一般设置为 2ms，T_0 一般设置为 5s。

GOOSE 报文的传输不经过网络层和传输层，而是从应用层经表示层 ASN.1 编码后，直接映射到链路层和物理层。这种映射方式避免了通信堆栈造成的传输延时，从而保证了报文传输的快速性。

3. GOOSE 网络风暴处理

智能终端在处理 GOOSE 时，应考虑网络风暴对装置正常功能的影响，在高流量冲击下，装置均不应死机或重启，不发出错误报文，响应延时不应大于 1ms。因此装置中会设置网络风暴抑制机制，剔除网络风暴报文（包括内容完全相同的 GOOSE 报文），处理正确、有效的 GOOSE 报文。

装置充分利用 FPGA 丰富的逻辑资源和存储器资源，针对过程层 GOOSE 网络风暴的报文特点，采用多级过滤和分组带宽限制的技术方法，通过 FPGA 技术主动识别报文类型特征，针对报文的关键特征量（报文中的 MAC、DA、APPID 等）逐级进行报文过滤，丢弃无用报文，接收有用报文，降低 CPU 处理单元的负荷，保证 GOOSE 报文的实时响应。

图 4-14 为智能终端 FPGA 的 GOOSE 报文多级过滤及带宽控制过程。

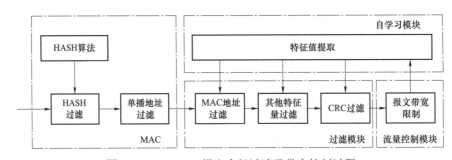

图 4-14 GOOSE 报文多级过滤及带宽控制过程

（1）第 1 级过滤采用在以太网 MAC 控制器中优化设计 HASH 过滤算法，用于滤除与本设备网络组无关的组播报文，或者对于组播和单播并存的端口同时设置若干个有效 MAC 地址进行针对性的过滤。

（2）第 2 级过滤则通过增加指定接收 MAC 地址结合协议报文中的特征量（如 DA 段 + APPID 段）来组合检测，实时比较预先设置的地址表和相应的特征量来过滤。对于过程层网络中的 GOOSE 报文，由于存在着与正确报文具有相同的 DA 和 APPID 的风暴报文情形，因此还需要通过相应的 GOID 字段进一步进行报文过滤。

（3）第 3 级过滤则针对内容完全相同的报文，即设置循环冗余校验（CRC）过滤环节。当网络风暴为大量内容完全相同的重复性报文时，每帧报文的 CRC 校验值也必相同。利用这一特点，CRC 过滤环节中设置了一个用于保存上次所接收报文的 CRC 校验值寄存器。FPGA 每收完一帧报文，即将 CRC 值与 CRC 寄存器值进行对比，如 CRC 相同，说明是同一内容的报文。为了保证报文接收的有效性，在一定的时间段内自动滤除相同的重复报文。

（4）带宽控制指对报文不同控制块独立设置流量带宽限制的功能，即对每种允许接收的GOOSE报文控制块都提供了带宽配置寄存器。在指定的时间片内，如果收到的某个控制块对应报文已达设置带宽裕值，则暂停该控制块的报文的接收，直至下一个时间片重新开放。通过这种方式，可以保证重要性高的控制块始终占用有效带宽。

第5章 时间同步技术

5.1 概述

时间是物理学的一个基本参量，也是物质存在的基本形式之一，即所谓空间坐标的第四维。时间表示物质运动的连续性和事件发生的次序和久暂。与长度、质量、温度等其他物理量相比，时间最大的特点是不可能保持恒定不变。

"时间"包含着两个概念：间隔和时刻。前者描述物质运动的久暂；后者描述物质运动在某一瞬间对应于绝对时间坐标的读数，也就是描述物质运动在某一瞬间到时间坐标原点（历元）之间的距离。

天文学界规定了在英国格林威治天文台观测得到的由平子夜起算的平太阳时称为世界时（Universal Time，UT），记为 UT，并一直沿用至今。无论是时间频率公报，还是国际上的文献，凡是涉及时刻，大多以世界时标注。有时在资料上看到的格林威治标准时间（Greenwich Mean Time，GMT），也是指世界时 UT。通过观测恒星直接得到的世界时称为 UT0。地球的自转轴不是固定不变的，因此需对 UT0 进行极移修正，并将经过极移改正得到的世界时记为 UT1，则 $UT1 = UT0 + \Delta\lambda$。地球的自转速率有不规则的变化，且有长期变慢的趋势，再对 UT1 进行地球自转速率周期变化的改正，就得到 UT2，即 $UT2 = UT1 + \Delta T_s = UT0 + \Delta\lambda + \Delta T_s$。

我国处于东八时区，按照相邻两时区时间的时差为 1h 来计算，我国法定的北京时间为 GMT + 8，也就是在当前世界时的基础上加上 8h，即为北京时间。

由于世界时 UT 系统以地球自转引起的太阳周日视运动为标准，即使经过各种修正，仍然存在未被修正的长期变化和不规则变化，还不能称为理想的时间计量系统，也不能满足现代自然科学对精确时间的需求。原子物理学和量子物理学研究告诉人们，原子核外围电子会产生能级跃迁，以原子由高能级向低能级跃迁时辐射出的频率作为频率标准，即原子频率标准。以原子频标为基准的时间计量系统，叫作原子时。其中，国际时间局建立的原子时被国际计量大会指定为国际原子时（International Atomic Time，TAI），命名为 TAI。

我国电力系统主要使用协调世界时（UTC），它代表了两种时间尺度：国际原子时 TAI 和世界时 UT1 的结合。UTC 的定义为

$$UTC(t) - TAI(t) = N(s) \quad (N \text{ 为整数})$$
$$|UTC(t) - UT1(t)| < 0.9s$$

UTC 的具体实施办法是取消频偏调整，使 UTC 秒长严格等于 TAI 秒长，在时刻上又使 UTC 接近于 UT1。这样由地球自转速率不均匀性引起的 UT1 与 TAI 的差值采用在 UTC 时刻中加 1s 或减 1s 的闰秒（即跳秒）措施来补偿。闰秒的时间定在 6 月 30 日或 12 月 31 日，也就是说使 UTC 在 6 月 30 日或 12 月 31 日这两个日期的最后 1min 为 61s 或 59s。由于地球自

转速度的不均匀性，近 20 年来，世界时每年比原子时大约慢 1s，二者间的差逐年累积，到 2017 年已达 37s。

5.2　时间同步技术在电力系统中的作用

时间同步系统为我国电网的各级调度机构、发电厂、变电站、集控中心等提供统一的时间基准，以满足各种系统（调度自动化系统、能量管理系统、生产信息管理系统、监控系统等）和设备（继电保护装置、智能电子设备、事件顺序记录（SOE）、厂站自动控制设备、安全稳定控制装置、故障录波器等）对时间同步的要求，确保实时数据采集时间一致性，提高线路故障测距、相量和功角动态监测、机组和电网参数校验的准确性，从而提高电网事故分析和稳定控制的水平，提高电网运行的效率和可靠性，适应我国大电网互联、特高压输电、智能化变电站的发展需要。

5.3　电力系统授时技术和时间同步系统

我国电力系统早期授时技术主要是报文对时、脉冲对时等，最高可以达到毫秒级精度，但是秒准无法保证。这对快速发展的采样技术和广域测量控制技术有着明显的制约。进入 21 世纪，随着卫星导航技术的发展和向民用领域的开放，授时技术进入了快速发展时期。全球现存四大导航定位系统均提供卫星授时：美国 GPS、俄罗斯 GLONASS、欧盟伽利略和中国的北斗。目前我国电力系统主要使用 GPS 和北斗作为主要的无线授时源。

全球定位系统（GPS）起始于 1958 年美国军方的一个项目，1964 年投入使用。经过 30 余年的研究实验，到 1994 年，全球覆盖率高达 98% 的 24 颗 GPS 卫星星座已布设完成。现阶段我国智能电网发展中从电力传输网到电力计算机网络的时间系统，主要依赖 GPS 时间同步技术。但由于 GPS 受美国掌控，而且不承诺对任何应用所产生的问题负责，对于事关国家安全利益的电力网存在重大安全隐患。

北斗卫星导航系统（BDS）是中国正在实施的自主发展、独立运行的全球卫星导航系统。目前已经发展至第二代，并已经正式提供服务。同时，《关于促进卫星应用产业发展的若干意见》也对关系国计民生的行业做出规定：对于涉及国家经济、公共安全的重要行业领域须逐步过渡到采用北斗卫星导航兼容其他卫星导航系统的服务体制，鼓励其他行业和领域采用北斗卫星导航兼容其他卫星导航系统的服务体制。因此，北斗高精度授时与同步技术在电力行业的推广应用可以大大提高未来国家能源建设的可靠性。

为确保智能化变电站同步采集的需求，保证实时数据采集时间一致性，智能变电站应配置 1 套全站公用的时间同步系统。主时钟应双重化配置，支持北斗二代系统和 GPS 系统单向标准授时信号，优先采用北斗二代系统。有条件的厂站可以接入 IEEE 1588 网络时钟信号源。时钟同步精度和守时精度满足站内所有设备的对时精度要求，异常时钟信息的防误、主从时钟的传输延时补偿等满足智能化变电站同步采样要求。

智能变电站宜采用主备式时间同步系统，它由两台主时钟、多台从时钟、信号传输介质组成，为被授时设备/系统对时。

主时钟采用双重化配置，支持北斗二代系统和 GPS 标准授时信号，优先采用北斗二代系统。主时钟对从时钟授时，从时钟为被授时设备系统对时。时间同步精度和守时精度满足站内所有设备的对时精度要求。站控层设备宜采用 SNTP 对时方式，间隔层和过程层设备宜采用直流 IRIG-B 码对时方式，条件具备时也可采用 IEEE 1588 对时。根据需要和技术要求，主时钟可留有接口，用来接收上一级时间同步系统下发的有线时间基准信号。图 5-1 为典型 220kV 智能变电站时间同步网络，采用主备式时间同步系统。

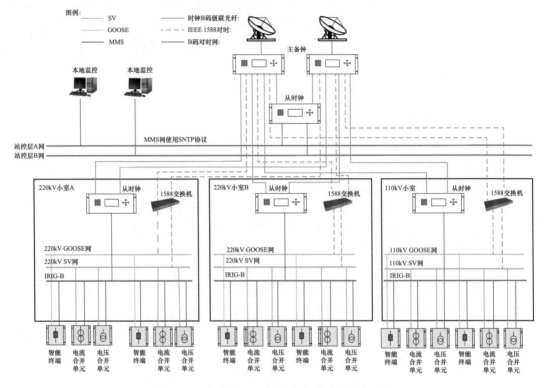

图 5-1 典型 220kV 智能变电站时间同步网络

5.4 智能变电站常见对时方式及对时原理

在智能变电站中，常见的对时方式主要为直流 IRIG-B 码对时、IEEE 1588 精确时间协议对时及 SNTP 简单网络时间协议对时。

5.4.1 直流 IRIG-B 码对时

IRIG 是英文 Inter Range Instrumentation Group 的缩写。IRIG 时间标准有两大类：一类是并行时间码，这类码由于是并行格式，传输距离较近，且是二进制，因此远不如串行格式广泛；另一类是串行时间码，共有六种格式，即 A、B、D、E、G、H。它们的主要差别是时间码的帧速率不同，IRIG – B 即为其中的 B 型码。B 型码的时帧速率为 1 帧/s，可传递 100 位码元的信息。由于 IRIG – B 格式时间码（以下简称 B 码）是 1 帧/s 的时间码，最符合日常使用习惯，而且传输也较容易。因此，在 IRIG 六种串行时间码格式中，应用最为广泛的是 B 码。

B 码具有以下主要特点：携带信息量大，经译码后可获得标准的脉冲信号和 BCD 编码的时间信息及控制功能信息，分辨率高；调制后的 B 码带宽，适用于远距离传输；分为直流和交流两种；具有接口标准化、国际通用等特点。其中，直流 B 码的同步精度可达几十纳秒量级，满足智能变电站授时要求。

1. 码元识别

码元：时间格式里的每个脉冲称为码元。码元的"准时"（OnTime）参考点是其脉冲前沿，码元的重复速率称为码元速率。B 码的码元速率为 100baud。

索引计数：每个码元对应一个索引计数。两个相邻码元前沿之间的时间间隔为索引计数间隔，B 码的索引计数间隔为 10ms。索引计数在帧参考点处以"0"开始，以后每隔一个索引计数间隔增加 1，直至这帧结束。B 码每帧的索引计数间隔为 100 个，索引计数数字从 0～99。

位置识别标志：位置识别标志的宽度是对应时码的索引计数间隔的 0.8，B 码为 8ms。位置识别标志 P0 的前沿在帧参考点（即 Pr）前一个索引计数间隔处，以后每 10 个码元有 1 个位置识别标志，分别为 P1，P2，…，P9，位置识别标志的重复速率为码元速率的十分之一。B 码的码元速率为 10baud。

码字：所有的时间格式都是脉宽码。B 码的二进制"1"和"0"的脉宽分别为 5ms 和 2ms。

参考标志：时帧的参考标志是由一个位置识别标志（P0）和相邻的参考码元（Pr）组成的。参考码元的宽度为对应时码索引计数间隔的 0.8，B 码为 8ms。时帧的"准时"参考点是参考码元的前沿。

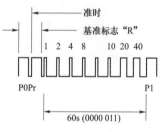

图 5 – 2　IRIG – B 码波形图

IRIG – B 码波形图如图 5 – 2 所示。

2. 时帧

一个时间格式帧从参考标志开始，由两个相邻帧参考标志间的所有码元组成。时帧的重复速率为时帧速率，其周期为时帧周期。B 码的时帧速率为 1 个/s，时帧周期为 1s。

3. 时间编码

B 码的时间信息共 30 位，其中，天 10 位（从 001～365 或 366），时 6 位，分 7 位，秒 7 位。时序为秒—分—时—天。位置在 P0～P5 之间。采用 BCD 码。

另外，B 码还有纯二进制秒码（SBS 码），共 17 位，午夜为 0s，最大计数为 86 400s，低位在前，高位在后。位置在 P8～P0 之间。

4. 控制功能（CF）

B 码预留了一组用于控制功能（CF）的码元，是用于各种控制、识别和其他特殊目的功能编码。B 码控制功能的位置在 P5～P8 之间，有 27 个码元。其中对电力授时比较重要的有闰秒标志位、时差位及质量位。

5. 对时机制

被授时装置将 Pr 脉冲的上升沿作为秒脉冲的准时延,然后分别解码出 B 码的各个码元信息,从而得到装置所需的秒脉冲、时间戳信息及 B 码状态信息。

5.4.2 IEEE 1588 对时

以太网在 1985 年成为 IEEE 802.3 标准,在 1995 年将数据传输速率从 10Mbit/s 提高到 100Mbit/s 的过程中,计算机和网络业界也在致力于解决以太网的定时同步能力不足的问题,开发出一种软件方式的网络时间协议(Network Time Protocol,NTP),提高各网络设备之间的定时同步能力。NTP 版本的同步准确度可以达到 $100\mu s$ 左右,但是仍然不能满足测量仪器和工业控制所需的准确度。为了解决测量和控制应用的分布网络定时同步的需要,具有共同利益的信息技术、自动控制、人工智能、测试测量的工程技术人员在 2000 年底倡议成立网络精密时钟同步委员会。2001 年中获得 IEEE 仪器和测量委员会和美国国家标准与技术研究院(National Institute of Standards and Technology,NIST)的支持,该委员会起草的规范在 2002年底获得 IEEE 标准委员会通过作为 IEEE 1588 精确时间协议(Precision Time Protocol,PTP)。

IEEE 1588 时间同步过程分为偏移测量阶段和延迟测量两个阶段。偏移测量阶段用来修正主、从属时钟的时间差。如图 5-3 所示,在该偏移修正过程中,主时钟周期性发出一个确

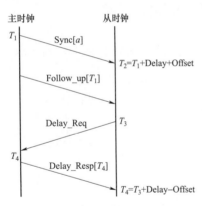

图 5-3 延迟请求响应机制

定的同步信息(Sync 信息,缺省为 1 次/s),它包含了一个时间戳,含有数据包发出的预计时间 a,即它是真实发出时间 T_1 的估计值。由于信息包含的是预计的发出时间而不是真实的发出时间,故主时钟在 Sync 信息发出后发出一个 Follow_up 信息,该信息也加了一个时间戳,准确地记载了 Sync 信息的真实发出时间 T。这样做的目的是使报文传输和时间测量分开进行,相互不影响。从属时钟使用 Follow_up 信息中的真实发出时间 T_1 和接收方的真实接收时间 T_2,可以计算出从属时钟与主时钟之间的偏移 Offset。

$$\text{Offset} = T_2 - T_1 - \text{Delay}$$

延迟测量阶段用来测量网络传输造成的延时。为了测量网络传输延时,IEEE 1588 定义了一个延迟请求信息 Delay Request Packet(Delay_Req)。从属时钟在收到 Sync 信息后在 T_3 时刻发延时请求信息包 Delay_Req,主时钟收到 Delay_Req 后在延时响应信息包 Delay Response Packet(Delay_Resp)加时间戳,反映出准确地接收时间 T_4,并发送给从属时钟,故从属时钟就可以非常准确地计算出网络延时。与偏移测量阶段不同的是,延迟测量阶段的延迟请求信息包是随机发的,并没有时间限制。

由于

$$T_2 - T_1 = \text{Delay} + \text{Offset}$$
$$T_4 - T_3 = \text{Delay} - \text{Offset}$$

故可得

$$\text{Delay} = (T_2 - T_1 + T_4 - T_3)/2$$
$$\text{Offset} = (T_2 - T_1 - T_4 + T_3)/2$$

最后根据 Offset 来修正从时钟。这里假设的是：Delay 是双向一致的，且不同信息报文的延时也是一样的。

2008 年，IEEE 1588—2008 版本发布，也称为 V2 版本，是目前推行和使用的版本。新版本提出了 peer 级同等对时校正的概念，它通过乒乓原理，假设通信来回延迟相等，以此来计算出每一级的路径延迟，这种方式特别适合像智能变电站站内对时这样授时距离短的应用。

V2 版本中也重新定义了三种时钟类型，智能变电站应用主要是使用普通时钟和点对点透明时钟这两种类型。

普通时钟是指在一个域中具有单个精确时间协议（PTP）端口，并维护该域中所用时标的时钟。它既可以作为时间源，即主时钟，也可以同步于另一个时钟，即从时钟和被授时装置。

透明时钟是能够提供 PTP 事件报文通过该设备的时间，并向接收该 PTP 事件报文的时钟提供该信息的设备，在智能变电站内一般指网络交换机。

所以主时钟通过多级路径将 Sync 信息发送到某个从时钟时，总路径延迟就是各级路径延迟的总和。

具体细节是由下一级装置向上一级装置发送 Pdelay_Req，发送时间记为 t_1；上一级装置收到 Pdelay_Req 的时间记为 t_2，将 t_2 时间组包成 Pdelay_Resp，发送时间记为 t_3，将 t_3 时间组包成 Pdelay_Resp_Follow_up；下一级装置收到 Pdelay_Resp 的时间为 t_4，并通过 $(t_2 - t_1 + t_4 - t_3)/2$ 得到 peer delay 值。

图 5-4 表示了一级同等延迟机制。图 5-5 表示了在智能变电站 1588 对时流程中，主时钟单元向一个从时钟发送同步信息的过程。

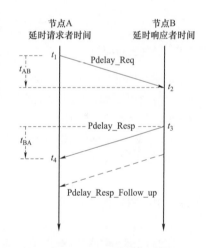

图 5-4　一级同等延迟机制

上述所说的对时方式均为两步法对时。所谓两步法也就是主时钟周期性发出一个确定的同步信息（Sync 信息，缺省为 1 次/s），它包含了一个时间戳，含有数据包发出的预计时间。由于信息包含的是预计的发出时间而不是真实的发出时间，故主时钟在 Sync 信息发出后发出一个 Follow_up 信息，该信息也加了一个时间戳，准确地记载了 Sync 信息的真实发出时间。这样做的目的是使报文传输和时间测量分开进行，相互不影响。与之类似的 Pdelay_Resp 和 Pdelay_Resp_Follow_up 也是如此。

相对应的也有一步法对时方式。它是由硬件将发送的准确时间添加到同步（Sync）报文中，无需再发送 Follow_up 报文，可以达到和两步法一样的精度。同理对 Pdelay_Resp 也适用。一步法对装置硬件有更高要求，但是却大大降低了下一级设备的等待时间，提高了网络授时效率，是未来发展的方向。

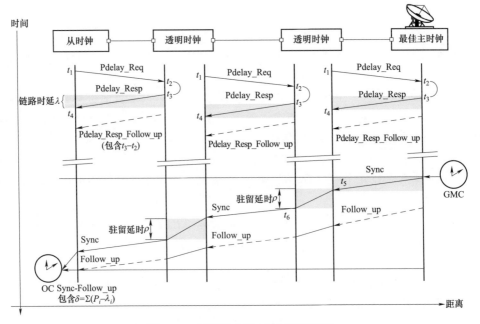

图 5-5　智能变电站 1588 对时流程

5.4.3　SNTP 对时

简单网络时间协议（Simple Network Time Protocol，SNTP），也是一种基于以太网的对时协议。其对时原理与 IEEE 1588 相似，主要采用客户机/服务器模式，但最大的区别是 SNTP 不依赖于以太网芯片的硬件时标功能支持，对交换机也没有特殊要求，因此其对时精度只能达到 1～50ms，在智能变电站中用于站控层后台系统和数据通信网关机的对时。

SNTP 报文采用用户数据报协议（User Datagram Protocol，UDP）封装，端口固定为 123。

5.5　时间同步方法

在时间同步的实际操作中，可以采用三种方法来实现：第一种是直接清零法；第二种是移相法；第三种是频率微调法。

直接清零法是最简单的时间同步方法，其实现方法是利用外部标准时间信号对本地钟的分频链进行"清零"，清零脉冲的上升沿或宽度直接影响时间同步的精度。

移相法的特点是不直接对本地钟的分频链进行"清零"，而是通过时间间隔计数器对外部标准时间（信号与本地钟输出的时钟信号的钟差）进行测量，通过数据采集、处理得到外部标准时间（例如秒脉冲）信号与本地钟输出的时钟信号的钟差，然后采用对本地钟进行移相的方法实现时间同步。

频率微调法是通过对本地钟输出的参考频率进行调整从而实现时间同步的一种方法。频率微调法一般是在直接清零法或移相法的操作之后为保持时间同步结果所采取的一种时间同步的方法。

IEEE 1588 是一种移相法和频率微调法结合使用的对时方法。当从时钟的时间与主时钟相差较大时，从时钟先采用移相法快速逼近主时钟，随后从时钟始终采用频率微调法与主时钟保持同步。

所谓守时，是指一个时频系统（包括频标和分频钟）对时间信号的保持能力。守时能力与三个因素有关：系统频标的频率准确度、系统频标的频率稳定度和系统环境条件。

在智能变电站中，要求装置具备守时特性，如时钟装置的守时性能要求是 1μs/h，合并单元是 4μs/10min，PMU 装置是 55μs/h。

目前，稳定度较好的频标包括恒温晶体振荡器、铷原子振荡器和铯原子振荡器等。考虑到装置成本等因素，智能变电站装置一般采用恒温晶体振荡器作为装置的频标。

5.6 关键技术

5.6.1 多时间源信号选择技术

1. 主时钟多时间源选择

（1）多时间源选择流程。

主时钟多时间源选择旨在根据外部独立时间源的信号状态及钟差，从外部独立时间源中选择出最为准确可靠的时间源。参与判断的典型时间源包括北斗时间源、GPS 时间源、地面有线和热备信号。

（2）时间源有效性判断。

参与时间多源选择逻辑判断的信号应为有效信号，依据时间源提供的状态标志对其状态进行有效性判断，具体判断方式见表 5-1。非有效的逻辑都置为无效，不允许存在不定态。各个时间源自身状态判断为正常的，才可参与到下一个步骤的运算。

表 5-1　　　　　　　　　　判 断 条 件 表

信号源	判断依据	产生的状态量
北斗时间源	北斗模块相关标志位正常为有效	外部时间源信号状态
GPS 时间源	GPS 模块相关标志位正常为有效	
地面有线	IRIG-B 码时间质量正常为有效 若为其他标准的信号，相关标志位报告正常为有效	
热备信号	IRIG-B 码时间质量高于本地时钟	

（3）外部独立时间源优先级。

主时钟外部独立时间源信号优先级应可设，默认优先级为：BDS>GPS>地面有线。

（4）初始化及守时恢复多源时间选择逻辑。

主时钟开机初始化及守时恢复多时间源选择不考虑本地时钟，仅两两比较外部时间源之间的钟差，钟差测量表示范围应覆盖年、月、日、时、分、秒、毫秒、微秒、纳秒，具体选择逻辑见表 5-2。

表 5 - 2 主时钟开机初始化及守时恢复多源选择逻辑表

BDS 信号	GPS 信号	有线时间基准信号	BDS 信号与 GPS 信号的时间差	BDS 信号与有线时间基准信号的时间差	GPS 信号与有线时间基准信号的时间差	基准信号选择
有效	有效	有效	小于 5μs	无要求	无要求	选择 BDS 信号
			大于 5μs	小于 5μs	无要求	选择 BDS 信号
			大于 5μs	大于 5μs	小于 5μs	选择 GPS 信号
			大于 5μs	大于 5μs	大于 5μs	连续进行不少于 20min 的有效性判断后,若保持当前条件不变则选择 BDS 信号
有效	有效	无效		小于 5μs		选择 BDS 信号
				大于 5μs		连续进行不少于 20min 的有效性判断后,若保持当前条件不变则选择 BDS 信号
有效	无效	有效			小于 5μs	选择 BDS 信号
					大于 5μs	连续进行不少于 20min 的有效性判断后,若保持当前条件不变则选择 BDS 信号
无效	有效	有效			小于 5μs	选择 GPS 信号
					大于 5μs	连续进行不少于 20min 的有效性判断后,若保持当前条件不变则选择 GPS 信号
有效	无效	无效				连续进行不少于 20min 的有效性判断后,若保持当前条件不变则选择 BDS 信号
无效	有效	无效				连续进行不少于 20min 的有效性判断后,若保持当前条件不变则选择 GPS 信号
无效	无效	有效				连续进行不少于 20min 的有效性判断后,若保持当前条件不变则选择有线时间基准信号
无效	无效	无效				保持初始化状态或守时

注:连续进行不少于 20min 的有效性判断内,满足表中其他条件时,按照所满足条件的逻辑选择出基准时间源。

（5）运行状态多时间源选择逻辑。

主时钟运行状态的多时间源选择逻辑应考虑本地时钟,两两比较各个时间源之间的钟差,钟差测量表示范围应覆盖年、月、日、时、分、秒、毫秒、微秒、纳秒,时间源逻辑判断见表 5-3。

表 5 - 3 时 间 源 逻 辑 判 断

有效独立外部时间源路数	时间源钟差区间分布比例（每 5μs 为一个区间）	热备信号	基准信号选择
3	4:0	无要求	从数量为 4 的区间中按照优先级选出基准信号
	3:1	无要求	从数量为 3 的区间中按照优先级选出基准信号

续表

有效独立外部 时间源路数	时间源钟差区间分布比例 （每 5μs 为一个区间）	热备信号	基准信号选择
3	2:2	无要求	选择 BDS 信号
	2:1:1	无要求	从数量为 2 的区间中按照优先级选出基准信号
	1:1:1:1	无要求	连续进行不少于 20min 的有效性判断后，选择 BDS 信号
2	3:0	无要求	从数量为 3 的区间中按照优先级选出基准信号
	2:1	无要求	从数量为 2 的区间中按照优先级选出基准信号
	1:1:1	无要求	连续进行不少于 20min 的有效性判断后，按照优先级选出基准信号
1	2:0	无要求	从数量为 2 的区间中按照优先级选出基准信号
	1:1	无要求	连续进行不少于 20min 的有效性判断后，按照优先级选出基准信号
0		有效	选择热备信号作为基准信号
		无效	无选择结果，进入守时

注：1. 本地时间源计入时源总数。

　　2. 阈值区间为±5μs，即两两间钟差的差值都（即"与"关系）小于±5μs 的时间源，则认为这些时源在一个区间内。

　　3. 选择热备信号为基准信号时，本地时钟输出时间信号的时间质量码应在热备信号的时间源质量码基础上增加 2。

2. 从时钟时间源选择

从时钟外部输入 IRIG－B 码信号主时钟信号优先级高于备时钟信号，从时钟时间源选择逻辑见表 5－4。

表 5－4　　　　　　　　　　　　**从时钟时间源选择逻辑**

主时钟信号	备时钟信号	初始化或守时状态 基准信号选择	运行状态 基准信号选择
有效	有效	选择主时钟信号作为基准信号	选择主时钟信号作为基准信号
有效	无效	选择主时钟信号作为基准信号	选择主时钟信号作为基准信号
无效	有效	选择备时钟信号作为基准信号	选择备时钟信号作为基准信号
无效	无效	无法完成初始化	保持守时状态

3. 时间源切换

依据时间源提供的状态标志对其状态进行判断，若在正常工作阶段或从守时恢复锁定或时间源切换时，不采用瞬间跳变的方式跟踪。应逐渐逼近要调整的值，输出调整过程应均匀平滑，滑动步进 0.2μs/s（切换后正常跟踪需要的微调量可小于该值），调整过程中相应的时间质量位应同步逐级收敛。在初始化阶段，因在锁定信号前禁止时间信号输出，可快速跟踪选定的时间源后输出时间信号。

5.6.2　异常时钟输入信息的防误及守时技术

针对智能变电站的部分智能设备需采用时钟信号进行同步采样，要求时钟系统提供稳定、可靠的高精度时钟，时钟信号秒脉冲上升沿稳定。授时时钟通过对多路时钟信号源的动态监测，选择稳定度高的时钟信号源作为系统信号源，并通过高阶自拟和算法对时钟信息进行优化与纠错，保证秒脉冲稳定输出，跳变不超过 0.2μs，保证时间戳连续、正确。同时，在外部时间源信号全部丢失的情况下，时间同步装置需提供优于 1μs/h（持续 12h）的守时精度，来确保变电站整体不造成较大的时间偏差。

5.6.3　时钟同步状态在线监测技术

将时钟、被对时设备构成闭环系统，使对时状态可监测，且监测结果可上送至监控系统或者调度主站，从而将时间同步系统纳入自动化监控系统管理。

1. 时间同步监测模块技术要求

时间同步装置中采用独立的时间同步监测模块用于监测时间同步装置及被授时设备的时间同步状态，技术要求如下：

（1）应具备 NTP、GOOSE 时间同步监测接口。网口数量应不少于 4 个，GOOSE（光纤）接口数量应不少于 2 个，监测接口应能根据现场需要进行扩展。

（2）应支持通过 NTP 或者 GOOSE 方式获取被监测装置对时偏差的功能。

（3）监测被授时设备对时偏差宜采用轮询方式，轮询周期可设，默认为 1h，按照轮询周期定期轮询被监测设备的对时偏差。

（4）应具备对时偏差监测告警门限值设置及调整功能，默认告警门限值为 10ms。

（5）应支持 DL/T 634.5104 规约、DL/T 860 规约。

（6）应具备数据召唤上传和超限自动上传功能。

（7）应具备数据存储功能，数据至少保存半个月。

2. 对时偏差监测方式

通过 NTP 方式和 GOOSE 方式实现对时间同步装置及被授时设备对时偏差的监测，采用客户端（管理端）和服务器端（被监测端）问答方式实现对时偏差的计算。为了提高对时偏差的精度，采用时钟装置作为监测的管理端，监测从时钟和其他被授时设备，对时偏差精度为毫秒级别，具体过程如下：

（1）T_0 为管理端发送"监测时钟请求"的时标。

（2）T_1 为被监测端收到"监测时钟请求"的时标。

（3）T_2 为被监测端返回"监测时钟请求的结果"的时标。

（4）T_3 为管理端收到"监测时钟请求的结果"的时标。

（5）Δt 为管理端时钟超前被监测装置内部时钟的钟差（"+"代表相对超前，"−"代表相对滞后）。

（6）$\Delta t = (T_3 - T_2 + T_0 - T_1)/2$。

第6章　同步相量测量技术

6.1　概述

为加强电力系统调度中心对电力系统的动态稳定监测和分析能力，在重要的变电站、发电厂、稳定问题较为突出的电源点等安装广域相量测量系统（Wide Area Measurement System，WAMS）子站（简称子站），在调度中心部署广域相量测量系统主站，构建电力系统实时动态监测系统，实现对电力系统动态过程的监测和分析。该系统是电力系统调度中心的动态实时数据平台的主要数据源，并逐步与能量管理系统（Energy Management System，EMS）及安全自动控制系统相结合，以加强对电力系统动态安全稳定的监控。

相量测量技术的发展得益于成熟的卫星授时技术。对于广域电力系统，相量测量技术能够使异地的电力信号在同一参考坐标系下进行对比分析。同步相量测量装置多利用高精度同步时钟信号和高速 DSP 数字信号处理技术，实时、精确地测量出全电网各节点电压相量、电流相量，发电机内电势，发电机功角、功率、频率，频率变化率，直流控制信号量，开关量状态等电气特征数据，并在线实时监测电网低频振荡、次/超同步振荡等异常运行状态，为全系统电网广域监测、变电站自动化测控、稳定控制、自适应继电保护等功能提供必要的原始数据和实现手段。

目前相关技术规范有 GB/T 26865.2—2011《电力系统实施动态监测系统　第 2 部分：数据传输协议》、DL/T 280—2012《电力系统同步相量测量装置通用技术条件》、Q/GDW 10131—2017《电力系统实时动态监测系统技术规范》、C37.118.1—2011–IEEE《Standard for Synchrophasor Measurements for Power Systems》C37.118.2—2011–IEEE《Standard for Synchrophasor Data Transfer for Power Systems》等标准。

6.2　广域相量测量系统子站

广域相量测量子站系统一般采用分布式结构，由在厂站内分布安装的多台同步相量测量装置（Phasor Measurement Unit，PMU）、相量数据集中器（Phasor Data Concentrator，PDC）、辅助分析单元、网络交换机等构成，并由全站统一时钟或 PMU 专用时钟对 PMU 进行高精度授时。同步相量测量装置用于数据的采集测量，相量数据集中器用于对全站多台同步相量测量装置的数据进行集中转发、存储，辅助分析单元完成参数配置、数据监视以及数据分析等功能。子站数据由相量数据集中器通过纵向安全加密装置接入电力调度数据网，与调控中心 WAMS 前置服务器进行数据通信。典型的广域相量测量系统子站结构图如图 6-1 所示。

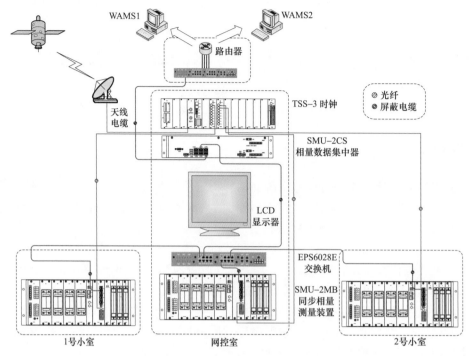

图 6－1　典型广域相量测量系统子站结构图

同步相量测量装置根据应用场合分为常规采样 PMU 和数字化采样 PMU 两种，分别应用于常规变电站和智能变电站。在常规变电站中，常规采样 PMU 使用硬接线方式实现电气量的接入采集；在智能变电站中，数字化采样 PMU 通过接收合并单元及智能终端从站内过程层网络发送的 SV 和 GOOSE 报文实现数据采集。

常规采样 PMU 的数据采集由设备自身完成，要求其采样同步性优于 1μs。同步相量数据所使用的时间世纪秒（SOC）和秒等分（FRACSEC）均由同步相量测量装置自身提供。而数字化采样 PMU 的原始采样点数据采集由合并单元完成，合并单元需保证采样同步性优于1μs，且提供用于秒等分计算的采样序号，SOC 则由同步相量测量装置通过接收授时装置的时间信号获得。

6.3　同步相量测量装置功能

6.3.1　交流量数据采集

同步相量测量装置主要对接入装置的主变压器、母线、线路、机组等主要电力元件的交流电压、交流电流进行采集。为了保证同步相量测量装置在稳态和动态过程的测量精度，装置的交流电流采集回路通常接入测量 CT 回路。其具体采集原则如下：

（1）对于 500kV 及以上的系统通常采集以下交流电气量（均为三相电压、电流）：500kV 线路的电压和电流，主变压器高压侧、中压侧的电压和电流。

（2）对于 220kV 的系统通常采集以下交流电气量（均为三相电压、电流）：220kV 母线的电压、220kV 线路电压（若现场配备有线路 PT）、220kV 线路电流；主变压器高压侧、中压侧的电压和电流。

（3）对于发电机组通常采集发电机机端电压、机端电流（均为三相电压和电流）。

6.3.2 发电机功角采集

应用于发电厂的同步相量测量装置具备发电机功角直接测量功能，该功能既可以集成在同步相量采集装置内部，也可以采用独立的发电机功角测量单元。其外部主要采集发电机机端电压、发电机键相脉冲信号。为了采集发电机键相脉冲信号，需要在发电机的转轴上开一个键相槽，并在转轴外部对应位置装设键相脉冲传感器。

火电厂发电机组通常采用单极机，转子键相传感器产生的键相脉冲信号额定频率为 50Hz（即 1 脉冲/转），信号类型为电压信号，电压范围在（−25～＋25）V 之间，信号峰峰值一般大于 3V。供 PMU 使用的键相脉冲信号与现场其他设备使用的键相脉冲信号之间宜进行电气隔离。原始键相脉冲信号由安装在汽轮机机头处的键相传感器输出，通常在汽轮机机头处的延长轴上开有一个键相槽，键相传感器安装时将传感器探头对准键相槽所在位置，当键相槽随轴旋转到达探头安装位置时，由于探头与轴表面的距离发生改变，传感器就会输出一个脉冲。

供 PMU 使用的键相信号可由汽轮机状态监测系统（Turbine Supervisory Instruments，TSI）输出。此时 TSI 系统接入键相传感器输出的原始键相信号，并在内部进行信号隔离转换，将一路信号转换为多路输出，不仅能满足 TSI 设备自身的需求，也能为外部设备提供相互隔离的多路键相信号，选取其中一路接入 PMU 即可。

对于水轮机组而言，由于机组极对数多，为了得到机组键相脉冲信号，一般在水轮机的转轴上装设齿数与极对数相同且各齿均匀分布的键相齿盘。

6.3.3 直流量采集

应用于发电厂的同步相量测量装置具备测量 4～20mA 或者是 0～10V 直流信号的功能，其具体接入的直流量采集范围由 WAMS 主站相关部门制定。通常采集的直流信号有发电机励磁电压、发电机励磁电流、发电机组调节级压力、发电机自动发电控制（Automatic Generation Control，AGC）辅助量、汽门开度/导叶开度。

6.3.4 开关量采集

同步相量测量装置具备采集开关量信号的功能，其接入的开关量一方面用于装置自身检修、线路电压选择等功能，另一方面用于采集 WAMS 主站所关心的其他保护、安全自动装置的动作信号。通常采集的开关量信号有发电机自动电压调节器（Automatic Voltage Regulator，AVR）动作信号、发电机电力系统稳定器（Power System Stabilizer，PSS）动作信号、发电机一次调频动作信号。

6.3.5 告警开出

同步相量测量装置具备信号开出接点，用于输出装置的异常告警信号，硬接点类型为自保持或非保持空接点，信号开出接点可引至厂站中央信号或监控系统，以便运行人员能及时发现装置的故障信息。通常输出的告警开出接点有电源消失、时钟失步、CT/PT 断线、录波启动和装置故障。

6.3.6 低频振荡监测

同步相量测量装置的低频振荡告警满足以下要求：低频振荡频率监视范围为 0.1～2.5Hz，低频振荡判断装置采用功率振荡峰峰值超过预设门槛 P_{osc} 并持续 X 个周波；P_{osc} 与 X 数值可整定。

6.3.7 次同步振荡监测

同步相量测量装置的次/超同步振荡监测采用瞬时功率计算时，频率监视范围为 10～40Hz；采用电流计算时，频率监视范围为 10～40Hz 和 60～90Hz，频率分辨率低于 1Hz。次/超同步振荡判据，采用瞬时功率次/超同步振荡分量超过预设门槛 P_{sso}（MW）并持续 X（s）；P_{sso} 与 X 数值可整定。

6.3.8 通信功能

同步相量测量装置一方面需要与相量数据集中器进行实时通信，用于传输采集测量到的实时数据，通信规约通常为 GB/T 26865.2—2011《电力系统实施动态监测系统　第 2 部分：数据传输协议》；另一方面，同步相量测量装置作为厂站内部的 IED 设备，需要与监控后台进行通信，以便传输装置自身的运行工况等信息，其通信规约通常采用 IEC 61850 的 MMS 服务。

6.3.9 历史数据存储

同步相量测量装置需要具备数据存储功能，实现对动态录波数据、暂态录波数据、连续录波数据的存储，是 WAMS 主站进行子站历史数据调阅的数据源。动态录波数据记录的是子站测量计算产生的相量数据，其记录密度为 100 帧/s，该类数据连续存储，记录时间不少于 14 天；暂态录波数据是同步相量测量装置在检测到电力系统暂态事件、接收到人工触发录波等时形成的高密度原始采样点记录数据，其记录密度等于 AD 采样率，每次触发记录时长为数秒；连续录波数据是同步相量测量装置连续记录的原始采样点数据，其记录密度通常不低于 1000 点/s，记录时间不少于 72h。

6.4 相量数据集中器功能

6.4.1 主要功能

相量数据集中器作为广域相量测量系统子站的重要组成部分，需要实现实时数据处理、历史数据存储及实时通信等功能，对硬件性能和可靠性都有较高的要求，通常采用无旋转部件的工控机。

相量数据集中器具备多个以太网接口，便于与站内同步相量测量装置和远方主站实时通信，同时，相量数据集中器需要存储不少于 14 天的动态相量录波数据，因此，相量数据集中器都配置了大容量硬盘。

相量数据集中器主要作用是对厂站内的同步相量数据做汇集、对齐、存储等操作。因此，相量数据集中器的主要功能如下：

（1）实时接收、存储、解析同步相量测量装置的相量数据报文。

（2）同时向多个主站实时转发站内同步相量测量装置的相量数据报文。

（3）连续记录电压电流基波正序相量、三相电压基波相量、三相电流基波相量、频率、频率变化率、有功功率和无功功率以及开关状态信息。

（4）相量数据的实时传送速率可以整定，具备 25 次/s、50 次/s、100 次/s 的可选速率。

（5）实时记录装置告警信息，按照时间顺序存储，方便运行人员查阅。

相量数据集中器主要是汇集厂站内采集装置上送的数据，并将汇集后的数据上送至远方主站，通信规约通常为 GB/T 26865.2—2011《电力系统实施动态监测系统　第 2 部分：数据传输协议》。由于同步相量测量装置是等间隔上送数据，考虑到同一厂站内的各采集器送至相量数据集中器的时间并不能完全保证同时到达，因此相量数据集中器必须具备延时等待功能。如果在设定的时间范围内，相量数据集中器接收到了所有采集装置的数据，则整合数据并完整存储和上送；如果在设定的时间范围内，相量数据集中器未能接收到全部采集装置的数据，则相量数据集中器正常存储和上送已收到的数据，而部分未收到的采集器所对应通道的数据将被清零。

6.4.2　冗余通信架构

为了提高广域相量测量系统子站通信的可靠性，同步相量测量装置和相量数据集中器间越来越多地采用双以太网通信。同时，相量数据集中器双重化配置逐渐成为趋势，电力调度数据网可使用不同平面分别接收来自两台相量数据集中器的数据。

在重要厂站，为进一步提高通信可靠性，还可以采用双网双相量数据集中器及双链路的通信模式。在此模式下，每台相量数据集中器可以通过两条链路分别接收各采集装置的数据。同时，电力调度数据网也可以通过两条链路分别从厂站内的两台相量数据集中器中接收站端数据。

图 6-2 是双网双数据集中器模式，图 6-3 是双网双数据集中器双链路模式。

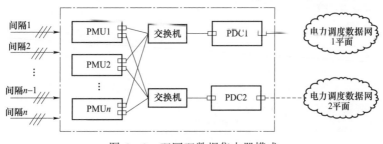

图 6-2　双网双数据集中器模式

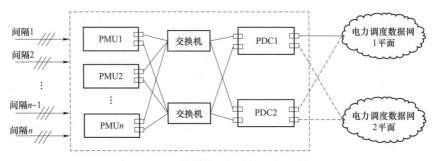

图 6-3 双网双数据集中器双链路模式

6.5 同步相量测量技术

6.5.1 同步相量测量算法

相量计算的算法很多，如过零检测法、最小二乘法、牛顿法、卡尔曼滤波法和离散傅里叶（Discrete Fourier Transform，DFT）算法等，在这些计算方法中，较为适合在装置中实现的主要是过零检测法和离散傅里叶算法两种，但是过零检测法受频率的动态变化影响、谐波分量的影响及过零点检测电路一致性等问题的影响，将会使测量结果精度下降，因此目前普遍使用的是离散傅里叶算法，它可以滤除直流分量和其他整数次谐波分量，同时通过多种手段可以对频率偏移时等多种情况下的误差进行消除，最终获得高精度的测量结果。

IEEE C37.118 给出了 PMU 测量基本算法的推荐模型，如图 6-4 所示。同步相量计算需要经过模拟低通滤波器、同步采样时钟、DFT 计算、数字滤波等环节，完成相量采集。

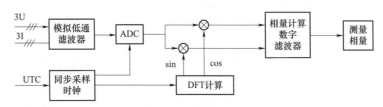

图 6-4 PMU 测量基本算法的推荐模型

DFT 计算宜采用全周滑动数据窗 DFT 算法，公式为

$$A_{c1}(k) = A_{c1}(k-1) + \frac{2}{N}[x(k) - x(k-N)]\cos\left(\frac{2k\pi}{N}\right) \qquad (6-1)$$

$$A_{s1}(k) = A_{s1}(k-1) + \frac{2}{N}[x(k) - x(k-N)]\sin\left(\frac{2k\pi}{N}\right) \qquad (6-2)$$

式中，A_{c1} 为基波相量实部；A_{s1} 为基波相量虚部；$x(k)$ 为当前采样点；$x(k-N)$ 为一周波前采样点。

同步相量测量装置的基波功率计算方法宜采用补偿后的相量进行计算。采用 DFT 计算出电流和电压的基波相量后，利用功率定义计算功率

$$P = UI\cos\varphi = U_r I_r + U_i I_i \tag{6-3}$$

$$Q = UI\sin\varphi = U_i I_r - U_r I_i \tag{6-4}$$

同步相量测量装置在设计时应充分考虑影响相量、频率、频率变化率的关联因素：噪声抑制能力，例如，谐波、间谐波（带外信号）、输入信号中的调制成分；相量计算中频率及频率变化率计算的时标对齐；报告时延（同步相量测量装置计算完成到准备传输的时延）。

同步相量测量装置参考模型是使得相量、频率、频率变化率计算拥有相对较短的报告时延及较好的时标对齐性能。较好的时标对齐性能及较短的时延是牺牲了部分抗干扰能力换来的。参考模型是为了核实同步相量测量装置的性能范围，便于相对简单地理解及实施，同时为同步相量测量装置实际工程应用留有一定裕度，而非试图去阐述理想解决方案。

6.5.2　发电机功角测量算法

发电机的功角是指发电机内电势和机端电压正序相量之间的夹角 δ，它在电力系统稳定问题的研究中占有特别重要的地位。因为它除了表示发电机内电势 $\dot{E}_q$ 和系统电压 $\dot{U}_q$ 之间的相位差，即表征系统的电磁关系之外，还表明了各发电机转子之间的相对空间位置。δ 随时间的变化描述了各发电机转子间的相对运动，转子间的相对运动是判断各发电机之间是否同步运行的依据。本书所描述的功角测量是指对发电机的功角 δ 的测量。

同步相量测量装置通常提供计算法、直测法两种功角测量功能，计算法得到计算内电势和计算功角，直测法得到直测内电势和直测功角，其测量得到的功角、内电势等测量结果独立存储、独立传送。

计算法主要利用发电机电气参数和机端电压、电流相量计算发电机内电势和功角，其计算公式为

$$\dot{E}_Q = \dot{U} + j(r + x_q)\dot{I} \tag{6-5}$$

对于隐极机：$x_d = x_q$，有　　　　　　　$\dot{E}_q = \dot{E}_Q \tag{6-6}$

对于凸极机：$x_d \neq x_q$，有　　　　　$\dot{E}_q = \dot{E}_Q + j(x_d - x_q)\dot{I}_d \tag{6-7}$

直测法是根据同步发电机的基本原理和特点，对发电机转子的空间位置和机端电压进行监测从而直接测量出发电机的功角。当发电机空载时，机端电压 $\dot{U}$ 与内电势 $\dot{E}_q$ 同相位，键相脉冲信号由安装在发电机上的传感器发出，转子每旋转一周输出一个键相脉冲信号，此时测量机端电压过零时刻与键相脉冲时刻之差，即可获得固定的角差 θ，此角度即为发电机功角的初相角。机组在与主网并网以后，测量机端电压过零时刻与键相脉冲时刻对应的角差并扣除 θ，即是发电机功角 δ，如图 6-5 所示。

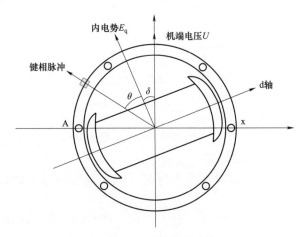

图 6-5 功角测量原理

第 7 章 IEC 61850 技术

7.1 概述

为适应变电站自动化技术的迅速发展，解决信息交互以及设备互操作的问题，1995 年国际电工委员会第 57 技术委员会（IEC TC57）为此成立了 WG10/11/12 三个工作组，负责制定 IEC 61850 标准。工作组成员分别来自欧洲、北美和亚洲国家，他们有电力调度、继电保护、电厂、操作运行及电力企业的技术和专业背景，其中有些成员参加过北美及欧洲一些标准的制定工作。3 个工作组有明确的分工：第 10 工作组负责变电站数据通信协议的整体描述和总体功能要求；第 11 工作组负责站级数据通信总线的定义；第 12 工作组负责过程级数据通信协议的定义。这 3 个工作组参考和吸收了已有的许多相关标准，其中主要有：① IEC 60870 – 5 – 101 远动通信协议标准；② IEC 60870 – 5 – 103 继电保护信息接口标准；③ 由美国电科院制定的变电站和馈线设备通信协议体系 UCA 2.0（Utility Communication Architecture 2.0）；④ ISO/IEC 9506 制造报文规范 MMS。IEC 61850 标准于 2003 年制定完成，陆续颁布。

IEC 61850 标准的目标是成为电力系统自动化领域唯一的全球通用标准，它规定了从产品设计制造、工程集成、项目管理、设备运行维护与退役等整个生命周期中的信息交换的标准化方法。为了保证标准的持久性和长期稳定性，采用了抽象与映射相结合的方法。IEC 61850 标准使得智能变电站的工程实施变得规范、统一和透明，不论是哪个系统集成商建立的智能变电站工程都可以通过系统配置（SCD）文件了解整个变电站的结构和布局，对于智能化变电站发展具有不可替代的作用。

IEC 61850 建立了变电站自动化领域完整的通信体系。与传统的通信协议体系相比，在技术上 IEC 61850 有如下突出特点：① 使用面向对象建模技术；② 使用分布分层体系；③ 使用抽象通信服务接口（Abstract Communication Service Interface，ACSI）、特定通信服务映射（Specific Communication Service Mapping，SCSM）技术；④ 使用 MMS 技术；⑤ 具有互操作性；⑥ 具有面向未来的、开放的体系结构。

7.2 标准体系框架与概貌

IEC 61850 第一版以公共通信体系 UCA2.0 的数据模型和服务为基础，共分为 10 个部分，14 个文件，见表 7 – 1。

IEC 61850 – 1：标准的概论，介绍整个标准的架构以及后续章节的安排。

IEC 61850 – 3：规定了变电站通信设备和系统的总体要求，包括质量要求（可靠性、可维护性、系统可用性、轻便性、安全性），环境条件，辅助服务，其他标准和规范。

表 7 - 1   **IEC 61850 第一版体系结构**

系统概貌 1 介绍和概述 2 术语 3 总体要求 4 系统和项目管理 5 功能的通信要求和设备模型	数据模型 变电站和馈线设备的基本通信结构 7-3 公用数据类 7-4 兼容逻辑节点类和数据类
配置 6 变电站自动化系统配置描述语言	映射到实际通信网络： 8-1 映射到 MMS 和 ISO/IEC 8802-3 9-1 通过单向多路点对点串行通信链路采样值 9-2 ISO 8802-3 之上的采样值
抽象通信服务 变电站和馈线的基本通信结构 7-1 信息模型和通信原理 7-2 抽象通信服务接口（ACSI）	测试 10 一致性测试

IEC 61850-4：系统和项目管理，规定了通信系统的工程要求（参数分类、工程工具、文件），系统使用周期（产品版本、工程交接、工程交接后的支持），质量保证（责任、测试设备、典型测试、系统测试、工厂验收、现场验收）。

IEC 61850-5：自动化功能和装置模型的通信要求，包括逻辑节点的概念和列表，逻辑通信链路，通信信息片的概念，功能的定义。

IEC 61850-6：变电站自动化系统配置语言，规定了装置和系统信息交换的相关功能、参数的描述格式和语法定义，是 IEC 61850 信息建模的主要依据。

IEC 61850-7-1：描述了 IED 设备的建模方法、通信原理和信息模型，是 IEC 61850-7-2、IEC 61850-7-3、IEC 61850-7-4 内容的总体性介绍；IEC 61850-7-2 则具体规定了变电站通信的抽象通信服务接口（ACSI），给出了各种通信需求的通信方法和抽象服务，以及通信内容（交互数据）的组织架构；IEC 61850-7-3 介绍公用数据类，针对通信功能中的交互数据的类型进行定义；IEC 61850-7-4 介绍功能模型（逻辑节点），对 IEC 61850-5 中归纳提炼的功能单元给出规范定义。

IEC 61850-8：介绍了将 ACSI 映射到 MMS 通信协议栈的方法，以及将 GOOSE 服务映射到 ISO/IEC 8802-3 的方法。

IEC 61850-9：介绍了将采样值（SMV）服务映射到 ISO/IEC 8802-3 的方法。

IEC 61850-10：介绍了规约一致性测试的方法和要求。

在 IEC 61850 第二版中，保持了整体架构的延续性，对标准的应用领域进行了扩展，并补充和修改了部分章节。

7.3 关键技术

IEC 61850 标准是一个电力系统信息通信方面的完整解决方案，它包括信息的建模方法、信息的配置方法、信息实时交互的方法、不同应用场合信息交互的适应性方法、通信的一致性测试方法等。

7.3.1　服务和通信映射技术

基于服务的通信是 IEC 61850 区别与传统的变电站通信规约（如 IEC 60870 系列）的一个主要特征，通过对通信需求服务化的抽象，实现了通信行为与通信数据的分离，将通信行为进行标准化，保证了通信标准的长期稳定性。在变电站自动化设备（IED）之间，主要的通信需求有请求/响应式通信，主动上送式通信；有点对点式通信，也有广播/组播式通信；有测量及状态信息的传输，也有控制命令、参数修改信息的传输等。为了满足这些通信的需求，IEC 61850 标准定义了一套抽象通信服务接口（Abstract Communication Service Interface，ACSI），包括 IED 的通信方法、信息模型以及基于此模型的通信服务。

1. 抽象通信服务接口（ACSI）

（1）基本概念。

IEC 61850 根据电力系统运行过程以及所必须的信息内容，归纳出电力系统所必须的通信网络服务，对这些服务和信息交换机制进行标准化，并采用抽象建模的方法，形成了一套标准的、满足互操作要求的信息交换机制，这一机制就是抽象通信服务接口（ACSI）。

ACSI 从通信中分离出应用过程，独立于具体的通信技术，提供特定通信服务用于变电站通信，采用虚拟的观点去描述和表示变电站内设备的全部行为。采用抽象的建模技术为变电站自动化系统设备定义了与实际应用的通信协议无关的公共应用服务，并提供了接口访问真实数据和真实设备的途径。

ACSI 中的抽象概念体现在以下两个方面：

1）ACSI 仅对通信网络可见，且对可访问的实际设备（例如断路器）或功能建模，抽象出各种层次结构的类模型和它们的行为。

2）ACSI 从设备信息交换角度进行抽象，并只定义了概念上的互操作。ACSI 关心的是描述通信服务的具体原理，与采用的网络服务无关，实现了通信服务独立于通信网络的特性；而没有定义通信的具体报文格式及编码，这些在特定通信服务映射（SCSM）中指定。

（2）通信模式。

ACSI 中的服务具有两种基本通信模式：一种是基于一对一信息交换的客户端/服务器通信方式，它主要侧重于通信的可靠性，采用基于可靠链路连接的通信技术，传输变电站查询、报告事件、控制、参数修改等信息；另外一种使用发布者/订阅者（Publisher/Subscriber）方式，侧重于通信效率和实时性，主要用于 GOOSE 消息发送、采样值传输等服务。

在客户机/服务器模式中，提供数据或服务的一方为服务器，接受数据或服务的一方为客户。变电站网络通信是多服务器少客户形式。该模式除了可采用请求/响应方式获取数据外，还可采取 IED 事件驱动的方式。当定义的事件（数据值改变、数据品质变化等）触发时，服务器才通过报告服务向主站报告预先定义好要求报告的数据或数据集，并可通过日志服务向循环缓冲区中写入事件日志，以供客户随时访问为完成服务过程。其优点是服务的安全性、可靠性高，缺点是实时性不够。这种模式主要适用于对实时性要求不高的服务。

发布者/订阅者模式是一个或多个数据源（发布者）向多个接收者（订阅者）发送数据的

最佳解决方案，特别适合于数据量大且实时性要求高的场合，如用于继电保护设备间快速、可靠的数据传输，以及周期采样值传输服务。

ACSI通信方法如图7-1所示。

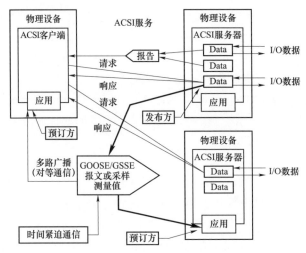

图 7-1 ACSI 通信方法

（3）服务模型。

IEC 61850 标准 7-2 部分详细定义了 ACSI 模型，包括基本信息模型和信息交换服务模型。对于每种模型，IEC 61850 均以类的形式给出，定义了属于该模型的属性和服务。每类 ACSI 模型又由若干通信控制块（Control Block）组成。

通信控制块同样采用类的形式，即由属性和服务封装组成。其中属性代表控制块的基本信息和配置/控制参数，以数据对象及其属性的形式驻留在引用该控制块的逻辑节点中；服务则代表控制块的具体通信规则，包括通信服务对象与方式（服务的发起、响应和过程）。依照实际功能和信息模型的属性对这些通信控制块分别引用便构成了信息模型的功能服务。

ACSI 基本信息模型包括 Server（服务器）、Logical-Device（LD 逻辑设备）、Logical-Node（LN 逻辑节点）、Data（数据，有多个数据属性）四类，这些类由属性和服务组成。在具体实现中，逻辑设备、逻辑节点、数据、数据属性都有自己的对象名（实例名 Name），在它们所属的同一容器的相应类中有唯一名（ObjectName）。另外，这四类中的每一个都有路径名（ObjectReference），它是每个容器中所有对象名的串联，四个对象名（每一行）可串联起来。由 Server 所表示的基本信息架构如图 7-2 所示。

ACSI 信息交换服务模型，主要用于对数据、数据属性、数据集进行操作。具体包括下述模型：Data-set（数据集）、取代、控制、Setting-Group-Control-Block（定值组控制块）、Reprort-Control-Block（报告控制块）和 Log-Control-Block（日志控制块）等模型。ACSI 定义的信息服务模型及服务见表 7-2。

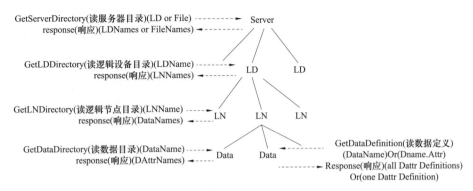

图 7 - 2　Server 的基本信息架构

表 7 - 2　　　　　　　　　　　　**ACSI 定义的信息服务模型及服务**

服务模型	描　述	服　务
服务器（Server）	提供设备的外部可视行为，包含所有其他 ACSI 模型	Get Server Directory
应用关联（Application association）	两个或多个设备如何连接，为设备提供各种视窗：对服务器的信息和功能的访问限制	Associate Abort Release
逻辑设备（Logical device）	代表一组功能。每个功能定义为一个逻辑节点	Logical Device Directory Get All Data Values
逻辑节点（Logical node）	代表变电站系统的特定功能，例如，过电压保护	Logical Node Directory
数据（Data）	提供规定类型信息的手段，例如，带品质信息和时标的开关位置	GetData Values SetData Values GetData Definition GetData Directory
数据集（Data set）	将各种数据编成组	GetData SetValue SetData SetValue Create DataSet Delete DataSet GetData SetDirectory
取代（Substitution）	例如，在无效测量值的场合，客户请求服务器以客户设置的值代替过程值	SetData Values
定值组控制（Setting group control）	定义如何从一组定值切换到另一组，以及如何编辑定值组	Select ActivateSG Select EditSG SetSG Values Confirm EditSGValues GetSG Values GetSGCB Values
报告和日志（Reporting and logging）	描述基于客户设置的参数产生报告和日志的条件。报告由过程数据值改变（例如状态变位和死区）或由品质改变触发报告。日志以后检索查询 报告立即发送或存储。报告提供状态变位和事件顺序信息交换	Buffered RCB Report GetBRC Values SetBRC Values UnBuffered RCB Report GetUBRC Values SetUBRC Values LogCB GetLCB Values SetLCB Values Log: Query LogBy Time Query Log After GetLog Status Values

服务模型	描　述	服　务
通用变电站事件（Generic Substation Events，GSE）	提供数据快速和可靠的系统范围传输。IED 二进制状态信息的对等交换 　GOOSE 为面向通用对象变电站事件，并支持由 DATA－SET 组织的公共数据广范围的交换 　GSSE，目前已被废弃	GOOSE CB: SendGOOSEMessage GetGoReference GetGOOSEElementNumber GetGoCBValues SetGoCBValues GSSE CB:（已废弃）
采样值传输（Transmission of sampled values）	例如，仅用变压器采样值快速循环传输	Multicast SVC: SendMSVMessage GetMSVCBValues SetMSVCBValues Unicast SVC: SendUSVMessage GetUSVCBValues SetUSVCBValues
控制（Control）	描述对设备或参数定值组控制的服务	Select Select With Value Cancel Operate Command Termination TimeActivated Operate
时间和时间同步（Time and time synchronisation）	为设备和系统提供时间基准	在 SCSM 中规定
文件传输（File transfer）	定义巨型数据块例如故障录波信息的交换	GetFile SetFile DeleteFile GetFile Attribute Values

2. 特定通信服务映射

ACSI 反映了 IED 装置通信功能的要求，但它并不规定具体的通信报文格式，需要采用通信服务映射的方法，将抽象的服务映射到具体的报文，从而实现以信息交互为目的的报文传输。由于应用场景的不同，对同一种信息传输需求（服务）也有差异性的要求，因此也需要将抽象服务映射到不同的报文编码格式上。

采用 SCSM 映射，将 ACSI 构建在通信协议栈应用层之上，ACSI 数据和服务的形式对传输层、网络层和介质协议没有影响（即对通信栈的低层无影响，无需调整通信栈）。

ACSI 对信息模型的约束是强制和唯一的，而 SCSM 的方法却是多样和开放的。采用不同的 SCSM 方法，可以满足不同功能服务对通信过程、通信速率以及可靠性的不同要求，解决了变电站内通信复杂多样性与标准统一之间的矛盾。适时地改变 SCSM 方法，就能够应用最新的通信网络技术，而不需要改动 ACSI 模型，从而解决了标准的稳定性与未来通信网络技术发展之间的矛盾。

IEC 61850 并不要求每种 SCSM 方法都能够映射 ACSI 所有的抽象服务，但越简单的 SCSM 方法对 ACSI 模型的支持就越不完备，所实现的功能服务也就越简单。ACSI 映射到通信协议栈过程如图 7－3 所示。

在变电站装置通信中，存在以下通信要求：

类型 1（快速报文）

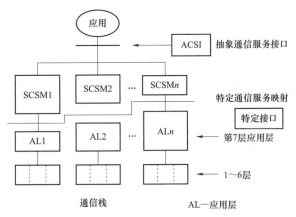

图 7－3　ACSI 映射到通信协议栈

类型 1A（跳闸）
类型 2（中速报文）
类型 3（低速报文）
类型 4（原始数据报文）
类型 5（文件传输功能）
类型 6（时间同步报文）

针对这些通信要求，IEC 61850 采用了将 ACSI 映射到不同特定协议的方法，标准的第 8 和第 9 部分规定了 ACSI 向 MMS、SNTP、GOOSE 和 SV 映射的方法。其中，为了优化接收报文的解码过程，类型 1 和类型 1A 的报文映射到专门的以太网类型，类型 2、类型 3、类型 5 的报文要求面向报文的服务，MMS 标准正好能提供 ACSI 需要的信息建模方法和服务。

IEC 61850 的特定通信服务映射如图 7－4 所示。

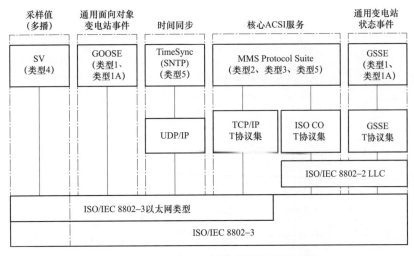

图 7－4　IEC 61850 的特定通信服务映射

7.3.2 模型和自描述技术

在 IEC 61850 中，ACSI 和服务映射是信息交互的手段，模型数据是信息交互的内容，而描述语言（自描述方法）则是模型的组织形式。模型除了是实时通信信息的自描述，其本身也携带丰富的对象描述信息，为信息的离线交互提供了方便。

1. 信息模型

IEC 61850 采用面向对象的方法，将变电站功能划分成一个个逻辑节点，这些逻辑节点代表了最小的功能单元，分布于各个装置之中。整个变电站集成时，只需将这些功能集中起来，并不需要对其进行信息建模（即数据库配置），全站信息对点的工作也可大大简化，集成效率显著提高。

IEC 61850 - 7 - 3、IEC 61850 - 7 - 4 定义了各种数据对象类和逻辑节点类，IEC 61850 - 7 - 2 中定义了用这些逻辑节点组成更高层次功能的方法。下面就 IEC 61850 标准定义的公用数据类和逻辑节点类做简要介绍。

（1）功能模型。

IEC 61850 - 5 将整个变电站的功能进行分解，使其满足功能自由分布和分配的要求。变电站自动化功能被分解成一个个逻辑节点，这些节点可分布在一个或多个物理装置上。通过对这些逻辑节点的组合，可生成新的逻辑设备（Logic Device，LD），逻辑设备可以是一个物理设备，也可以是物理设备的一部分，如图7 - 5所示。逻辑节点是功能划分中的最小实体，本身具备了很好的封装，逻辑节点之间通过逻辑连接（Logic Connect，LC）进行信息交换。由于有一些通信数据不涉及任何一个功能，仅仅与物理装置本身有关，如铭牌信息、装置自检结果等。为此IEC 61850定义了一个特殊的逻辑节点LLN0逻辑节点，用以表征逻辑设备本身的信息。

逻辑节点和逻辑连接如图7 - 5所示。

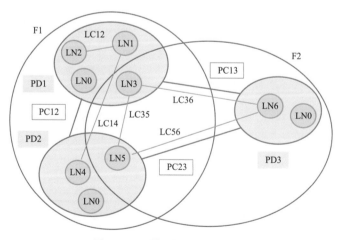

图 7 - 5　逻辑节点和逻辑连接

逻辑连接是一种虚连接，主要用于交换逻辑节点间的通信信息片（Piece of Information for Communication，PICOM）。逻辑节点分配给物理设备，逻辑连接映射到物理连接，实现了设备之间信息交换。逻辑节点的功能任意分布特点和它们之间的抽象信息交互使得变电站自动化系统真正实现了功能的自由分布。

IEC 61850 按照上述原则，对变电站自动化功能进行了分解与抽象，形成IEC 61850 - 7 - 4 中的13大类近90个的逻辑节点，这些逻辑节点（分组见表7 - 3）构成了装置功能的基本要素。

表 7 - 3　　　　　　　　　　　　　IEC 61850 定义逻辑节点概况

逻辑节点组指示符	节点标识	包含逻辑节点数量
A	自动控制类	4
C	控制逻辑类	5
G	通用功能引用类	3
I	接口和存档类	4
L	系统逻辑节点类	2
M	计量和测量类	7
P	保护功能类	28
R	保护相关功能类	10
S	传感器，监视类	3
T	仪用互感器类	2
X	开关设备类	2
Y	电力变压器和相关功能类	4
Z	其他（电力系统）设备类	14

（2）数据模型。

逻辑节点由若干个数据对象组成，数据对象是 ACSI 服务访问的基本元素，也是设备间交换信息的基本单元。IEC 61850 根据标准的命名规则，定义了近 30 种公用数据类。数据对象是用公用数据类（Common Data Class，CDC）定义的对象实体。

公用数据类是变电站应用功能相关的特定数据类型，它由数据属性（Data Attribute，DA）构成，数据属性可以是基本数据类型，也可以是一个数据对象。变电站自动化所涵盖的基本功能包括测量、控制、遥信、保护（事件、定值）、自描述等功能数据，IEC 61850 将这些内容抽象成 7 个大类的公用数据类。

1）状态信息的公用数据类：包括单点、双点、整数、保护动作、保护启动、二进制计数器读数等状态类。

2）测量信息的公用数据类：包括测量值、复数测量值、采样值、Y 和△的三相测量值、序分量测量、谐波测量、Y 和△的三相谐波测量值。

3）可控状态信息的公用数据类：包括可控单点、可控双点、可控整数、可控二进制步位置、可控整数步位置。

4）可控模拟信息的公用数据类：包括可控模拟设点。

5）状态定值公用数据类：包括单点定值、整数状态定值。

6）模拟定值公用数据类：包括模拟定值、定值曲线。

7）描述信息公用数据类：包括设备铭牌、逻辑节点铭牌、曲线形状描述。

信息模型的创建过程主要是利用逻辑节点搭建设备模型。首先使用已经定义好的公用数据类来定义数据类，这些数据类属于专门的公用数据类，并且每个数据都继承了相应公用数据的数据属性。IEC 61850 - 7 - 4 定义了这些数据代表的含义。将所需的数据组合在一起就构成了一个逻辑节点，相关的逻辑节点就构成了变电站自动化系统的某个特定功能，并且逻辑节点可以被重复用于描述不同结构和型号的同种设备所具有的公共信息。IEC 61850 - 7 - 4 中定义了大约 90 个逻辑节点，使用了约 450 个数据。

2．描述语言

IEC 61850 - 6 定义了变电站配置描述语言（Substation Configuration Description Language，SCL）。SCL 基于 XML1.0，具有良好的结构化描述特性，是一种用来描述与通信相关的变电站功能信息、拓扑关系、通信参数、工程参数等信息的语言规范，适用于描述 IEC 61850 - 7 部分规定的变电站通信系统的信息模型，描述的具体内容如下：

（1）一次系统结构：描述使用哪些一次设备功能，一次设备如何连接。在此基础上，还可以描述一次设备与二次设备之间的关联关系。遵循 IEC 61346 - 1 规定的构造方法，按照变电站自动化功能命名所涵盖的全部开关设备。

（2）通信系统：描述智能电子设备在哪些通信访问点（通信端口）处连到子网或网络。

（3）应用层通信：描述数据怎样分组形成发送数据集，智能电子设备如何启动发送，选择何种服务，需要从其他智能电子设备处取得哪些数据。

（4）智能电子设备：描述每一个智能电子设备配置了哪些逻辑设备，每一个逻辑设备有哪些逻辑节点，这些逻辑节点属于哪类，何种类型，报告和数据内容、可得到的关联（预配置），哪些数据应登录。

SCL 配置文件按应用目的的不同，分为以下四种文件，以文件扩展名进行区分：

（1）ICD 文件是 IED 的能力描述（IED Capability Description）文件，描述了 IED 提供的基本数据模型及服务，包含模型自描述信息，但不包含 IED 实例名称和通信参数。

（2）SSD 文件是系统规格描述（System Specification Description，SSD）文件描述变电站一次系统结构以及相关联的逻辑节点，全站唯一。SSD 文件应由系统集成厂商提供，并最终包含在 SCD 文件中。

（3）SCD 文件是全站系统配置（Substation Configuration Description，SCD）文件，包含全站所有信息，描述所有 IED 的实例配置和通信参数、IED 之间的通信配置以及变电站一次系统结构。SCD 文件包含版本修改信息，明确描述修改时间、修改版本号等内容。SCD 文件在 ICD 和 SSD 文件的基础上进行集成配置而成。

（4）CID 文件是 IED 的实例配置（Configured IED Description）文件，一般从 SCD 文件导出生成。为避免出错，禁止手动修改，可直接下载到装置中使用。

7.3.3　MMS 通信技术

制造报文规范（MMS）是由国际标准化组织 ISO 工业自动化技术委员会 TCl84 制定的一套用于开发和维护工业自动化系统的独立国际标准报文规范。MMS 通过对真实设备及其功能进行建模的方法，实现网络环境下计算机应用程序或智能电子设备（IED）之间数据和监控信息的实时交换。国际标准化组织颁布 MMS 的目的是为了规范工业领域具有通信能力的智能传感器、智能电子设备（IED）、智能控制设备的通信行为，使出自不同厂商的设备之间具有互操作性，使系统集成变得简单、方便。MMS 独立于应用程序与设备的开发者，所提供的服务非常通用，适用于多种设备、应用和工业部门。现在 MMS 已经广泛用于汽车、航空、化工等工业自动化领域。在国外，MMS 技术广泛用于工业过程控制、工业机器人等领域。

对象和服务是 MMS 协议中两个最主要的概念。其中对象是静态的概念，以一定的数据结构关系间接体现了实际设备各个部分的状态、工况以及功能等方面的属性。属性代表了对象所对应的实际设备本身固有的某种可见或不可见的特性，它既可以是简单的数值，也可以是复杂的结构，甚至可以是其他对象。实际设备的物理参数映射到对象的相应属性上，对实际设备的监控就是通过对对象属性的读取和修改来完成的。

MMS 通信采用客户端/服务器（Client/Server，C/S）模型，客户端和服务器之间的原语交换通过 MMS 服务提供者来实现，MMS 服务提供者的核心为制造报文协议机（Manufacturing Message Protocol Machine，MMPM）。MMS 包含四种服务原语：请求（Request）、指示（Indication）、响应（Response）、确认（Confirm），如图 7−6 所示。

MMS 提供了 19 类对象的 84 种服务，在实际应用中只需针对特定的应用环境选择恰当的服务子集就可以完成对实际设备的控制。

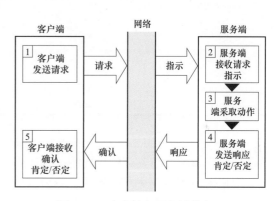

图 7−6　客户端与服务端的交互

制造报文规范 MMS 将实际设备外部可视行为抽象成虚拟制造设备（Virtual Manufacturing Device，VMD）及其包含的对象子集，并通过定义与之对应的一系列操作（即 MMS 服务）实现对实际设备的控制。由于 MMS 和 IEC 61850 都采用抽象建模的方法，因此，只要将 IEC 61850 的信息模型正确地映射到 MMS 的 VMD 及其 MMS 服务，并进行必要的数据类型转换，就可以实现 ACSI 向 MMS 的映射，映射方法准确简单。

IEC 61850−8−1 将 ACSI 对象/服务映射到 MMS 对象/服务的关系见表 7−4。

表 7−4　　　　　　ACSI 对象/服务映射到 MMS 对象/服务的关系

IEC 61850 对象	ACSI 服务	MMS 服务	MMS 对象
Server	GetServerDirectory	GetNameList	VMD
LD	GetLogicalDeviceDirectory	GetNameList	Domain
LN	GetLogicalNodeDirectory	GetNameList	Named Variable

IEC 61850 对象	ACSI 服务	MMS 服务	MMS 对象
Data	GetDataValues SetDataValues	Read Write	Named Variable
DataSet	GetDataSetValues SetDataSetValues CreateDataSet DeleteDataSet GetDataSetDirectory	Read Write DefinedNamedVariableList DeleteNamedVaribleList GetNamedVariableListAttributes	Named Variable List
Association	Associate Abort Release	Initiate Abort Conclude	Application
SettingGroupControl	SelectEditSG SetSGValues ConfirmEditSGValues GetSGValues GetSGCBValues	Write Write Write Read Read	Named Component
BRCB	Report GetBRCBValues SetBRCBValues	Information Report Read Write	Named Component
File	GetFile SetFile DeleteFile	FileGet ObtainFile FileDelete	File

MMS 的描述采用了 ASN.1 的抽象语法标志语言。该符号表示法由 ISO/IEC 8824 规定，是描述数据类型和抽象对象建模的一种通用语言。ASN.1 提供了定义复杂数据类型以及确定这些数据类型值的方法，许多 OSI 应用层协议都采用 ASN.1 作为数据结构定义描述工具，特别是用来定义各种应用协议数据单元（Application Protocol Data Unit，APDU）的结构。

ASN.1 基本编码规则（Basic Encoding Rule，BER）是一种传输语法，并可以把复杂的用抽象语法描述的数据结构表示成简单的数据流。从而便于在通信线路上传送。BER 采用八位位组作为基本传送单位。对于每个所传送的值，其 BER 编码值都由值的类型标识符（Tag）、值的长度（Length）和值的内容（Value）3 个字段组成，如图 7 - 7 所示。

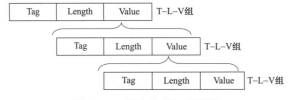

图 7 - 7　基本编码规则格式

标识符字段由一个八位位组（Octet）构成，用来标识值的类型。其每一位定义如图 7－8 所示，bit7、bit6 的组合表示标记的类型，bit5 为 0 表示基本类型，为 1 表示构造类型；bit0～ bit4 表示标记的值。

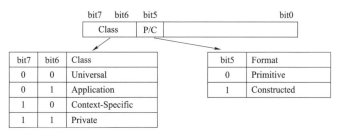

图 7－8　标识符字段的格式

7.3.4　GOOSE 通信技术

GOOSE 报文由于具有较高的实时性,常用于传输对时间要求高的跳闸控制及装置间的联锁等信息。GOOSE 控制块定义了五种服务：发送 GOOSE 报文（SendGOOSEMessage）、读取 GOOSE 数据引用（GetReference）、读取 GOOSE 数据序号（GetGOOSEElementNumber）和读写控制块属性值（GetGoCBValues 和 SetGoCBValues）。其中，GetReference 和 GetGOOSEElementNumber 是对 GOOSE 数据集配置信息的在线获取,可用于对配置信息的校验,它采用双边关联方式,由 GOOSE 服务的客户端向服务端发起查询,它们也被称为 GOOSE 管理服务；GetGoCBValues 和 SetGoCBValues 可以用来对控制块状态进行查询和设置，改变 GOOSE 服务的参数；SendGOOSEMessage 是 GOOSE 通信的主要内容，GOOSE 数据通信基于发布订阅机制，GOOSE 服务提供者（即发布方）通过组播方式向特定订阅方发布 GOOSE 数据报文，订阅方根据预先配置的订阅参数对接收到的报文进行筛选，从合法报文中提取特定数据。

GOOSE 控制块的读写服务基于 C/S 通信方式，其具体通信过程遵循 MMS 的读写服务规范。GOOSE 管理服务和报文发送服务考虑到通信过程的实时性要求，直接映射到基于 IEEE802.3 的链路层规范，其链路层的帧格式见表 7－5。

对于 GOOSE 发送报文，IEC 规定其目的地址为 01－0c－cd－01－00－00－01－0c－ cd－01－ff－ff，TPID 为优先级/VLAN 标识，设置为 0x8100，TCI 用于标识报文的优先级和虚拟网信息，GOOSE 发送报文 TPID 及 TCI 结构见表 7－6。

表 7－5　　　　　　　　　　　　　　　**GOOSE 报文链路层帧格式**

0				
1				
2	头 MAC		目的地址	
3				
4				
5				

6				
7				
8	头 MAC		源地址	
9				
10				
11				
12			TPID	
13	优先级标志			
14			TCI	
15				
16			以太网类型	
17				
18	长度起始		APPID	
19				
20			长度（m＋8）	
21				
22			保留 1	
23				
24			保留 2	
25				
26			APDU（长度为 m）	
m＋26				
1517			（如必要可以补 0）	

表 7－6　　　　　　　　　　　GOOSE 发送报文 TPID 及 TCI 结构

8 位位组		8	7	6	5	4	3	2	1
	TPID		0x8100（依据 802.1Q）						
	TCI		用户优先级		CFI		VID		
		VID							

以太网类型为以太网通信的规约类型，GOOSE 报文为 88～B8；APPID 为变电站内 GOOSE 报文的唯一标识，范围为 0x0000～0x3FFF。

GOOSE 报文的应用协议数据单元（APDU）遵循如下的协议规范：

```
IECGoosePdu :: = SEQUENCE {
    gocbRef              [0]  IMPLICIT VISIBLE – STRING
    timeAllowedtoLive    [1]  IMPLICIT INTEGER
    datSet               [2]  IMPLICIT VISIBLE – STRING
    goID                 [3]  IMPLICIT VISIBLE – STRING OPTIONAL
    t                    [4]  IMPLICIT UtcTime
    stNum                [5]  IMPLICIT INTEGER
    sqNum                [6]  IMPLICIT INTEGER
    test                 [7]  IMPLICIT BOOLEAN DEFAULT FALSE
    confRev              [8]  IMPLICIT INTEGER
    ndsCom               [9]  IMPLICIT BOOLEAN DEFAULT FALSE
    numDatSetEntries     [10] IMPLICIT INTEGER
    allData              [11] IMPLICIT SEQUENCE OF Data
}
```

　　GOOSE 报文数据采用 ASN.1 编码规范编码。

　　由于 GOOSE 的 SendGOOSEMessage 服务映射到多边关联的模式，采用无连接的模式主动发送组播报文，为了保证报文传输的可靠性，采用报文重发的方式，GOOSE 报文传输机制见本书 4.3.2 节。

　　为了表示 GOOSE 报文数据的变化及连续发送的编号，采用 stNum 和 sqNum 两个协议数据。stNum 表示报文数据变化的序号，报文每变化一次，stNum 增加一次，同时更新报文时间 T；sqNum 则表示心跳报文（非数据变化）发送的序号，当发生报文数据变化时，sqNum 从 0 开始。装置上电时的第一帧 GOOSE 报文，stNum 和 sqNum 都为 1。

　　GOOSE 报文中的 gocbRef、dataSet、goID 参数用于标识发起 GOOSE 服务的 GOOSE 控制块，GOOSE 报文的订阅方采用这些参数实现对特定 GOOSE 控制块的订阅。由于 GOOSE 报文采用无连接的多路广播关联方式，其应用层通信链路状态的判别只能采用订阅方判别的方式，判断依据是所接收 GOOSE 报文的 timeAllowedToLive 参数，timeAllowedToLive 一般为最长心跳间隔 T_0 的两倍，当订阅方在超过 2 倍 timeAllowedToLive 时间间隔内，未接收到所订阅的 GOOSE 报文，则认为该 GOOSE 链路发生中断。

7.3.5　采样值通信技术

　　在 IEC 61850 – 7 – 2 中，定义了两种采样值控制块：MSVCB 和 USVCB，前者用于多播方式的采样值，后者用于单播方式，目前国内主要应用 MSVCB。MSVCB 定义三种服务：GetMSVCBValues、SetMSVCBValues 和 SendMSVMessage。其中，GetMSVCBValues 和 SetMSVCBValues 主要用于对控制块进行查询和设置，在具体协议实现上，它映射到 MMS 的读、写服务。由于采样值需要极高的实时性，SendMSVMessage 服务不使用复杂的 TCP/IP 协议簇，而直接映射到 IEC802.3 链路层协议，物理层采用百兆的光纤以太网，其以太网报文具有同表 7 – 5 一致的链路层帧格式。

采用多播方式通信时，目的地址的范围为：01－0c－cd－04－00－00～01－0c－cd－04－01－ff。为了区分与保护应用相关的强实时高优先级的总线负载和低优先级的总线负载，采用了符合IEEE 802.1Q的优先级标记（其结构见上一小节），对用户优先级进行配置，以区分采样值和强实时的、保护相关的GOOSE信息，或低优先级的总线负载。如果不配置优先级，则应采用缺省值4。高优先级帧应设置其优先级为4～7，低优先级帧则为1～3。优先级1为未标记的帧。应避免采用优先级0，因为这会引起正常通信下不可预见的传输时延。VID为虚拟局域网标识，支持虚拟局域网是一种可选的机制，如果采用了这种机制，配置时应设置VID，VID缺省值为0。以太网类型为以太网通信的规约类型，采样值报文为88－ba；APPID为变电站内SV报文的唯一标识，范围为0x4000～0x7fff。

SV 报文的应用层数据单元（APDU）遵循如下的协议规范：

SavPdu :: = SEQUENCE{

    noASDU   [0] IMPLICIT INTEGER (1..65535),

    security   [1] ANY OPTIONAL,

    asdu   [2] IMPLICIT SEQUENCE OF ASDU

}

ASDU :: = SEQUENCE {

    svID   [0] IMPLICIT VisibleString,

    datset   [1] IMPLICIT VisibleString OPTIONAL,

    smpCnt   [2] IMPLICIT OCTET STRING(SIZE(2)),

    confRev   [3] IMPLICIT OCTET STRING(SIZE(4)),

    refrTm   [4] IMPLICIT UtcTime OPTIONAL,

    smpSynch   [5] IMPLICIT BOOLEAN DEFAULT FALSE,

    smpRate   [6] IMPLICIT OCTET STRING(SIZE(2)),

    sample   [7] IMPLICIT SEQUENCE OF Data

}

SV 报文数据采用 ASN.1 基本编码规则编码，其 APDU 帧格式见表 7－7。

7.3.6 一致性测试技术

1. 一致性测试简介

IEC 61850 标准定义了统一的信息模型和通信模型，为实现数字化变电站内不同类型的相同制造商或不同制造商之间的 IED 互连互操作提供基础保障。IEC 61850－10 一致性测试部分为检测 IED 是否符合通信标准，确保不同 IED 之间的互操作，提出了严格的测试要求。一致性和互操作性是制造商和用户客观评价设备或系统支持 IED 61850 的情况的两个方面。互操作性用于判断变电站是否是符合标准的数字化变电站，而一致性测试则是互操作性的基础，是电力自动化设备投入市场前的必经阶段。设备的一致性测试是使用一致性测试系统或模拟器的单个测试源对单个设备进行测试，而系统的互操作性测试是两个系统之间进行互操作性测试，由协议分析仪检验通信过程的正确性。

表 7 – 7　　　　　　　　　　　ASN.1 编码的 1 个 ASDU 的 APDU 帧结构

savPdu	60	L									
noASDU			80	L	1						
Sequence of ASDU			A2	L							
						30	L				
svID								80	L	值	
smpCnt								82	L	值	
confRev								83	L	值	
smpSynch								85	L	值	
Sequence of Data								87	L		
							ASDU 1				值
											值
											值
											值
										数据集	值
											值
											值
											值
											值
ASN.1 标记		L＝Length									

一致性测试的重要性和必要性主要体现以下几个方面：① 一致性测试应于系统集成之前完成，从而可以将在工厂和系统集成时可能出现互操作问题的风险控制在可接受的范围内；② 一致性测试可以给客户提供尽可能大的保障，使设备不管在现在或将来都能与其他经过验证的设备完成互操作；③ IEC 61850 – 10 中正式提出了对 IED 设备通信接口的型式试验即一致性测试，且鉴于市场上存在的大量系统，一致性测试比互操作性测试效率更高；④ 一致性测试是保证设备与 IEC 61850 标准保持一致的重要方法和手段。

2. 一致性测试文档

撰写测试文档是一致性测试之前的重要准备工作。测试之前测试机构一般要求设备供应商提供被测系统或设备的 PICS、PIXIT、MICS 和 TICS 文件，用于恰当地对一致性测试软件进行相关配置。

PICS（Protocol Implementation Conformance Statement）即协议实现一致性陈述，用于汇总被测系统或设备的通信能力，声明支持的通信服务以及需要测试的一致性模块。PICS 帮助测试系统选择适当的测试用例组合，执行适合被测设备一致性要求的测试，为检查静态一致性提供基础，包括检查静态相关配置文件等。

PIXIT（Protocol Implementation eXtra Information for Testing）即用于测试的协议实现额外信息，声明用于测试的协议实现以外的信息，例如，被测系统或设备通信能力的相关特定信息。PIXIT 文件的格式和定义超出了 IEC 61850 标准的范围，不应该被标准化，设备供应商可根据实际情况进行描述。

MICS（Model Implementation Conformance Statement）即模型实现一致性陈述，用于详细说明被测系统或设备支持的数据对象模型，包括逻辑节点列表、公共数据类、枚举类型等模型实现的相关描述。

TICS（Tissues Implementation Conformance Statement）即技术问题实现一致性陈述，用于声明标准外强制的技术问题的实现和应用情况，即对相关的技术问题（Technical Issue，TISSUE）的支持情况进行特别说明。IEC 61850 标准是一个庞大的标准体系，难免存在问题，标准的应用过程也是发现问题的过程，等待标准的修订并重新发布是一个漫长的过程，而工程实践中又亟需标准对这些细节或印刷错误等问题进行澄清，故 WG10 专门建立了网站 http://www.tissues.IEC 61850.com，对各种测试或工程应用中发现的问题进行讨论，并给出统一的处理办法，这就是 TISSUE。TISSUE 影响互操作，因此设备供应商必须提供已实现的 TISSUE 列表。TISSUE 同样影响 UCA 用户组织的测试计划，测试计划需要随时根据 TISSUE 的变化进行更改。

3. 一致性测试流程

一致性测试用于验证作为系统组件的设备的通信行为是否符合 IEC 61850 互操作的具体要求，直接对应用层协议和服务进行测试，间接验证协议和服务的通信配置及框架，但不涉及 ISO/IETF/W3C 标准低层协议的认证测试。因此测试的先决条件为产品供应商应能通过提供文件等方式证明其产品的低层协议遵从至少一个协议栈标准，且已通过相关一致性认证测试。

一致性测试应能够验证传输应用层协议的 IEC 服务、对象和类型映射的正确性（例如 ISO 9506/MMS 等），并且验证数据对象数据类型的有效性。要求分为静态一致性要求和动态一致性要求，分别定义应实现的要求以及定义由协议用于特定实现所引起的要求。静态和动态一致性要求应在 PICS 中规定。对应的静态一致性检查即根据 PICS 等测试文档和配置文件进行逐条检查。图 7-9 详细阐述了一致性测试的相关步骤和流程。

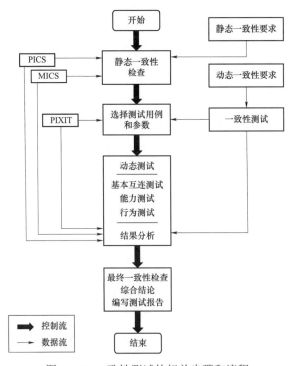

图 7-9　一致性测试的相关步骤和流程

4. 一致性测试系统

实际情况不允许对来自全球范围内不同制造商的 IED 全部系统配置进行测试，因此选用带有设备模拟器的标准化的测试体系结构更符合现实要求。标准的测试体系结构已对相关配置和应用的测试过程进行标准化规定，测试结果可以兼容并且再现。

一致性测试包括使用多种模拟器代表变电站和通信网络里的设备或报文，需要的最小测试系统配置如图 7-10 所示。

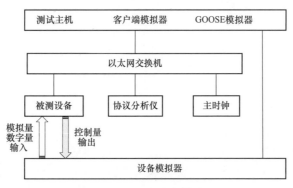

图 7-10　测试系统配置

测试系统的结构中包括：

（1）被测设备（Device Under Test，DUT）。

（2）客户端模拟器，用于与被测设备进行通信。

（3）GOOSE 模拟器，用于发送正确和非正确的 GOOSE 报文。

（4）协议分析仪，用于存储并分析所有测试用例的通信交互报文。

（5）测试主机，用于启动/停止客户端模拟器、GOOSE 模拟器和协议分析仪，记录通信报文，分析测试结果。

（6）主时钟。

（7）以太网交换机。

（8）设备模拟器，用于为 DUT 提供模拟量输入或数字量输入，使 DUT 在测试主机或测试工程师的控制下产生数字量和模拟量的事件。

一致性测试主要的测试工具为客户端模拟器、GOOSE 模拟器、协议分析仪、测试主机和主时钟。以太网交换机为通信载体，负责测试系统各部分之间的物理链路连接，不作为测试工具进行讨论。信号发生器在测试用例的特定环境下触发被测设备产生数字量和模拟量事件，一般不涉及通信，测试辅助工具不作为测试工具进行讨论。

5. 一致性测试结果

在 ISO/IEC 9646 系列标准中规定了三种测试结果，包括通过、失败和无结论。当 DUT 通信结果符合测试用例关注的测试目的及其一致性要求，且没有无效通信过程，则说明 DUT 符合 IEC 61850 标准、TICS 和 PIXIT 规定，测试通过；当 DUT 通信结果有一处及以上不一致或出现无效通信过程，则说明不符合规定，测试失败。如果 IEC 61850 标准、TICS 和 PIXIT

中均没有规定的，DUT 仍应响应语法正确的报文，忽略语法错误的报文，测试不能给出通过或失败的结论即无结论，应查找原因，设法予以解决。

标准要求对于装置支持的所有强制的和有条件的测试用例必须全部通过，被测试装置才能被认可通过一致性测试，测试机构可对其出具相关测试报告和证书，否则必须进行整改。设备支持的有条件的测试用例应根据 SCL、PICS、MICS 和 PIXIT 中的声明确定。

7.4　IEC 61850（第 2 版）

IEC 61850 标准颁布后，在世界各地获得了广泛的推广及应用，但在使用中也暴露出了一些限制与不足，因此，IEC TC57 从 2006 年开始进行 IEC 61850 第 2 版的修订，并于 2009 年开始进行了各部分的陆续发布。

在 IEC 61850 Ed2.0 中，标准的修订主要体现在如下几个方面：

1. 对 IEC 61850 Ed1 进行了修改和完善

IEC 61850 Ed2.0 总结了 IEC 61850 Ed1.0 的应用经验，修改了存在的错误，扩展了数据模型，完善了工程配置语言和通信一致性测试规范，拓展了 IEC 61850 的应用范围。IEC 61850 Ed1.0 原有的 14 个文件有 12 个已被 IEC 61850 Ed2.0 重新修订。IEC 61850 Ed2.0 对 IEC 61850 Ed1.0 已有的逻辑节点和公用数据类进行了修订，增加了一批新的逻辑节点，使逻辑节点总数达到 170 个左右。在 IEC 61850 Ed1.0 所定义的 4 种 SCL 模型文件的基础上，IEC 61850 Ed2.0 增加了 2 种新的模型文件，分别是实例化的 IED 描述文件（Instantiated IED Description，IID）和系统交换描述文件（System Exchange Description，SED），使变电站系统集成过程得到优化。IEC 61850 Ed2.0 完善和优化了 IEC 61850 通信一致性测试流程和案例。

2. 对标准的使用范围进行了扩展

IEC 61850 Ed1.0 的使用范围是变电站内部的设备通信，在第 2 版中，IEC 61850 的定位是电力公共事业间的通信，包括变电站、发电厂、清洁能源、分布式能源、调度中心以及它们之间的通信，并将标准名称变更为电力自动化通信网络和系统。为此，IEC 61850 Ed2.0 在对第 1 版进行修订和补充的基础上，还新增如下相关的标准或技术规范：

（1）7-410：水电厂监视和控制通信。

（2）7-420：分布式能源的通信系统。

（3）7-500：变电站自动化系统逻辑节点应用导引。

（4）7-510：水电厂逻辑节点应用导引。

（5）80-1：基于公共数据类模型应用 IEC 60870-5-101/104 的信息交换。

（6）9-3：电力自动化系统精确时间协议子集，规定了 IEC 61588 对时协议到 IEC 61850 的映射。

（7）90-1：应用 IEC 61850 实现变电站之间的通信。

（8）90-2：应用 IEC 61850 实现变电站和控制中心之间的通信。

3. 对工程实施提出指导规范

新增 90-3 技术报告，给出在输变电一次设备状态监测与诊断领域应用 IEC 61850 的指南。新增 90 - 4 技术报告，针对变电站站控层、过程层网络数据交互的特点，现有的网络通信技术以及对通信可靠性、流量限制、网络安全等方面的要求，分析了网络拓扑结构的各种方式、流量限制的几种技术，同时提出了时钟同步网络的几种同步方式，为变电站建立合理的网络配置提供了方法和依据。90 - 5 技术报告针对广域测量应用，用于规范与 IEC 61850 兼容的方式来传输 IEEE C37.118 所定义的内容与通信任务，并详细规定了在 PMU 和 WAMS 领域应用 IEC 61850 的相关技术。

IEC 61850 Ed2.0 已拓展到配电领域的应用，未来 IEC 61850 - 7X0 的系列标准会完成需求侧管理、计量服务、家庭自动化、分布式自动化等领域的共享信息模型的定义，为智能配电网的建设提供相关准则。

IEC 61850 Ed2.0 涵盖了目前电力企业生产的发、输、配、用等各个环节，涉及电网的实时运行监控、新能源的监控和接入、电能质量管理、一次设备在线状态监测、资产管理、广域系统保护等各个方面，将会对全世界范围内电力公用事业的信息共享、调度协调、系统安稳起到不可替代的作用。

第8章 网络通信技术

8.1 概述

智能变电站是智能电网的重要组成部分，其主要作用是为智能电网提供标准可靠的节点（包含一次、二次设备和系统）支撑。它要求站内信息与电力调度全面共享互动，实现基于状态的全寿命周期综合优化管理，并且进行全网运行数据统一采集，实时信息共享以及电网实时控制和智能调节，支撑各级电网的安全稳定运行和各类高级应用。

智能变电站综合自动化系统基于 IEC 61850 标准，具有设备检修状态化、分层分布式系统体系架构、标准化的信息系统建模方法、网络化的通信信息交互模式、信息化的采集数据模式、应用信息系统集成化模式、比较紧凑的系统结构、智能化的操作设备方式的特点。

8.2 智能变电站网络通信架构及主要构成

8.2.1 智能变电站网络结构

智能变电站通信网络采用 IEC 61850 国际标准。IEC 61850 标准将变电站在结构上划分为站控层、间隔层和过程层，并通过分层、分布、开放式网络系统实现连接。站控层与间隔层之间的网络称为站控层网络，间隔层与过程层之间的网络称为过程层网络。站控层网络和过程层网络承载的业务功能不同，在以往的技术条件下，为了保证过程层网络的实时性和安全性，站控层网络与过程层网络物理分开。

目前的智能变电站内主要为"三层两网"的结构，如图 8-1 所示，包括站控间隔层组网（间隔层和站控层之间的网络）及过程层混合组网（过程层设备和间隔层设备间的网络、过程层设备之间的网络包括 GOOSE、SV 网及点对点方式）。

8.2.2 智能变电站网络构成

1. 站控层网络

站控层网络是站控层与间隔层之间的联系，是利用局域网实现的。在智能变电站系统中通常会具备一个统一的站控层网络，在站控层网络中会接入站内各个电压等级的测控以及保护等设备。通常情况下，具有以下四个网络技术特点：

（1）全站范围内的站控层和间隔层之间、站控层之间、间隔层之间的数据都是通过以太网交互接口方式实现通信的。

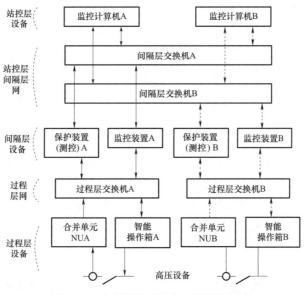

图 8 - 1　典型智能变电站三层两网结构

（2）站控层具有校验数据、监测故障以及自行恢复故障等功能，可以利用相关的硬件与软件对系统展开便捷的维护，进而确保相应工作的开展尽可能小地影响系统的正常运行。

（3）对 GOOSE 网的联闭锁信息以及制造报文规范（MMS）的信息传输有一定的支持作用。

（4）站控层包含的所有设备均具有唯一 IP 地址，确保在整个网络的运行中不会出现 IP 地址冲突的现象。

2. 过程层网络

过程层设备主要是由智能设备、互感器等连接一次设备组成的。过程层的智能设备主要包括智能终端和合并单元两种类型。合并单元能够接收互感器输出的电子式电压电流采样值，并对这些接收的采样值开展验证以及合并的操作，进而利用通信的方式将这些处理之后的采样值传输给间隔层。过程层网络是过程层与间隔层之间的联系，是利用 GOOSE 网以及 SV 网进行通信连接的。过程层网中接入的设备主要有智能终端、合并单元、测控设备、故障录波设备以及保护设备等，能够定位一次设备传输数据的本体位置，并且发出告警信息，实现智能终端与合并单元的信息自检以及重合闸、保护跳闸、测控遥控分闸、保护失灵启动等相关信息的传输。从数据传输的安全可靠性方面考虑，应当对采用的 GOOSE 网以及 SV 网根据电压等级开展不同的组网方式，进而实现交换机的独立配置。

8.3　关键技术

8.3.1　站控层网络通信技术

1. 以太网通信技术

随着计算机及信息技术的发展，以太网技术逐渐取代串行通信技术，成为变电站站控层网络的基本通信框架。变电站采用的以太网是应用于工业控制领域的以太网技术，在技术上与商用以太网（即 IEEE 802.3 标准）兼容，但是实际产品和应用却又完全不同。这主要表现普通商用以太网的产品设计时，在材质的选用、产品的强度、适用性以及实时性、可互操作性、可靠性、抗干扰性、本质安全性等方面不能满足变电站现场的需要。工业以太网的特点有：

（1）应用广泛。以太网是应用最广泛的计算机网络技术，几乎所有的编程语言如 Visual C++、Java、VisualBasic 等都支持以太网的应用开发。

（2）通信速率高。10Mbit/s、100Mbit/s 的快速以太网已广泛应用，1Gbit/s 以太网技术也逐渐成熟，而传统的现场总线最高速率只有 12Mbit/s（如西门子 Profibus-DP）。显然，以太网的速率要比传统现场总线要快得多，完全可以满足工业控制网络不断增长的带宽要求。

（3）资源共享能力强。随着 Internet/Intranet 的发展，以太网已渗透到各个角落，网络上的用户已解除了资源地理位置上的束缚，在接入互联网的任何一台计算机上就能浏览工业控制现场的数据，实现"控管一体化"，这是其他任何一种现场总线都无法比拟的。

（4）可持续发展潜力大。以太网的引入将为控制系统的后续发展提供可能性，用户在技术升级方面无需独自的研究投入，对于这一点，任何现有的现场总线技术都是无法比拟的。同时，机器人技术、智能技术的发展都要求通信网络具有更高的带宽和性能，通信协议有更高的灵活性，这些要求以太网都能很好地满足。

（5）扩展灵活性强。在变电站扩建或改造过程中，采用以太网技术接入的终端设备，可灵活按需接入以太网，不影响变电站内其他终端设备运行，可以一部分设备运行，另一部分设备进行调试和安装，更好地满足了变电站供电可靠性的要求。

一个典型的工业以太网，有以下三类网络器件：一是网络部件，主要包括终端设备、工程师站等需要接入以太网的设备；二是连接部件，主要是工业以太网交换机；三是通信介质，主要包括普通双绞线、工业屏蔽双绞线和光纤。

2. 冗余通信技术（双星形、环网、双环网）

变电站通信是不允许出现网络中断的，因此必须采用冗余网络，以确保整个网络在某一网络设备故障，而不影响整个网络的正常通信。网络主要是由全部的节点设备以及设备之间的连接组成的。因此，网络中的故障也主要包括节点设备的故障与连接故障两种。常见的节点设备的故障有硬件故障和软件故障。

冗余主要包括电源冗余、交换机冗余、模块冗余、链路冗余和软件冗余等若干种。其中从网络连接方式上看，冗余以太网主要有双星形冗余以太网、PRP 双冗余以太网、HSR 高可靠性环网技术等。

8.3.2 过程层网络通信技术

1. 过程层网络对时技术

在目前可利用的时钟基准源中，卫星对时有其独具的优越性，是最佳的候选同步时间源。其输出的秒脉冲统计误差为 1μs，且没有累积误差，能够满足许多应用领域对同步时钟的要求。变电站接收时间源发出的标准时秒脉冲信号（Pulse Per Second，PPS），在每个秒脉冲信号到来后，通过专门的电缆向全站所有智能电子设备（IED）发送同步脉冲。各个 IED

在接收到同步脉冲后，通过软件解码出系统的同步计时点，并通过该值校正装置自身的计时时钟。这种方案能实现同时与多个 IED 对时，并且简单易行。但是，变电站数字化的发展趋势使得站内二次硬接线被串行通信线所取代。PPS 对时脉冲直接对时系统已表现出了一定的局限性。

针对变电站这种一体化的通信网络和更高的同步精度要求，IEC 61850 引入了简单网络时间协议（SNTP）。SNTP 是网络时间协议（NTP）的简化，应用于简单网络中。作为使用最为普遍的国际互联网时间传输协议，SNTP 的应用已较为成熟，在一定的网络结构下，SNTP 的对时精度可在大多数情况下保持在 1ms 以内。但是实现 25μs 的对时精度还是很困难的。而 IEC 61850 标准对 IED 最高等级的同步精度要求达到±1μs。

IEEE 1588 是应用于工业控制和测量领域的具有亚微秒级同步功能的精确时钟同步协议（PTP）。一个 IEEE 1588 精确时钟系统包括普通时钟（仅有一个 PTP 端口）、透明时钟和边界时钟（具有多个 PTP 端口），系统的每个节点均被认为是一个时钟，通过以太网将整个系统的时钟相连接。系统中的时钟工作在主时钟（Master Clock）、从时钟（Slave Clock）和无源时钟（Passive Clock）三种状态。系统中的源时钟称为超主时钟（Grandmaster Clock）。具体的时钟状态则是由最佳主时钟（Best Master Clock，BMC）算法所确定。

2. 过程层网络同步采样技术

ECT、EVT 采样值信息在数字化变电站中共享，为了避免幅值与相位的误差，母线保护设备、变压器保护设备要求同一间隔 ECT、EVT 采样数据之间保证时间同步，不同间隔 ECT、EVT 采样值数据之间也要保证时间同步，线路保护设备要求不同变电站之间采样数据保持时间同步。数字化变电站时间同步系统主要由 ECT、EVT 信号处理中 A/D 采样时序和时标参考基准源组成，IEC 61850 并没有给出数字化变电站采样值同步的具体实现方法。目前 A/D 采样时序普遍采用的是时钟分频、倍频技术，时标参考系统普遍采用的是 GPS、北斗、IEEE 1588 对时技术。工程应用中所遇到的主要问题是时间同步系统长期稳定性差及各厂家对 ECT、EVT、MU 等环节的处理方式不一致，导致采样数据时序不同步。

（1）过程层采样时序。

由 MU 发出统一的采样同步脉冲至同一间隔中的 ECT、EVT，在 ECT、EVT 信号处理系统中对本地时钟信号进行分频、倍频处理后与采样同步脉冲信号锁相。发送 A/D 采样时序，确保同一间隔中所有 ECT、EVT 采样值同步。MU 同步采样结构如图 8-2 所示。所对应的 12 路 ECT、EVT 均以 MU 采样同步脉冲信号为基准保持同步采样。

为确保站内间隔之间、站与站之间所有采样脉冲同步，所有 MU 发送至 ECT、EVT 的基准信号应保持绝对同步，必须引入系统时标参考源作为 MU 的时钟基准参考。目前，同步时钟参考信号可以选择 GPS、北斗、原子钟或者 IEEE 1588 精密时钟源。MU 收到外部基准时钟信号后，经过处理，即刻发送至 ECT、EVT 形成 A/D 转换芯片的同步转换脉冲。

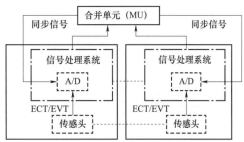

图 8-2　MU 同步采样结构

（2）时标参考源误差。

时间源发送频率为 1Hz 的秒脉冲至 MU 同步模块作为时标信号，在 ECT、EVT 中以该时标信号为基准，对本地晶振输出进行分频、鉴相、锁相等操作，在实际使用时，受天气、电磁环境、接收机可靠性等方面的影响，时间源信号存在丢帧、受干扰等异常情况时，必须考虑兼容设计。如果晶振精度比较高，时间源故障短时间不会影响系统同步，但晶振的漂移、抖动等因素，长时间运行必然会导致采样值失步。

鉴于时间源同步信号故障情况的兼容设计，建议 MU 具备产生本地同步基准信号的功能，考虑到高频晶振存在抖动、漂移大、间歇振荡、可靠性低等不稳定因素，建议采用低频率且高可靠性晶振，并在 ECT、EVT 信号处理中加入故障判别、故障报告功能。考虑到 GPS 受军事、政治等因素的影响，可考虑接收国产北斗卫星发送的协调世界时 UTC 信号。

随着芯片技术及高速以太网数据通信技术的发展，IEC 61850－9－2 将 IEEE 1588 精密时钟同步校时协议引入数字化变电站的对时应用中，IEEE 1588 基于 TCP/IP 的网络协议，采用分布式网络多播报文传送技术的对时方式，为抑制分布式系统中各设备之间的时钟误差提供了有效途径。该协议根据系统各节点的时钟精度及时间可溯源性，采用最佳时钟算法选择区域内的主时钟。以主时钟为基准，在包括时间标记的网络数据报文中计算各节点设备与主时钟的时间偏移量及传输延迟，并及时反馈调节各节点设备的时间，保证分散节点设备上独立运行的时钟与主时钟同步对时，对时精度可达亚微秒，且具有更高的可靠性。

（3）时序处理误差。

ECT、EVT 同步采样频率由每周期采样点数决定，IEC 61850－9－1 规定每周期最大采样率为 200 点，IEC 61850－9－2 规定每周期最大采样率为 256 点，分别对应的采样频率为 10kHz、12.8kHz，并且规定采样值同步误差小于 1μs。

（4）时间同步系统。

数字化变电站时间同步系统结构如图 8－3 所示。该时间同步系统兼容了站内及站间的同步性能，实现了基于 IEEE 1588 网络时间同步的 GPS、北斗、SDH 多源授时统一时间同步系统的应用。变电站内时标管理系统可以接收 GPS、北斗信号以及上级调度通过 SDH 通道传送的时钟同步信号，并且可以设置优先级别，从而确保时标系统的可靠性。

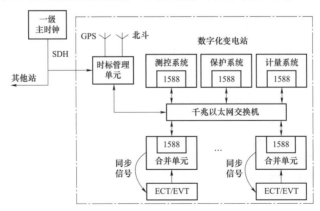

图 8－3　数字化变电站时间同步系统结构

　　过程层 MU 及间隔层测控设备、保护设备、计量设备均通过支持 IEEE 1588 的千兆以太网交换机进行对时，MU 与 ECT、EVT 之间仍进行串行同步采样。未来 ECT、EVT 接口升级为支持 IEC 61850-9-2 标准的以太网接口，可以不通过 MU 直接与交换机对接，采样值直接上送以太网。变电站与变电站之间通过 SDH 链路与上级调度一级主时钟同步，同步精度优于 1μs，确保变电站之间的时间同步。

　　3. 过程层网络可靠性技术

　　IEC 60870-4 标准对可靠性的定义为："设备或系统在特定时间内和特定情况下，执行其预期功能的能力"。智能变电站系统的可靠性是通过一系列可靠性指标来衡量的。

　　根据智能变电站的特点，提高其可靠性的基本途径有：① 用光缆代替铜缆，用以太网总线代替二次连接导线，以大幅度减少系统中元件的数量；② 利用网络冗余和功能冗余；③ 充分利用系统和元件的自检和监视。

　　（1）功能冗余。

　　与传统变电站系统一样，可以采用功能冗余以提高系统可靠性。以保护功能为例，图 8-4 中两套保护系统具有完全独立的互感器、合并单元、交换机及保护设备。

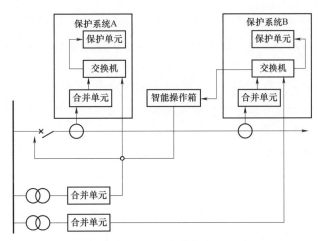

图 8-4　功能冗余

　　（2）网络冗余。

　　与传统变电站不同的是，数字化变电站内的通信网络直接参与保护和测控的功能，其可靠性将直接影响变电站自动化系统的可靠性。为了提高通信网络的可靠性，通常采用的是网络冗余设计，如图 8-5 所示。

　　IEC 62439 标准中提出利用并行冗余协议（Parallel Redundancy Protocol，PRP），以提高系统的可靠性。基于 PRP 的冗余网络要求装置包含双以太网控制器和双网络端口，分别接入两个完全独立的以太网，实现装置通信网络的冗余。

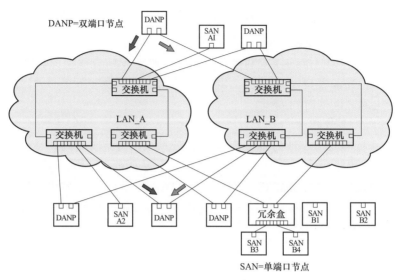

图 8 - 5 网络冗余

（3）风暴功能抑制。

1）交换机采用基于内容感知处理器的流量限制技术。交换芯片报文处理流程分为三个环节，分别是报文接收、内部调度和报文发送，可以实现报文解析、内容识别、策略执行、内部调度。借助交换芯片的硬件，可以完成目标流量识别的处理过程。如果瞬时流量大于设定平均流量，消耗掉内存中的令牌后，实现流量限制。对于不同目标的报文字段进行配置，就可以对各个类型的报文进行有效区分，以便能够精确地控制流量。在工程实践中，流量管理方面，可以将静态组播形式赋予应用，对一条静态组播信息进行配置的同时，对流量限制阈值进行合理设置。智能变电站 GOOSE 只有较小的平均流量，但是波动却比较大，因此在对流量限制阈值进行配置时，就可以设置较小的平均流量值，设置稍大的突发流量值。SV 数据流比较均匀，有着较小的突发流量值，要充分考虑实际带宽来设置流量限制的平均流量值，只需要略高出即可。MMS 借用 TCP/IP 协议，具备容错和恢复能力，如果有网络风暴出现于 MMS 的内部，那么允许中断通信，停止风暴之后进行恢复。

2）FPGA 风暴报文的识别及过滤技术。基于 FPGA 的网络风暴过滤技术，通过硬件计算特征值的方式来识别并过滤风暴报文，不占用处理器资源，特别适用于数字化变电站二次设备，能有效提高设备抵抗网络风暴的能力。

8.3.3　以太网交换机关键技术

变电站自动化技术应用中，以太网交换机承载数据信息的传输和信息共享作用。

1. VLAN 技术

（1）VLAN 技术简介。

虚拟局域网 VLAN 技术，是将一个物理的 LAN 在逻辑上划分成多个广播域的通信技术。VLAN 内的主机间可以直接通信，但 VLAN 间不能直接互通，从而将广播报文限制在一个

VLAN 内。

以太网是一种基于载波侦听多路访问/冲突检测（Carrier Sense Multiple Access/Collision Detection，CSMA/CD）的共享通信介质的数据网络通信技术。当主机数目较多时，会导致冲突严重、广播泛滥、性能显著下降甚至使网络不可用等问题。通过交换机实现 LAN 互联虽然可以解决冲突（collision）严重的问题，但仍然不能隔离广播报文。

在这种情况下出现了 VLAN 技术，这种技术可以把一个 LAN 划分成多个逻辑的 VLAN，每个 VLAN 是一个广播域，VLAN 内的主机间通信就和在一个 LAN 内一样，而 VLAN 间则不能直接互通，因此广播报文就被限制在一个 VLAN 内，如图 8-6 所示。

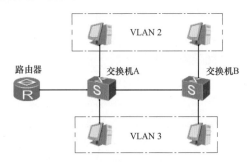

图 8-6 VLAN 示意图

VLAN 的主要作用：

1）限制广播域。广播域被限制在一个 VLAN 内，节省了带宽，提高了网络处理能力。

2）增强局域网的安全性。不同 VLAN 内的报文在传输时是相互隔离的，即一个 VLAN 内的用户不能和其他 VLAN 内的用户直接通信。

3）提高了网络的健壮性。故障被限制在一个 VLAN 内，本 VLAN 内的故障不会影响其他 VLAN 的正常工作。

4）灵活构建虚拟工作组。用 VLAN 可以划分不同的用户到不同的工作组，同一工作组的用户也不必局限于某一固定的物理范围，网络构建和维护更方便。

目前划分 VLAN 的方式有以下几种：

① 基于接口：根据设备的接口编号来划分 VLAN。主机所属的 VLAN 由主机所连的网络设备接口所属的 VLAN 决定。

② 基于 MAC 地址：根据主机网卡的 MAC 地址来划分 VLAN。

③ 基于网络层协议：根据数据帧中的协议字段来划分 VLAN。例如，一个网络既有 IP 协议又有 IPX 协议运行时，可以将运行 IP 的主机划分为一个 VLAN，将运行 IPX 的主机划分为另一个 VLAN。

④ 基于网络地址：根据数据报文中的 IP 地址来划分 VLAN。

⑤ 基于应用层协议：IEEE 颁布了 802.1Q 协议标准，定义了基于接口和 MAC 地址划分 VLAN 的标准。

（2）VLAN 基本通信原理。

为了提高处理效率，交换机内部的数据帧都带有 VLAN Tag，以统一方式处理。当一个数据帧进入交换机端口时，如果缺少 VLAN Tag，且该端口上配置了基于端口的 VLAN 编号（Port-base VLAN ID，PVID），那么该数据帧就会被标记上端口的 PVID。如果数据帧已经带有 VLAN Tag，那么即使端口已经配置了 PVID，交换机不会再给数据帧标记 VLAN Tag。由于端口类型不同，交换机对帧的处理过程也不同。

2. 链路聚合

（1）链路聚合的引入。

随着以太网技术在城域网和广域网领域的广泛应用，运营商对采用以太网技术的骨干链路带宽和可靠性提出越来越高的要求。在传统技术中，常用的增加带宽的方式是更换高速率的接口板设备来实现，但这种方案需要付出高额的费用，而且不够灵活。采用链路聚合技术可以在不进行硬件升级的情况下，通过将多个物理接口捆绑为一个逻辑接口实现增大链路带宽的目的。在实现增大带宽目的的同时，链路聚合采用备份链路的机制，可以有效地提高设备之间链路的可靠性。

（2）链路聚合的概念。

链路聚合是将一组物理接口捆绑在一起作为一个逻辑接口来增加带宽及可靠性的方法。相关的协议标准请参考 IEEE 802.3ad。

将若干条物理链路捆绑在一起所形成的逻辑链路称之链路聚合组或者 Trunk。如果这些被捆绑链路都是以太网链路，该聚合组被称为以太网链路聚合组（Eth－Trunk），该聚合组接口称之为 Eth－Trunk 接口。组成 Eth－Trunk 接口的各个接口称为成员接口（图 8－7）。

图 8－7　Eth－Trunk 接口

Eth－Trunk 接口可以作为普通的以太网接口来使用，它与普通以太网接口的区别只在于转发时，Eth－Trunk 接口需要从众多成员接口中选择一个或多个接口来进行转发。所以，除了一些必须在物理接口下配置的特性，可以像操作普通以太网接口那样操作 Eth－Trunk 逻辑接口，但不能把 Eth－Trunk 接口再捆绑为另一个 Eth－Trunk 接口的成员。

3. 生成树协议

（1）生成树协议的引入。

1）STP。IEEE 于 1998 年发布的 802.1D 标准定义了生成树协议（Spanning Tree Protocol，STP）。STP 是数据链路层的管理协议，用于二层网络的环路检测和预防。STP 可阻塞二层网络中的冗余链路，将网络修剪成树状，达到消除环路的目的。但是，STP 拓扑收敛速度慢，即使是边缘端口也必须等待 2 倍转发延时（forward delay）定时器的时间（缺省为 30s）延迟，端口才能迁移到转发状态。

2）RSTP。IEEE 于 2001 年发布的 802.1W 标准定义了快速生成树协议（Rapid Spanning Tree Protocol，RSTP）。RSTP 在 STP 基础上进行了改进，实现了网络拓扑快速收敛。但 RSTP 和 STP 还存在同一个缺陷，即由于局域网内所有的 VLAN 共享一棵生成树，因此无法在 VLAN 间实现数据流量的负载均衡，还有可能造成部分 VLAN 的报文无法转发。

（2）生成树协议的基本概念。

1）端口角色。MSTP 中的端口角色主要有根端口、指定端口、边缘端口、Alternate 端口、

Backup 端口、Master 端口和域边缘端口。除边缘端口外，其他端口角色都参与 MSTP 的计算过程。同一端口在不同的生成树实例中可以担任不同的角色。

2）根端口。在非根交换机上，离根交换机最近的端口是本交换机的根端口。根交换机没有根端口。根端口负责向树根方向转发数据。在图 8−8 中，交换机 A 为根交换机，CP1 为交换机 C 的根端口，BP1 为交换机 B 的根端口。

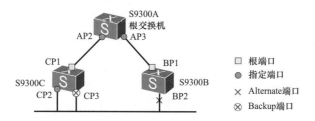

图 8−8　根端口、指定端口、Alternate 端口和 Backup 端口示意图

3）指定端口。对一台交换机而言，它的指定端口是指在上游交换机上，向本机转发 BPDU 的端口。指定端口负责向下游网段或交换机转发数据。图 8−8 中 AP2 和 AP3 为交换机 A 的指定端口，CP2 为交换机 C 的指定端口。

4）边缘端口。如果指定端口位于整个域的边缘，不再与任何交换机连接，这种端口叫作边缘端口。边缘端口一般与用户终端设备直接连接。

5）Alternate 端口。从发送 BPDU 来看，Alternate 端口就是由于学习到其他交换机的发送的 BPDU 而被阻塞的端口。从转发用户流量来看，Alternate 端口提供了从指定交换机到根交换机的一条备份路径。Alternate 端口是根端口的备份端口，如果根端口被阻塞后，Alternate 端口将成为新的根端口。图 8−8 中 CP2 为 Alternate 端口。

6）Backup 端口。当同一台交换机的两个端口互相连接时就存在一个环路，此时交换机会将其中一个端口阻塞，Backup 端口就是被阻塞的那个端口。图 8−8 中 CP3 为 Backup 端口。

从发送 BPDU 来看，Backup 端口就是由于学习到自己发送的 BPDU 而被阻塞的端口。从转发用户流量来看，Backup 端口，作为指定端口的备份，提供了一条从根交换机到叶节点的备份通路。

4. 组播特性

（1）组播概述。作为以太网传输三种方式之一，组播通信指的是组播报文从一个源发出，而被转发到一组特定的接收者。相较于传统的单播和广播，IP 组播可以有效地节约网络带宽，降低网络负载，所以在 IPTV、实时数据传送和多媒体会议等诸多方面都有广泛的应用。

（2）组播传输的特点是一点发出，多点接收。如图 8−9 所示为组播的传输模型示意图，网络中

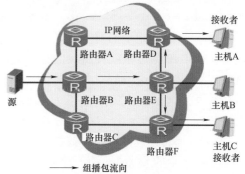

图 8−9　组播的传输模型示意图

存在信息发送源 Source，感兴趣的用户 HostA 和 HostC 提出信息需求，Source 发出的数据只有 HostA 和 HostC 会接收到。

1）组播组。组播组使用一个 IP 组播地址标识。任何用户主机（或其他接收设备）加入一个组播组，就成为该组成员，可以识别并接收以该 IP 组播地址为目的地址的 IP 报文。

2）组播源。以组播组地址为目的地址，发送 IP 报文的信源称为组播源。一个组播源可以同时向多个组播组发送数据。多个组播源可以同时向一个组播组发送报文。

3）组播组成员。组播组中的成员是动态的，网络中的用户主机可以在任何时刻加入和离开组播组。组成员可能广泛分布在网络中的任何地方。

（3）二层组播。为了在本地物理网络上实现组播信息的正确传输，除了需要提供网络层 IP 组播，还需要提供链路层组播即二层组播。当链路层应用以太网时，二层组播使用组播 MAC 地址。必须存在一种技术将 IP 组播地址映射到组播 MAC 地址。

以太网传输单播 IP 报文的时候，目的 MAC 地址使用的是接收者的 MAC 地址。但是在传输组播报文时，报文的目的地不再是一个具体的接收者，而是一个成员不确定的组播组，所以使用的是组播 MAC 地址。

二层组播功能主要包括静态二层组播、GMRP、IGMP Snooping、IGMP Proxy。

组播 MAC 地址的高 24bit 为 0x01005e，第 25bit 为 0，低 23bit 为组播 IP 地址的低 23bit，其映射关系如图 8-10 所示。

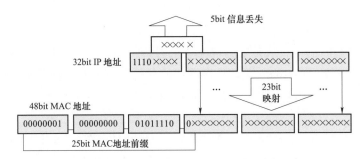

图 8-10 组播 IP 地址与组播 MAC 地址的映射关系

例如，某组播组的组播 IP 地址为 224.0.1.1，则该组播组的组播 MAC 地址为 01-00-5e-00-01-01。

由于 IP 组播地址的前 4bit 是 1110，代表组播标识，而后 28bit 中只有 23bit 被映射到 MAC 地址，这样 IP 地址中就有 5bit 信息丢失，直接的结果是出现了 32 个 IP 组播地址映射到同一 MAC 地址上，当按 MAC 地址转发时，如果发生地址冲突，请将配置修改成按 IP 地址转发组播数据。例如，组播 IP 地址为 224.0.1.1、224.128.1.1、225.0.1.1、239.128.1.1 等组播组的组播 MAC 地址都为 01-00-5e-00-01-01。

1）组播转发表的维护。数据链路层设备可以识别二层数据帧中的 MAC 地址信息，根据二层数据帧中的 MAC 地址进行转发，并将这些 MAC 地址与对应的接口记录在自己内部的一个地址表中。

组播转发表项有两种：静态表项和动态表项。静态表项是用户手工配置的，不会老化。

动态表项是通过运行在链路层设备上的协议维护的。动态表项具备老化功能，到达老化时间而未被更新的动态转发表项将被删除。

有了组播转发表，链路层设备就可以根据组播转发表项，将来自上游的组播数据报文转发给接收者主机。

2）静态二层组播。在二层组播中，除了通过二层组播协议动态建立组播转发表项外，还可以通过手工配置组播地址，将接口与组播地址表项进行静态绑定，即静态二层组播。

（4）QoS。传统 IP 网络的尽力服务不可能识别和区分出网络中的各种业务类型，而具备业务类型的区分能力正是为不同的业务提供差异化服务的前提，所以传统网络的尽力服务模式已不能满足应用的需要。服务质量（Quality of Service，QoS）技术致力于解决这个问题。QoS 用于评估服务方满足客户服务需求的能力，在 Internet 中，QoS 用于评估网络传送分组的服务能力。由于网络提供的服务是多样的，因此可以基于不同方面进行评估。通常所说的 QoS，是对分组投递过程中可为带宽、时延、时延抖动、丢包率等核心需求提供支持的服务能力的评估。

QoS 可以对网络流量进行调控，避免并管理网络拥塞，减少报文丢包率。同时支持为用户提供专用带宽，为不同业务提供不同的服务质量等，完善了网络的服务能力。用户可以根据业务需要保证不同业务的不同需求，如保证时间敏感业务的低时延、多媒体业务的带宽保证等。

1）带宽：又可称为吞吐量，表示一定时间内业务流的平均速率，单位通常为 kbit/s。

2）时延：表示业务流穿过网络时需要的平均时间。对于网络中的一个设备来说，一般将时延的需求理解为几种等级。例如，分为两种时延等级，通过优先队列的调度方法使得高优先级的业务尽可能快地获得服务，而低优先级的业务则需要等待没有高优先级业务时才能获得服务。

3）时延抖动：表示业务流穿过网络的时间的变化。

4）丢包率：表示业务流在传送过程中的丢失比率。由于现代的传输系统具有很高的可靠性，信息的丢失往往发生在网络出现拥塞时。最常见的情况是队列溢出导致分组丢失。

为了在 Internet 上针对不同的业务提供有差别的 QoS 服务质量，人们根据报文头中的某些字段记录 QoS 信息，从而让网络中的各设备根据此信息提供有差别的服务质量。这些和 QoS 相关的报文字段包括 IP 报文的优先级 TOS 字段，VLAN 帧头中的 802.1p 优先级如图 8－11 所示。

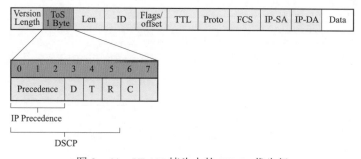

图 8－11 VLAN 帧头中的 802.1p 优先级

当网络间歇性地出现拥塞，且时延敏感业务要求得到比非时延敏感业务更高质量的 QoS 服务时，需要进行拥塞管理；如果配置拥塞管理后仍然出现拥塞，则需要增加带宽。拥塞管理一般采用队列技术，使用不同的调度算法来发送队列中的报文流。

根据排队和调度策略的不同，设备 LAN 接口上的拥塞管理技术分为 PQ、DRR、PQ + DRR、WRR 和 PQ + WRR，WAN 接口上的拥塞管理技术分为 PQ、WFQ 和 PQ + WFQ。

图 8 – 12 是拥塞管理示意图。

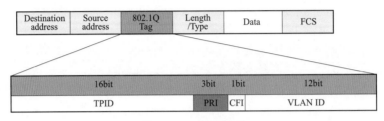

图 8 – 12 拥塞管理

8.3.4 网络通信报文记录分析技术

智能变电站的主要特征之一就是以交换式以太网和光缆组成的网络通信系统替代以往的二次连接电缆和回路。过程层、间隔层、变电站层之间按符合 IEC 61850 标准的协议进行通信。为了分析和定位具体的故障环节，需要完整地记录智能变电站中各智能单元之间的通信过程。为适应变电站通信和连接回路的变迁，网络通信报文记录分析技术逐步发展完善。智能变电站网络通信报文记录分析技术主要作用于智能变电站过程层、间隔层及站控层，记录分析网络系统内的所有通信报文，使自动化系统的运行状况直观透明，及时发现异常运行状态并进行报警处理。通过离线分析找出系统内部出现问题的关键点，分析问题出现原因，并引导人工更快地制订出解决方案。

作为这项技术的载体，网络报文记录分析装置应运而生。网络报文记录分析装置对智能变电站全站各种网络报文进行实时监视、捕捉、存储、分析和统计。智能变电站的网络记录分析的范围包括：

（1）实时监视、记录全站 SV 报文、GOOSE 报文、MMS 报文及其他未识别报文。

（2）实时分析、诊断通信网络的健康状况和通信数据异常情况，提前发现通信网络的薄弱环节和故障设备。

1. 网络报文记录分析装置的逻辑组成

按照功能划分，网络报文记录分析装置的逻辑结构如图 8 – 13 所示，主要由报文接收模块、报文记录模块和报文分析模块三个功能模块组成。网络报文记录分析装置能对基于 IEC 61850 通信网络的通信全过程进行报文记录，包括 MMS 通信网络、GOOSE 通信网络和 SMV

图 8 – 13 网络报文记录分析装置的逻辑组成

采样值通信网络的报文记录。通过分析模块对记录的报文进行详细分析，给出相关分析结果。

报文接收模块主要接收网络的报文，同时对所有接收到的报文打上精准时标，以方便查询与分析。打过时标的报文传递给记录模块进行记录或者直接存储在存储介质中。

报文记录模块主要把各层网络的通信报文无遗漏地记录下来。由于各层网络的流量不一样，特别是采样值网，1s 的采样速率一般为 4kbit/s，导致记录文件的量比较大，例如主变采样回路，10min 的文件达 500MB 左右。而存储的容量是有限的，因而需要依据所记录的通信流量确定记录文件保存的时间和记录存储介质的容量，一旦当记录文件的记录容量达到最大值后，采用覆盖历史记录的方式进行记录。

报文分析模块一般位于报文分析主机上，可以手工从各记录模块下载记录文件，通过安装于主机上的规约分析模块对记录报文按逻辑通道进行报文详细分析。具备对报文各层面进行分析的能力，能够直观显示通信规约整个过程；具备显示分析报文的类型、报文内容，跟随报文给出明确的报文分析结果；具备故障报文定位和应用报文定位与查找功能，能够根据逻辑通道、时间等关键字对报文内容等单个或组合条件进行查询。

2. 网络报文记录分析装置的配置与接入

在变电站中，智能变电站网络报文分析的采集和分析功能由网络报文分析装置采集单元集成，分析功能由网络报文分析装置管理单元完成。一套智能变电站网络报文分析系统采用"1 台管理单元 + N 台采集单元"的模式构成。根据变电站的实际情况，可采用多台采集单元完成全站报文的采集。

网络报文记录分析装置一般集中配置。一套网络报文记录分析装置既提供电口以太网接口，用来监视站控层网络；又提供光纤以太网接口，用来监视过程层网络。图 8 – 14 给出了

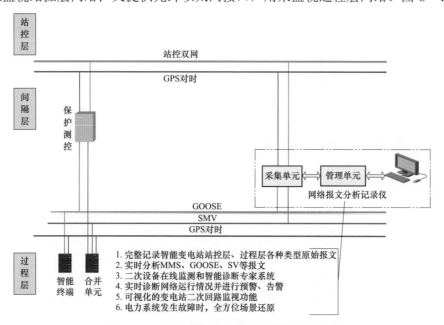

图 8 – 14　网络报文记录分析装置的接入方式

网络记录分析装置的接入方式，该套设备接入两个网络。

（1）接入过程层网络。接收各合并单元提供的采样值数据，接收各智能终端提供的断路器状态和各保护装置发出的各类跳闸和告警信号，装置保存过程层的所有网络报文。

（2）接入站控层网络。主要用来记录站控层的网络报文信息。

第9章　数字化计量技术

9.1　概述

在数字化变电站中，传统的电能计量系统已不再适用，取而代之的是数字化电能计量系统。数字化电能计量系统由电子式互感器、合并单元、数字化电能表、电能量采集终端等组成，相较于传统电能计量系统中的电磁式互感器与电子式电能表，数字电能计量系统具有显著的优势。

（1）由于模数转换在更高侧的电子式互感器侧进行，数字化电能表直接对数字信号进行处理，测量精度高、抗干扰能力强且故障率较低。

（2）采用光纤以太网接口进行数据传输，稳定性好，误码率低，不存在传统电能计量系统在电缆传输过程中的电能损耗。

（3）全站统一使用 IEC 61850 协议进行通信，可实现信息共享与变电站设备间的互操作。

9.2　数字化计量系统主要构成

数字化计量系统，一般是指数字化变电站中由基于智能电网数字化技术实现电能量计量及电能量存储、传输等相关功能的系列装置及软件所组成的系统，主要由电子式互感器和合并单元、数字化电能表、电能量采集终端及站控层平台等组成。

在数字化计量系统中，电子式互感器及合并单元实现了电压电流信号的数值采样及向二次侧输出，数字化电能表主要进行数据处理，实现电能计量及相关任务，电能量采集装置采集电能量并通过站控层平台向外传输。其中，电子式互感器通过光电元器件在一次侧按照一定的采样率进行电压、电流信号的采样，并将获取的采样值处理后以数字量的形式传输到合并单元，合并单元对所接收的采样信号根据标准通信协议进行解析并按照 IEC 61850-9-2 格式重新生成采样报文，通过过程层网络交换机或者以点对点光纤通信方式发送至数字化电能表、测控装置及其他保护装置等相关设备。数字化电能表将所收到的采样报文信号根据 IEC 61850 协议规定的格式进行解析获得一次电压、电流值，然后通过其程序算法对电压、电流信号进行分析，进而实现电能计量及相关功能。电能量采集终端通过变电站的间隔层 MMS 网络或者 RS485 串行通信线获取站内各数字化电能表的相关电能信息并进行数据管理，同时通过站控层网络平台传输至远方主站或调度服务器，实现电能量的远方读取及智能管理。基于 IEC 61850 数字化电能表计量系统的网络拓扑结构如图 9-1 所示。

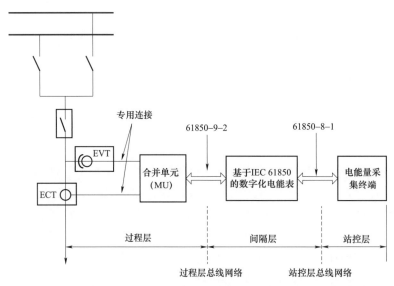

图 9-1 基于 IEC 61850 数字化电能表计量系统的网络拓扑结构

相比传统变电站电能计量系统，数字化变电站数字计量系统的采样部分使用电子式互感器及合并单元替代了电磁式互感器，解决了互感器体积大、制造工艺复杂、造价高、绝缘困难、动态范围小、易产生铁磁谐振、二次装置通信配合等问题。数字化电能表相比传统电子式电能表而言，遵循 IEC 61850 标准通过光纤通信采用数字采样信号进行电能计量，其基于数字信号的硬件设计及软件算法可支持更多的信息获取。电能量采集终端可通过 MMS 通信获取电能表等计量装置的相关信息并进行数据的处理、存储，与传统的电能量采集装置相比，实现了速度更快、容量更大的数据获取方式，更加实时、信息量更丰富。数字化变电站数字计量系统根据 IEC 61850 标准使用光纤作为装置间的通信介质，比传统的电缆传输电压电流信号更加安全，也消除了电能信号在传输过程中所受到的电磁干扰等对电能计量的影响，保证了整个计量系统的安全性和准确性。

9.2.1 计量合并单元

用于保护、测控等装置使用的合并单元的采样和输出频率为 4kHz，不能满足计量系统的精度需求。在新一代变电站中，计量用合并单元逐步得到应用，采样和输出频率为 12.8kHz。其独立配置，与保护、测控用合并单元相互独立。

1. 计量合并单元的工作原理

计量合并单元采集电子式互感器数字输出信号有同步和异步两种方式。

（1）同步方式。

采用同步方式与电子式互感器通信时，合并单元向各电子式互感器发送同步脉冲信号，电子式互感器接收到同步信号后，对一次电气量进行采集、处理并发送至合并单元，同步采集如图 9-2 所示。

（2）异步方式。

采用异步方式与电子式互感器通信时，电子式互感器按照自己的采样频率进行一次电气量采集、处理并发送至合并单元，异步采集如图 9-3 所示。合并单元需处理采样数据同步问题。

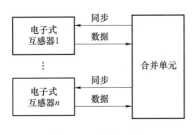

图 9-2　同步采集

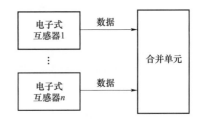

图 9-3　异步采集

2. 计量合并单元技术特点

计量合并单元不但要求具有高采样率的合并单元功能，还具有计量装置应有的防护措施。其新特性主要有：

（1）保护测控用合并单元采样频率为 80 点/工频周期，而计量用合并单元采样频率为 256 点/工频周期。

（2）每工频周期采样采用 256 点后，合并单元输出不再为每帧输出一个应用服务数据单元（Application Service Data Unit，ASDU）报文（即一点采样值），而需要一次输出多个 ASDU 报文（即多点采样值），因而会造成合并单元从采样到发送的间隔时间增大。

（3）计量用合并单元电源应按双回路配置，保证供电安全。

（4）计量用合并单元需预留一组供现场不停运校验电能表用的光纤接口。

（5）计量用合并单元应具备硬件安全防护功能，应能够对外壳加铅封或其他相应的防窃电措施。

（6）计量用合并单元应具备用户操作事件记录功能，且不可人工清除。

针对计量用合并单元新特性，其技术难点主要包括：

（1）合并单元每工频周期采样 256 点，对装置的硬件处理能力要求较高，必须优化原有合并单元软硬件平台方案。

（2）原有合并单元机箱结构没有考虑防窃电性能，需要优化原有合并单元的结构设计。

另外指出，计量用合并单元与计量用电子式互感器相配合实现数据采集，对计量互感器的要求也相应地提高。要求计量用电子式电压互感器 0.2 级，计量用电子式电流互感器 0.2S 级。计量用电子式互感器 ADC 采样长度为 24 位，以保证小电流工况下的计量准确度，而常规电子式互感器一般为 16 位 ADC。

9.2.2　数字化电能表

数字化电能表是数字化变电站数字计量系统的数据处理部分，实现了数字计量系统中电能计量、电量存储、事件判定、通信等功能。不同于传统的模拟量电子式电能表，数字化电能表通过光纤获取电压、电流的采样信号，基于数字信号处理原理可以实现更精确的电能计量及更多的测量功能。

数字化电能表所接收的数字化采样信号，是由合并单元根据 IEC 61850-9-2 标准协议所发送的采样报文，电能表将所接收的报文根据协议所规定的格式进行解析，可得到实际的一次电压、电流值。

IEC 61850 通信体系在智能变电站中的应用，对电能表的测量精度、自动化水平、数据传输能力、抗干扰能力以及设备间的互操作性和实时性等提出了更高的要求。基于 IEC 61850 的数字化电能表是一种特殊的智能电能表，它将自身的通信接口规范于数字化变电站通信协议 IEC 61850 框架下，使之具有数字化变电站中智能设备的特性。

基于 IEC 61850 的数字化电能表，作为间隔层的计量设备，是对 IEC 61850 数字化变电站标准体系与传统智能电能表的有机结合。相比于传统智能电表，数字化电能表的采样实现数字量化后通过光纤线路传输，并且一次侧的传感器采用电子式互感器。它具有以下优势：

（1）电能参量信号处理数字化，使得电能表测量精度高、抗干扰能力强且故障率低。

（2）可以实现多种电能参量的测量功能，可测量电网频率、基波谐波、功率因数、有功电能、无功电能、谐波电能、视在功率等几十种参数。还能输出规范的电能脉冲，方便校验。

（3）应用 IEC 61850 变电站通信体系，使得各厂商生产的变电站设备具有统一的通信标准，彻底解决变电站设备间的互操作性问题。

（4）变电站一次设备和二次设备完全数字化、网络化，大大提高了数字化变电站的自动化水平。

（5）采用数字输入输出接口并用光纤以太网作为传输介质，使数据传输带宽得到极大增强。

1. 数字化电能表的工作原理

基于 IEC 61850 的数字化电能表与传统智能电能表最大的区别在于其去掉了电压/电流变换器和数模转换模块，以光纤以太网代替传统电缆接入。数字化电能表的电量信号输入采用数字接口，遵循 IEC 61850 标准，在物理层上采用高速光纤以太网，可以和电子式互感器实现真正意义上的无缝连接。底层操作系统大多采用嵌入式实时操作系统（Real Time Operating System，RTOS），利用 RTOS 良好的可靠性和卓越的实时性以及可裁减性，可以方便地实现电能表的各种功能。

由图 9-4 可以看出，数字化电能表接收的不再是模拟信号，而是内含模拟量采样值的以太网数据包。经过协议处理芯片对光纤以太网传入的数字电流、电压信号进行简单的解包处理后，数据被传给表内的中央微处理器单元进行实时运算和处理，通过调用电能量算法进行计算和处理后所产生的各类数据将被实时保存并通过通信接口输出。

2. 传统智能电能表与数字电能表的技术特性对比

（1）输入方式。

传统智能电能表输入的是电压、电流，接入的是普通单股铜线，接线方式相对复杂，易出现接线错误或遭窃电。为减小二次压降需要将计量和测量回路分开，组成独立的二次计量回路。

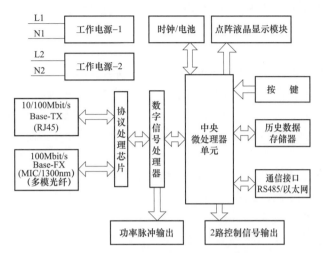

图 9-4　数字化电能表工作原理图

数字化电能表输入的是从电子式互感器通过光纤以太网输出的数据包，具有传输数据快、抗干扰能力强、接线简单等特点。由于输入的是数字信号而非模拟信号，避免了导线的二次回路损耗对计量准确性的影响，无需进行二次压降、二次负荷测量等测量精度修正试验。

（2）工作电源与上电启动。

传统智能电能表的工作电源取自输入的计量电压回路，所以电能表的功耗成为影响电能表计量准确性的一个重要因素。但是，传统智能电能表的上电启动时间很短，通常在 3～5s 内，因此认为传统智能电能表的启动与计量是实时的。

数字化电能表的工作电源独立于计量电压回路，消除了表计功耗对计量准确性的影响。但是采用独立工作电源也使得数字化电能表完全依赖于外部电源，一旦工作电源失电，将停止计量。另外，由于系统结构原因，数字化电能表需要接收智能变电站合并单元发过来的模拟量采样值，并需要按照 IEC 61850 定义的服务器 IED 数据分层结构来建立自身的信息模型。因为采用嵌入式实时操作系统的数字化电能表在上电启动过程中需要运行操作系统并加载更多的文件和映射服务，所以存在上电启动时间。

（3）基本电流与负载能力。

传统智能电能表的特点是其误差特性在不同大小的负载下呈现非线性分布，并且在负载过大时误差呈现放大。因此，为了确保电能表生产、检定的统一性以及计量的准确性，根据电能表能够精确计量的电流范围大小规定了不同的基本电流 I_b 和最大电流 I_{max}，即通常所说的电流规格。常见的电流规格根据其电流接入的不同方式又分为两种，直接接入式规格有 5(40)A 和 10(100)A，通过 CT 接入式规格有 1.5(6)A 和 2.5(10)A 等。

数字化电能表输入的是电子式电压、电流互感器的采样值数字信号，电能表本身并不采样。电子式互感器将一次侧电压、电流信号通过积分、A/D 转换、光电转换，最后变成数字信号输入数字化电能表。数字化电能表对一次侧功率进行积分计算后输出一次侧电能。所以，数字化电能表计量准确性与负载的大小无关，因此没有标定电流和最大电流的概念，也无需根据电流大小划分不同的规格，不需要在选购、使用时考虑与额定负荷及实际负载的匹配问题。

（4）采样频率。

传统智能电能表的采样频率由本身的计量芯片控制，其采样频率可达到 4000Hz 以上，该采样精度直接决定电能表的计量精度。

数字化电能表自身不采样，直接接收从合并单元传输来的电子式互感器采样信号值。电子式互感器的采样频率范围一般为 4000~12 800Hz，应能保证计量采样的准确度。

（5）计量误差。

在传统智能电能表/电磁式互感器构成的测量系统中，电能表和电磁式互感器通过线缆连接，受线缆传输误差以及 A/D 转换误差的影响，测量系统的准确度与电压互感器和电流互感器的精度无法保持一致。

在由数字化电能表/电子式互感器构成的测量系统中，数字化电能表获取已经数字化的电压、电流瞬时值后，计算得到所需电量值。由于数字计算过程理论上不会产生任何误差（实际可能产生的误差为计算机系统固有误差，且误差非常小），所以数字化电能表不规定精度等级。数字信号经光纤以太网传输，不受电磁波的干扰，经过校验的数据无附加误差。整个测量系统的准确度完全由电子式互感器决定。

（6）启动和潜动。

为了确保电能表不但能够计量微小电流的用电情况，又不会在无电流的情况下误采样而多计量电量，传统智能电能表通常需要进行启动和潜动实验，以考核其计量的灵敏度和准确度。

数字化电能表因为自身不采样，所以不存在启动和潜动的问题。

9.2.3　电能量采集终端

1. 数字化 ERTU 工作原理

变电站电能量采集终端（Energy Remote Terminal Unit，ERTU）是介于主站与电能表之间的中间设备，主要具有电能量数据采集、处理、储存和传输等功能。电能表通过通信线连接至 ERTU 的通信端口，采集终端按照设定的积分周期采集、冻结、处理、存储、传输电能表的各项数据，并通过调制解调器、无线专网、光纤网络等接口，实现与主站的通信。

在 IEC 61850 标准推出之前，变电站应用的电能量采集终端 ERTU 普遍采用串行通信规约与电能表通信。近年来基于电子式互感器和 IEC 61850 标准的数字化电能表在数字化变电站中大量使用，使得相应的数字化 ERTU 也逐渐得到应用和推广。数字化 ERTU 可同时接入采用串口方式通信的传统智能电能表和采用以太网通信的数字化电能表，并可按照不同的通信协议实现数据的采集。同时，数字化电能量采集终端还可作为电能表的代理装置，采用 IEC 61850 标准实现与其他数字智能装置通信，以及与本地后台监控系统通信。

由于 IEC 61850 标准是变电站内通信网络与系统的通信标准体系，因此，对于和电能量主站系统之间的通信，传统的 ERTU 装置和数字化 ERTU 装置都使用 IEC60870-5-102 规约。电能量采集终端 ERTU 在智能变电站中的位置如图 9-5 所示。

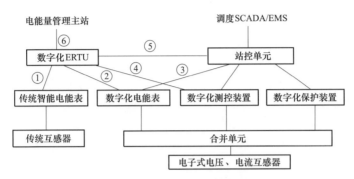

图 9-5 ERTU 在智能变电站中的位置

图 9-5 中的站控单元是变电站主控单元，承担了变电站内监控和与调度 SCADA/ EMS 的通信；圆圈内的数字为变电站电能量相关系统与其他子系统的信息交互接口序号。

① 为数字化 ERTU 与传统智能电能表的交互，采用的是非 IEC 61850 协议，通信接口多为 RS485 串口。

② 为数字化 ERTU 与数字化电能表的交互，采用 IEC 61850 协议。

③ 为数字化电能表与站控单元的交互，采用 IEC 61850 协议。

④ 为数字化 ERTU 与站内其他数字化测控装置的信息交互，采用 IEC 61850 协议。

⑤ 为数字化 ERTU 与站控单元的交互，采用 IEC 61850 协议。

⑥ 为数字化 ERTU 与远方电能量及电能质量主站的交互，采用 IEC60870-5-102 规约。

传统的 ERTU 只能采用 RS485 串口接入传统智能电能表，并且与电能表的通信只支持串口通信协议，如 DL/T645-2007 协议。而数字化 ERTU 能够同时支持使用 RS485 串口方式接入 DL/T645-2007 协议的传统智能电能表，使用以太网方式接入 IEC 61850 协议的数字化电能表。由图 9-5 可以看出，数字化 ERTU 可以实现协议转换的功能，为不具备 IEC 61850 接口的传统智能电表提供代理，实现其与站控单元的信息交互。

2. 数字化 ERTU 的工作机制

数字化 ERTU 依照系统时钟，周期的执行定时任务，定时任务包括定时抄表/回送任务、定时电能表时钟同步任务、定时 GPS 时钟同步任务等。定时抄表/回送任务，以设定的执行周期采集电能表数据并保存到数据库中，同时定期地将数据库中的数据主动回送到主站系统。除定时抄表/回送任务，ERTU 还能够针对出现通信中断的电能表进行数据补招，以确保电能量冻结数据的完整。定时电能表时钟同步任务，用以周期地对电能表进行对时。定时 GPS 时钟同步任务，用以周期性地用 GPS 时钟信息对 ERTU 的系统时钟进行同步设置。

数字化 ERTU 实时监控运行状况，记录审计信息，包括事件信息、系统运行信息和用户操作信息。电量数据和审计信息可以通过远程、本地通信端口，配合主站软件进行采集和查询，也可通过面板上的键盘和液晶显示等进行交互查询。用户还可通过面板上的键盘和液晶显示，或者远程、本地主站系统维护 ERTU 的系统档案和运行参数。

9.3 关键技术

9.3.1 数字化电能表技术

为了实现电能计量，需要通过数据采集将各种信息读出，以便实现对各种电能信息的管理和分析。电能表读取电压、电流采样值之后，采用傅里叶变换的算法进行有功、无功电能计算。

1. 基于 IEC 61850 数字化电能表的信息模型

智能变电站内的计量系统由过程层 IED 设备［包括电子式电流互感器（ECT）、电子式电压互感器（EVT）以及合并单元］、间隔层 IED 设备（包括基于 IEC 61850 的数字化电能表和变电站层的电能量采集终端）组成。合并单元的作用是对 ECT 和 EVT 的模拟量信号进行时间同步和聚集，经过内部的信号处理电路输出已合并好的采样值。基于 IEC 61850 的数字化电能表与合并单元之间采用 IEC 61850－9－2 通信协议，一个电能表只需要一个合并单元提供的模拟采样数据即可完成电能计量的任务。

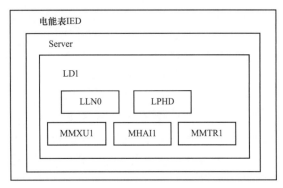

图 9－6 基于 IEC 61850 的数字化电能表的信息模型

为了实现与智能变电站内其他智能设备进行通信，数字化电能表需要按照 IEC 61850 中定义的 IED Server 数据分层结构来构建自身的信息模型，基于 IEC 61850 的数字化电能表的信息模型如图 9－6 所示。

在图 9－6 中，MMXU1 是 MMXU 类继承而来的逻辑节点实例，MHAI1 是从 MHAI 类继承而来的逻辑节点实例，MMTR1 是从 MMTR 类继承而来的逻辑节点实例。一个逻辑设备 LD 除了需要有实现 IED 功能的普通逻辑节点外，还应包含特殊逻辑节点 LLN0 和 LPHD。电能表信息模型中所有逻辑节点的功能如下：

（1）LLN0：用于访问逻辑设备的公用信息，如运行时间。

（2）LPHD：用于反映物理装置的公用信息，如铭牌、健康状况、运行情况等。

（3）MMXU1：用于测量电网频率、电网电压、电流、功率因数、总有功功率 P、总无功功率 Q 和总视在功率 S。

（4）MHAI1：用于测量电压谐波、电流谐波、谐波有功功率和谐波无功功率。

（5）MMTR1：用于有功电能、无功电能和视在电能的计量。

2. 计量精度

理论上，数字化电能表自身没有 A/D 转换环节，也不使用传统专用的高精度计量芯片，只进行数学运算是没有误差的。但实际可能产生的误差有两部分：一是由算法引起的误差，这种误差与信号的频率波动、波形以及非同步采样有关；二是浮点数运算时的有效位误差，为计算机系统固有误差。由于计算机系统的固有误差非常小，所以数字化电能表都是通过改进计量的算法来提高测量的精度。

数字化电能表的计量准确度要求满足有功电能计量 0.2S 级、无功电能计量 2.0 级。按数字量虚拟负荷校准时，精度需要达到 0.05 级。

3. 通信接口

全数字化电能表应具有两个与外部合并单元或者交换机可靠相连的百兆光纤以太网口，采用 1310nm 波长多模光纤通信。光纤发送功率应处于 $-20\text{dBm} \sim -10\text{dBm}$ 范围内，光接收灵敏度应小于 -20dBm。同时，通信接口需要具有抵御流量冲击的能力，并对不同的组网方式，具有自适应能力。

另外，数字化电能表还应具有一路 RS485 通信接口，该通信接口应支持 DL/T 645—2007 规约。

4. 通信协议

数字化电能表与合并单元的采样值传输需要符合 IEC 61850-9-2 协议的要求，并能进行通信异常处理。数字化电能表与电能量采集终端之间的信息交互遵循 IEC 61850 建模原则，按照 IEC 61850-8-1 MMS 协议进行计量逻辑节点建模，并且通信接口应满足一致性测试要求。

9.3.2 电能量采集终端技术

1. 信息模型

IEC 61850 标准本身主要为变电站监控和保护专业服务，在其他专业或领域应用时，可以依据其变电站信息的对象分层建模核心理念，按照一定的原则进行扩展，以满足基于 IEC 61850 数字化变电站应用的数字化 ERTU 信息建模的需要。

在 IEC 61850 标准中，逻辑设备（LD）由 LN 和附加服务组成。基于 ERTU 的特性，一个 ERTU 设备可以监控多个电能表，从而完成多条线路的电能量信息的采集，按照电能表划分逻辑设备结构清晰且符合 IEC 61850 的层次结构。因此，把 ERTU 所通信的电能表按顺序依次命名为 EEMT1，EEMT2，…，以此组成 ERTU 设备的信息模型如图 9-7 所示。

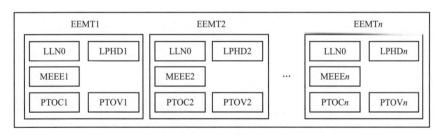

图 9-7 ERTU 设备的信息模型

在每个逻辑设备 EEMT 中，又包含多个逻辑节点 LN 来实现某些具体的功能，例如，存储逻辑设备公共数据的 LLN0，存储对应于该逻辑设备的物理设备（即电能表）信息的 LPDH，实现核心计量功能的 MEEE，用于记录电能表过电流、过电压事件信息的 PTOC 和 PTOV 等。

2. 通信接口

数字化 ERTU 需要配置 100Mbit/s 光纤以太网接口，用于和数字化电能表采用 IEC 61850-8-1 MMS 协议通信，以及与站内监控单元通信。同时，ERTU 在已有数据采集功能的基础上还需要进行计量建模，满足与数字化电能表的互操作性要求；对电子式互感器异常等工况进行逻辑节点建模，满足异常工况信息传输要求。另外，数字化 ERTU 还需要配置支持 DL/T 645—2007 协议通信的串口，完成与传统智能电能表的通信。

与远方计量主站之间，数字化 ERTU 通常采用基于串口或者网络通信的 IEC 60870-5-102 协议进行信息交互。

3. 配置工具

数字化 ERTU 需要能够支持其自身正确运行的配置文件。通过维护软件将基于 IEC 61850 的数字化电能表提供的 CID 文件导入数字化 ERTU，作为 ERTU 和电能表通信的依据。同时，数字化 ERTU 需要能够生成基于 IEC 61850 的数据 CID 文件，提供给站内监控系统作为召唤数据的依据。

第 10 章　电能质量监测技术

10.1　概述

随着我国智能电网的飞速发展，以及用户对电能质量越来越高的要求，网络化、信息化、标准化、智能化将成为电能质量监测技术发展的必然趋势。为了保护电网的安全运行和用户的安全用电，迫切需要加强对电网电能质量进行监测和综合分析，依照国家标准采用相关统计方法进行在线评估，将电能质量指标参数供给广大电力工作者、用户以及决策层进行分析应用，以掌握电网的电能质量水平与状况，对电能质量事件及时采取防范措施，进行限制强干扰源等，从而确保电力系统安全、可靠、经济运行，保护电力用户的合法权益。

电能质量监测技术是研发电能质量监测装置、开展电能质量测量的理论基础。国际电工委员会在 2003 年颁布了 IEC 61000 – 4 – 30 Electromagnetic compatibility（EMC）– Part 4 – 30: Testing and measurement techniques – Power quality measurement methods，逐步引导一个国际化的电能质量测量标准。随着测量技术的发展和对电能质量参数测量认识的深入，该组织于 2015 年重新颁布了该标准的第 3 版。我国国家标准化管理委员会制定了 GB/T 17626.30—2012《电磁兼容　试验和测量技术　电能质量测量方法》等同采用了该标准。

10.1.1　测量方法的分类

IEC 61000 – 4 – 30 标准针对电能质量测量仪器的测量参数、应用场所和测量目的的不同，定义了 A（Advanced）类、B（Basic）类和 S（Survey）类三个类别。对于每个类别，规定了测量方法和性能要求。

1. A 类

A 类适用于需要精确测量的场合。例如，需要解决争议的合同性应用、验证标准的执行程度等。用符合 A 类要求的两个不同仪器测量同一信号的某参数时，应得到在该参数不确定度以内的一致结果。

2. B 类

定义 B 类是避免使现有的仪器被淘汰。需要注意的是，对于新的设计方案，不推荐使用 B 类方法，并且以后新版 IEC 61000 – 4 – 30 标准可能会删除 B 类方法。

3. S 类

S 类适用于调查或电能质量评估等统计性应用，使用的参数可能只是所有参数的有限子集。虽然 S 类方法使用与 A 类方法相同的测量间隔，但 S 类的处理要求比 A 类的低。

10.1.2 测量的电气量和电能质量参数

待测量的量通常由监测目标、相关适用标准和其他因素决定。对于一般的测试，为了节省存储空间，需要确定待监测量的优先顺序。

常用待测量和分析的电能质量参数见表 10-1。

表 10-1 待测量和分析的电能质量参数

序号	参 数	序号	参 数
1	相（线）电压方均根值	15	电流零序不平衡度
2	电流方均根值	16	各相有功功率 P_1
3	相（线）电压基波	17	各相无功功率 Q_1
4	电压总畸变率 THD_u	18	各相功率因数 $\cos\varphi_1$
5	2~50 次谐波电压含有率	19	各相基波功率因数 $\cos\varphi_1$
6	2~50 次间谐波电压含有率	20	总有功功率 P
7	基波电流、2~50 次谐波电流含量	21	总无功功率 Q
8	2~50 次间谐波电流含量	22	三相功率因数 $\cos\varphi$
9	基波、2~50 次谐波有功功率	23	基波功率因数 $\cos\varphi$
10	正序、负序和零序电压	24	频率与频率偏差
11	电压负序不平衡度	25	电压波动
12	电压零序不平衡度	26	短时间闪变值
13	正序、负序和零序电流	27	长时间闪变值
14	电流负序不平衡度	28	电压偏差

10.1.3 测量数据的统计分析

对于测量数据，需要选择恰当的统计分析方法。基于电能质量参数和测量对象可以选择不同的统计方法。统计方法可以分为：统计超过某一阈值的事件数目的方法；将大量准稳态测量结果采用一个或几个指标进行描述的方法。对于后一种方法，各种可能的指标都可以选作最适用于所分析对象电能质量问题分析的指标，例如，最大值、99%概率大值、95%概率大值、平均值和最小值等。一般都选95%概率大值作为最有用的指标值。

10.2 电能质量监测原理

10.2.1 频率偏差

电力系统频率是电能质量的基本标准之一。电力系统的标称频率为50Hz或60Hz，中国大陆（包括中国港澳地区）及欧洲地区采用 50Hz，北美及我国台湾地区采用 60Hz，日本则有 50Hz 和 60Hz 两种。频率对电力系统正常负荷的正常工作有广泛的影响，系统某些负荷以及发电厂用电负荷对频率的要求非常严格，要保证用户和发电厂的正常工作就必须严格控制系统频率，使系统频率偏差控制在允许范围内。

一般讲，电力系统频率仅当所有发电机的总有功出力与总有功负荷（包括电网的所有损耗）相等时，才能保持不变，而当总有功出力和总负荷发生不平衡时，发电机组的转速及相应的频率就要发生变化，导致系统的频率发生变化。发电机发出的功率与用电设备及送电设备消耗的功率不平衡时，也会引起系统频率变化。电力系统的负荷始终随时间在不断地变化，要随时保持发电厂的有功功率与用户有功功率的平衡，维持系统频率恒定，电力系统应具有一定的旋转备用容量，一般运行备用容量要求达到 1%～3%。

系统频率变化的不利影响主要表现在以下几个方面：

（1）频率变化将引起电动机转速的变化，由这些电动机驱动的纺织、造纸等机械的产品质量将受到影响，甚至出现残、次品。

（2）系统频率降低将使电动机的转速和功率降低，导致传动机械的出力降低，影响生产效率。当系统频率下降时，电容器的无功出力成比例降低，此时电容器对电压的支持作用受到削弱，不利于系统电压的调整。

（3）频率偏差的积累会在电钟指示的误差中表现出来。工业和科技部门使用的测量、控制等电子设备将受系统频率的波动而影响其准确性和工作性能，频率过低时甚至无法工作，频率偏差大时感应式电能表的计量误差会加大。

（4）电力系统频率降低时，会对发电厂和系统的安全运行带来影响。例如，频率下降时，汽轮机叶片的振动变大，会影响使用寿命，甚至产生裂纹而断裂。

（5）系统频率不能过高。一般大中型发电机组均有过频率保护跳闸装置，以免机组超速而损坏。

在电能质量相关标准中，频率偏差允许误差要求为 42.5～57.5Hz，最大误差为 ±0.01Hz。

10.2.2　电压偏差

由于用电负荷不断变化，电力系统运行中有功功率始终处于动态平衡中，系统各点的电压在一定限制范围内随时变化，这个范围是供电电压允许偏差。

电压偏离额定值的原因：① 供电距离超过合理的供电半径；② 供电导线截面选择不当，电压损失过大；③ 线路过负荷运行；④ 用电功率因数过低，无功电流大，增加了电压损失；⑤ 冲击性负荷、非对称性负荷的影响；⑥ 调压措施缺乏或使用不当。

电压偏差的危害主要包括：① 对照明设备的影响，照明常用的白炽灯、荧光灯，其发光效率、光通量和使用寿命均与电压有关；② 对交流电动机的影响，端电压降低对于需要在重负荷下起动和运行的电动机的安全运行十分不利；③ 对电力变压器和空载损耗的影响，主要包括变压器运行时铁心中磁通产生的磁滞损耗及涡流损耗；④ 对电力电容器的影响，当电压下降时，电容器向电网提供的无功功率会下降很多，电容器上的电压太高，会严重影响电容器的使用寿命；⑤ 对家用电器的影响，许多家用电器内使用的是单相异步电动机。单相异步电动机类似于三相异步电动机，电压过低会影响电动机的起动，使转速降低、电流增大，甚至造成绕组烧毁的后果。

在电能质量相关标准中,电压允许误差要求为 10%～150%标称电压,最大误差为±0.2%。

10.2.3 三相不平衡

理想的三相交流电力系统中,三相电压应有同样的幅值,且相位角互差 $2\pi/3$。这样的系统叫作三相平衡(或对称)系统。但电力系统运行时,由于构成三相电力系统的元件参数不对称,尤其是三相负荷的不对称,会造成系统三相电压长时间运行在不平衡状态。系统处于不平衡运行时,其电压、电流均含有大量的负序分量和零序分量,会对电气设备造成不同程度的影响。

三相不平衡包括三相电压不平衡和三相电流不平衡,其不平衡程度用电压或电流不平衡度指标衡量。不平衡度是指三相系统中电压、电流负序基波分量或零序基波分量与正序基波分量的方均根值百分比值。

三相电压或电流不平衡会对电力系统和用户造成一系列的危害,主要有以下几个方面:① 引起旋转电机的附加发热和振动,危及其安全运行和正常出力;② 引起以负序分量为启动元件的多种保护发生误动作(特别是电网中存在谐波时),会严重威胁电网的安全运行;③ 电压不平衡使发电机容量利用率下降。由于不平衡时最大相电流不能超过额定值,在极端情况下,只带单相负荷时设备利用率不能超过额定值;④ 变压器的三相负荷不平衡,不仅使负荷较大的一相绕组过热并导致其寿命缩短,而且还会由于磁路不平衡,造成附加损耗;⑤ 对于通信系统,电力三相不平衡,会增大对通信系统的干扰,影响正常通信质量。

在电能质量相关标准中,三相不平衡度允许误差要求为±0.5%。

10.2.4 谐波

随着现代工业的高速发展,电力系统的非线性负荷日益增多,例如,各种换流设备、变频装置、电弧炉、电气化铁道等非线性负荷遍及全系统;而电视机、节能灯等家用电器的使用也越来越广泛。这些非线性负荷产生的谐波使电网波形产生畸变,严重污染了电网的环境,威胁着电网中使用的各种电气设备的安全经济运行。谐波是对周期性交流量进行傅里叶级数分解,得到频率为基波频率大于 1 整数倍的分量。间谐波是对周期性交流量进行傅里叶级数分解,得到频率为基波频率非整数倍的频率分量。

电网谐波/间谐波产生的原因:① 发电机和电动机,包括发电机磁饱和非线性产生的谐波、发电机不对称运行引起的高次谐波等;② 电弧的非线性伏安特性形成的高次谐波;③ 用电设备产生的谐波,例如,晶闸管整流设备、变频装置、电弧炉、电石炉、气体放电类电光源、家用电器等均会产生谐波。

电网谐波/间谐波的影响:① 谐波导致的谐振现象,增加网络损耗,影响潮流计算的有效性。② 引起电机的附加损耗,此外还产生机械振动、噪声和谐波过电压等。③ 无论在正常负荷状态还是在暂态过程中,系统谐波对各种形式的继电器和装置均有不同程度的影响,可能导致继电器误动作。④ 对于对称运行的输电线路,可以仅考虑高次谐波电压的静电感应影响;对于不对称运行的输电线路,应考虑谐波电压的静电感应影响与谐波电流的电磁干扰影响。⑤ 产生闪变,导致显示屏闪烁,过零点监测误差等。

在电能质量相关标准中，谐波/间谐波的允许误差要求分为 A、B 级，具体数据详见国标 GB/T 14549—1993《电能质量　公用电网谐波》。

10.2.5　电压波动与闪变

电压波动是指电压方均根值一系列的变动或连续的改变。电力系统的电压波动与闪变主要是由有冲击功率的负荷引起的。非线性、不平衡冲击性负荷在生产过程中有功和无功功率随机或周期性的大幅度变动，当其波动电流流过供电线路阻抗时产生变动的压降，导致同一电网上其他用户电压以相同的频率波动。这种电压幅值在一定范围内（通常为额定值的 90%～100%）有规律或随机地变化，称为电压波动。

由于白炽灯对电压波动的敏感程度要远大于荧光灯、电视机等电气设备，因此，通常选用白炽灯的工况来判断电压波动值是否能够被接受。闪变一词可理解为人对白炽灯明暗变化的感觉，包括电压波动对电气设备的影响危害。但不能以电压波动来代替闪变，因为闪变是人对照度波动的主观视感。

电压波动的危害主要表现在以下几方面：① 照明灯光闪烁引起人的视觉不适和疲劳，进而影响视力；② 电视机画面亮度变化，图像垂直和水平摆动，会刺激人的眼睛和大脑；③ 电动机转速不均匀，不仅危害电机电器的正常运行及寿命，而且影响产品质量；④ 电子仪器、电子计算机、自动控制设备等工作不正常；⑤ 影响对电压波动较敏感的工艺或实验结果，如实验时示波器波形跳动，大功率稳流管的电流不稳定，导致实验无法进行。

在电能质量相关标准中，闪变允许误差要求为：短时闪变的基本记录时间为 10min，长时闪变的基本记录时间为 2h，测量条件为 $0.2P_{st}\sim10P_{st}$，最大误差为 5%。

10.3　电能质量监测系统主要构成

电能质量监测的目的和要求决定了其功能。从宏观上讲，电能质量监测的功能主要包括数据采集、数据存储管理和数据处理与结果展示三个部分。这三部分功能分别对应监测终端、数据中心和后台主站。电能质量监测系统体系结构如图 10−1 所示。

10.3.1　监测终端

基于智能变电站的电能质量监测设备一般都具有监测独立 4 条以上线路的容量，由于电能质量分析功能计算量非常大，因此设计时考虑数据分析处理、数据接收及数据管理相分开原则。基于以上考虑，构建基于 IEC 61850 标准的电能质量监测装置硬件平台，以高性能 Power PC 及浮点 DSP 为基础，可实时处理和分析大规模数据、功能模块化的设计思想，将应用功能采用模块化、标准化、可重用化设计，兼容模拟采样和数字采样，通过内部高速数据总线进行实时数据交换。这种分布式系统具有良好的通用性和扩展性，软硬件升级简单。同时，将 IEC 61850 标准引入电能质量监测系统中，从设备层面解决了数据兼容问题，实现了不同厂家监测设备间的信息共享，提高了监测平台的运行效率，降低了系统监测的成本。

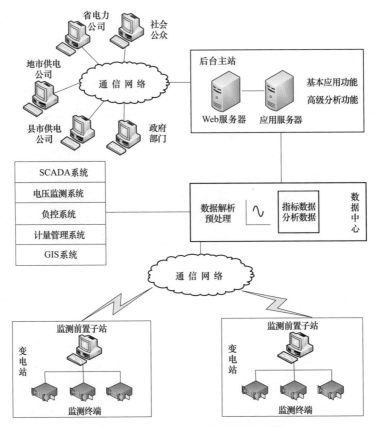

图 10-1　电能质量监测系统体系结构

装置由管理 CPU 插件、DSP 插件和数字采样插件三大部分组成。装置还设计了模拟总线，便于扩展为智能变电站和常规变电站应用。硬件结构示意图如图 10-2 所示。

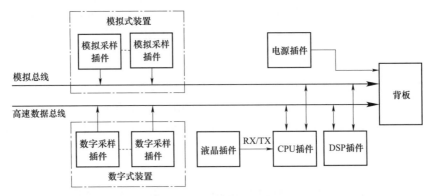

图 10-2　硬件结构示意图

数字采样插件支持 4 个 100Mbit/s 光纤以太网接口。主要负责接收网络上 IEC 61850-9-2 的 SV 采样，并进行解码、采样插值计算等预处理，然后发送给 DSP 计算分析统计，以及管理 CPU 录波。支持采样值的 IRIG－B、PPS、IEEE 1588 脉冲三种同步方式。

DSP 插件主要负责电能质量指标的计算、分析、统计、暂态电压事件捕捉等。该插件采用高性能浮点 DSP 作为处理器，最高主频为 450MHz，浮点处理能力最高达到 2.7GFLOPS，片内有 5Mbit/s 高速 SRAM，用来存放指令和部分数据，外部扩展的 128MB 高速 DDR2 用来存放大批量数据。

CPU 插件采用主频为 400MHz 的高性能 PowerPC。主要负责装置的人机界面、录波（COMTRADE）存储、对外通信、PQDIF 文件打包存储等管理工作。除管理 CPU 插件、DSP插件和电源插件外，其余插件均可以根据实际应用需要进行灵活配置。

基于智能变电站的电能质量监测设备具有元件化、智能化、易扩展等特点，将软件分为系统软件和应用软件。在系统软件基础上开发独立功能应用元件，并进行集成后最终完成具体目标功能的实现。系统软件作为功能应用软件与硬件之间的联系桥梁，负责实现硬件驱动、插件管理以及应用功能元件的应用任务调度、管理等功能。

设备中包含多个插件，这些插件必须协调、配合才能一起完成应用任务。因此在装置的系统软件中，使用管理程序来负责管理、协调多个插件，使其能够高效、有序地工作。管理 CPU 插件基于嵌入式实时操作系统，包含了完成装置管理任务的管理程序和装置的各种应用功能模块（如电压事件记录、录波、对时、通信、存储、液晶显示等）。

10.3.2 数据中心

随着电能质量监测系统规模的不断扩大和高级应用功能的增加，系统积累的数据量急剧膨胀，所需要的数据种类也迅速增多，建立电能质量数据中心已是必然趋势。

建立数据中心，首先要实现数据集成。一方面，实现电能质量监测系统的监测数据集成，其中包括 PQDIF 数据文件解析和 IEC 61850 客户端数据接收；另一方面，采用 IEC 61970 公共信息模型实现与各相关应用系统的数据交换与共享。在数据集成的基础上，对基础数据进行数据提取、转换和加载，以及智能计算处理，形成分析数据。由于数据中心规模不断扩大，数据中心的建设还需要考虑海量数据存储和分布式处理。

10.3.3 后台主站

一个完整的电能质量监测系统，应用功能主要是通过主站系统体现出来。后台主站系统的功能包括基本应用功能和高级应用功能两部分。

1. 基本应用功能

电能质量监测系统的基本应用功能是在对电力系统基本运行工况的观察、记录及动态分析的基础上，对各种电能质量指标进行实时观察和历史趋势分析，形成各种电能质量统计报表和分析报告。基本应用功能包括：

（1）远程实时监测。

电能质量监测数据的远程实时监测是主站系统的基本功能。目前，电能质量监测装置都配置高性能的计算处理能力和大容量的闪存，能够满足远程实时指标查询和一段时间的趋势指标分析。

实际运行过程中，电能质量监测系统往往会采用多家厂商的电能质量监测设备，每个厂商都提供各自的远程监控系统。在使用过程中，若实时查询不同厂商的设备监测数据需要不断切换不同的监控系统，十分不便，因此，后台主站系统在功能设计上应该提供一个统一的、远程的、一对多的实时查询分析模块。

（2）暂态数据查询分析。

根据不同电网区域、监测点（可以选一个或多个）、时间区间（时间点/时间段）和类型（所有/单个事件/组合事件），显示暂降事件的数据列表，展示事件特征值信息，并且可以查看单个事件和组合事件的 RMS 曲线图及波形图。

围绕区域电网、监测点和时间区间三个角度，以不同的图表方式对暂降事件进行多角度、多层次的统计分析。实现描绘基于暂降幅值的持续时间散点图、持续时间 ITIC 散点图、持续时间 SEMI 散点图、暂降事件次数的各种统计分布图、暂降事件的 SARFI 指标图以及暂降事件原因统计图等。

（3）稳态指标趋势分析。

利用积累的电能质量监测数据，选择时段区间，针对不同区域电网、不同监测点的各种稳态指标进行趋势分析。可以选择单项指标，也可以选择多项指标，利用趋势曲线查询并分析电能质量稳态指标的变化。

（4）统计报表及分析报告。

统计报表功能是针对不同电网区域、不同电压等级、不同监测点进行稳态指标、暂态事件特征值以及各类其他指标进行统计汇总。其中，稳态指标统计汇总主要是对各个稳态指标的最大值、最小值、平均值、95%概率大值、99%概率大值和合格率等进行计算分析，形成日、周、月、季、年等不同类型的统计报表。暂降事件统计汇总主要是对暂降事件特征值，如暂降幅值、持续时间、起始时间、暂降事件的次数、原因等进行统计分析。统计报表功能还应提供电压合格率、谐波电压总畸变率、谐波电流总畸变率、三相不平衡度、闪变合格率等统计报表。电能质量分析报告是日常监督管理中的一项重要内容。主站系统可以利用电能质量监测数据以及分析评估结果数据自动形成日、周、月、季、年等不同类型的电能质量监测分析报告，提供给各级管理部门。

（5）Web 发布及可视化展示。

电能质量监测系统覆盖不同区域电网的不同电压等级的各个监测点。在日常的电能质量监督管理工作中采用分级管理模式。通常情况下，省级管理部门（如省电力公司电科院）负责全省 220kV 及以上电压等级的电能质量监测管理；地区供电公司和县市供电公司负责所辖区域电网 110kV 及以下电压等级的电能质量监测管理。电能质量的分级管理使得系统用户数量增多，涉及不同的管理部门，采用 Web 方式发布电能质量监测管理信息可以最大限度地满足系统的应用需求。电能质量监测系统的数据量大、指标种类多、分析计算模型复杂，因此，电能质量监测数据的计算处理一般不宜采用 Web 方式，数据计算处理通常在数据中心管理部分实现。这里所说的后台主站系统的基本应用功能和高级应用功能大多数采用 Web 方式实现。需要指出的是，在实现过程中，要对用户的权限进行严格管理。

（6）监测设备管理。

在电能质量分析评估主站系统中，根据分析评估情况需要设置有关监测终端的参数，也需要切换操作设备厂商的监控软件系统。因此，建立一个集中统一管理的监测设备管理平台十分迫切。监测设备管理功能模块是一个电能质量监测网络中监测终端设备集中统一管理的软件。该模块可以实现监测设备远程参数设置。

监测设备的管理包括设备信息和通道信息管理两个部分。其中，设备信息包括装置简称、设备通信状态、设备厂商、设备型号、电压通道数、电流通道数、IP 地址、端口号；设备信息管理提供监测设备对时功能。通道信息对应于各个监测设备的基本通道信息，包括通道序号、关联通道、监测位置、通道类型、信号类型、电压等级（kV）、最小短路容量（MVA）、供电容量（MVA）、用户协议容量（MVA），系统提供基本参数和限值参数设置功能。

2. 高级应用功能

电能质量监测系统高级应用功能是在对各种电能质量指标的表面特征值进行观察分析的基础上，实现对多种扰动信息的识别、提取和分析，完成从现象到本质的研究。同时，综合不同监测点、电压等级、区域电网、负荷类型、时间区间以及不同电力应用系统的监测数据，实现融合多时空、多角度监测数据的电能质量综合分析与评估。

电能质量监测的最终目的是改善和提高电网的电能质量，实现电网高效经济运行和保障电力用户经济效益。因此，电能质量监测系统的高级应用功能还应表现在为电能质量综合治理提供辅助决策支持和经济性能分析。因此电能质量监测系统高级应用功能可包含但不局限于以下几个模块：

（1）电能质量智能分析。

电能质量智能分析不是简单地将监测数据利用图表进行展示，它需要用智能的分析算法模型，通过计算机软件，对大量的监测数据进行分析计算来揭示电能质量问题的本质和规律。电能质量智能分析是后台主站系统的重要功能模块。

1）扰动类型分析。针对实测的电能质量扰动现象，对电能质量监测数据进行详细的分析和处理，确定系统中可能发生的多种扰动情况，能够对扰动事件进行准确的分类。

2）扰动源分析。扰动源分析包括电能质量扰动发生源的定向和辨识。定向是依托监测数据的分析，判断扰动源在监测点的上、下游；当借助系统分析时，还可实现扰动源定位。辨识是基于扰动特征等的分析，识别扰动的类型或发生的原因。对于已有的扰动源分析，主要针对电压暂降源、谐波源和闪变源等。

3）电压凹陷域与故障影响域分析。电压凹陷域是指系统中发生故障引起电压暂降，使所关心的敏感性负荷不能正常工作的故障点所在区域。电压凹陷域分析是电压暂降综合评估的前提，可利用凹陷域内故障发生的历史记录来评估用户设备年电压暂降期望次数以及年电压暂降经济损失等。

故障影响域是指系统内某短路故障引起电网各节点的电压凹陷的范围，反映故障对电网各节点（尤其是接入敏感设备的节点）电压的影响区域。基于故障影响域的分析，可以利用有限监测点数据来评估未安装监测装置的节点电压暂降特征值，从而实现电压暂降的状态估计。

敏感设备的电压凹陷域和故障影响域均根据电网运行方式的改变而变化，其分析需要面向电网的运行方式和元器件的运行状态，而电网的运行方式根据负荷情况及其元器件的性能状况而有所变化。电压凹陷域分析需要融合 SCADA 系统中的诸多数据。

4）电压合格率智能分析。主要是与主配电网相关应用系统，例如电压监测系统、SCADA 系统、计量自动化系统、负控系统、地理信息系统以及配电自动化系统等进行数据共享集成，针对电压监测系统评估的不合格监测点，获取 SCADA 系统和计量自动化系统的数据，修复电压监测坏数据，对电压不合格的原因进行分析，通过优化算法给出无功补偿设备电压补偿方案，使得电网电压保持在合格的范围内。电压合格率智能分析应为各类监测数据和分析数据提供可视化显示。

（2）电能质量综合评估。

电能质量智能分析是基于监测数据，利用智能分析算法进行计算处理，通过计算结果客观地展示电能质量问题。电能质量评估则是在智能分析的基础上，依据电能质量指标标准，基于实测数据或通过建模仿真，对电网电能质量各项指标做出的评价。反过来，电能质量综合评估，会促进指标体系的构建和标准的完善。因此，电能质量综合评估模块是主站系统必备的高级应用。

电能质量综合评估包括电能质量指标评估、新能源接入评估、冲击负荷接入评估等。

（3）电能质量预测预警。

电能质量监测系统规模不断扩大，监测数据不断积累，同时融合了其他应用系统的监测数据，逐步形成了海量规模的电能质量数据中心。在海量数据中，蕴藏着事物发展变化的规律，通过数据挖掘技术和人工智能技术，可以揭示事物的本质和发展规律。利用监测数据实现电能质量的预测预警将成为电能质量监测系统发展的重要趋势。

（4）电能质量综合治理辅助决策。

电能质量监测系统的最终目标就是控制和改善电网的电能质量，保障电网安全经济运行，为用户提供优质电力。覆盖电网不同电压等级的电能质量监测系统实现了对电网以及用电客户电能质量状况的监测。根据长期监测的电能质量指标数据进行分析，可以全面、客观地认识监测点的电能质量状况。依据存在的电能质量问题，有针对性地给出相应的电能质量治理方案，或对已装设电能质量治理装置的补偿性能进行分析，提出合理化的治理措施和改进建议。

（5）电能质量经济性评估。

电能质量经济性评估是对电能质量问题相关各方受到的影响程度进行经济损失计算分析，对电能质量监测与改善措施的成本及效益进行评估，以引导和加强电能质量的治理与管理。电能质量经济性评估包括经济损失评估与治理方案评估，主要内容包括分析各类电能质量的成本构成，根据电能质量监测系统获取的电能质量指标数据以及扰动发生频次，通过净现值法、全寿命周期分析法或投资回收期法等展开评估与辅助决策分析。

（6）不断深化的电能质量研究。

智能电网的发展提出了许多亟待研究的电能质量新问题。随着对智能电网认识的不断深化和应用实践的开展，关于电能质量的研究也不断深入。对电能质量问题的创新性研究可以包括电能质量分析评估的新理论和新方法研究，电能质量扰动现象与指标评估，新的发电与用电设备带来的电能质量问题研究，新型电网结构与直流电力系统电能质量指标分析评估，适应信息化的电能质量检测技术，实现测量技术、通信技术、信息技术完美融合的电能质量监测系统建设等。

10.4　关键技术

10.4.1　频率测量技术

电网频率测量通常采用测量周期的方法来实现。通过监测输入信号波形的过零点，采用倍频计数的方法求出信号周期；也可将交流采样得到的采样数据进行数字滤波，滤出其中的基波后，通过检测波形过零点的时刻，求得相应周期 T，取 T 的倒数即为电网的频率。IEC 61000−4−30 的 5.1 中给出了基于参考通道基波过零检测的周期法。每 10s 由参考通道电压波形计算出 1 个频率数值。频率测量在每个绝对 10s 时刻开始，测量时间间隔应无重叠。

10.4.2　谐波测量技术

根据 IEC 61000−4−7Ed2.1 标准要求，对跟频同步采样的 10 周期采样数据（每周期至少256 点），采用矩形窗的快速傅里叶变换（Fast Fourier Transform，FFT）分析方法。

FFT 计算在电能质量指标计算中应用最广泛，是谐波、间谐波、三相不平衡度等相关指标计算的基础，是电能质量监测设备中指标计算最耗时、耗资源的部分。FFT 的计算精度决定电能质量相关指标测量的准确度，计算速度决定了监测设备的整体计算性能。

为了提高谐波、间谐波测量与评估的准确度，应采用子组算法（谐波子组：3 条谱线；间谐波子组：7 条谱线）。

10.4.3　波动闪变测量技术

目前，我国电能质量标准中关于电压波动和闪变的部分已经与 IEC 标准接轨，一方面因为我国照明电压是 220V，与 IEC/UIE 的试验标准接近；另一方面，IEC 标准中应用短时间闪变和长时间闪变的方法来评估闪变严重程度也更加科学和准确。

常用的电压波动监测方法有整流检测法、有效值检测法和同步检测法。IEC 推荐的闪变测量方法是同步检测法。在具体实现时，既可以采用数模混合的测量方式，也可采用全数字方式，在经过必要的数字信号处理环节后，全数字方式与数模混合方式可取得相同的测试结果。

10.4.4　暂升暂降事件检测技术

电压事件检测采用半周期刷新的一周期方均根值，各电压测量通道从基波过零处开始连续测量，独立计算。该值可以为线电压或相电压。考虑电压事件发生前的实际电压水平，应使用时间常数为 1min 的一阶滤波器。

滚动参考电压初始值为额定电压，每 10 周期更新。如果某 10 周期值进行了标记，则不更新此值。

第11章 辅助监控技术

11.1 概述

辅助监控系统包含消防、安全警卫、电源监测、环境监测、照明控制及视频监控系统等子系统（功能模块），实现站内辅助监控设备的信息采集、监视与控制管理，并通过安全防护装置与 SCADA 监控主机交换信息。

辅助监控系统辅助变电站的运行与管理，对各辅助子系统进行统一的集成和信息汇总，实现变电站辅助子系统的本地化管理、监视、控制；在子系统间信息共享的基础上，实现视频监控系统、安全防护系统、消防火灾系统、给排水系统、SF_6 监测系统、环境监测系统、智能照明系统、SCADA 等系统的互动，实现智能联动、辅助操作、辅助安防等功能。

辅助监控系统通过视频数据挖掘、智能图像分析、全景数据展示、各系统的互动、环境监测数据采集与分析报警、周界防范与警戒区的划定、一次设备状态监测等技术手段，紧密结合主辅系统信息，利用智能手段进行事件主动响应，提前排除设备隐患，实现从传统的被动监控模式向主动监控模式转变，提高事件处理效率，降低人力成本。现场工作与远方监视的有机结合，在变电站达到智能告警、智能分析、智能联动和智能检修的目的。

辅助监控系统高度集成各辅助信息，实现符合标准的横向及纵向的信息交互和发布，统一网络、统一平台、精简设备，避免重复建设，提高设备利用率，提高电网运行可靠性，为电力系统的安全稳定运行和设备有效监管提供技术支撑和保证。

11.2 辅助监控系统架构及主要构成

11.2.1 辅助监控系统架构

辅助监控系统由辅助监控系统主机、网络设备、信息安全防护设备、辅助设施及协议转换单元（可选）等构成，实现对变电站内辅助设施运行的综合监视、管理等功能，并可与上级系统以及变电站监控系统之间进行通信。

辅助监控系统架构如图 11-1 所示，主要由视频监控、环境监测、照明控制、安全警卫、电源监测、消防告警等子系统组成，可接入变电站内消防、安全警卫、电源监测、环境监测、照明控制及视频监控等辅助设施的信息，系统组成可根据变电站需要监测的信息进行增减。

辅助监控系统主机采用 DL/T 860 或各子系统提供的私有协议接入消防、安全警卫、电源监测、环境监测、照明控制等辅助设施的主控机（或者协议转换单元），并采用 DL/T 283.1

《电力视频监控系统及接口　第 1 部分：技术要求》中规定的要求与视频监控子系统通信。

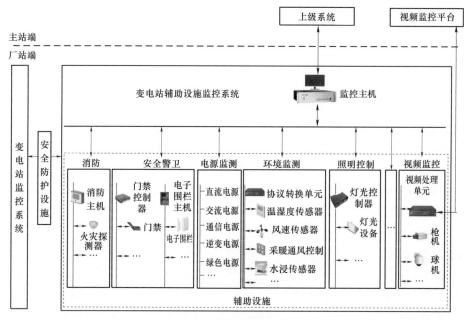

图 11-1　辅助监控系统架构

辅助监控系统接入的信息主要包括：

（1）消防信息：

➢ 感烟火灾探测器、感温火灾探测器的火灾告警信息。

➢ 感烟火灾探测器、感温火灾探测器设备的运行工况信息。

➢ 感烟火灾探测器、感温火灾探测器设备的故障告警信息。

➢ 消防水箱/水泵、排烟风机、喷淋/气体灭火等消防设备的监视信息。

（2）安全警卫信息：

➢ 门禁开关状态和刷卡信息。

➢ 电子围栏报警信息。

➢ 电子围栏主机状态信息。

➢ 红外对射设备告警信息。

（3）电源监测信息：

➢ 交流电源的状态信息、量测值和告警信息。

➢ 直流电源的状态信息、量测值和告警信息。

➢ 通信电源的状态信息、量测值和告警信息。

➢ 逆变电源的状态信息、量测值和告警信息。

（4）环境监测信息：

➢ 温度传感器和湿度传感器的告警信息。

➢ 温度传感器和湿度传感器设备的运行工况信息。

> 温度传感器和湿度传感器的测量值。

> SF_6告警信息。

> SF_6设备的运行工况信息。

> SF_6浓度测量值。

> 水浸传感器的告警信息。

> 水浸设备的运行工况信息。

> 风速传感器设备的风速告警、风速值和风速等级。

> 采暖通风控制的开关状态、出风大小、运行状态、温度值和湿度值。

（5）照明控制信息：

> 声光/人体感应器、灯光控制器的运行工况信息。

> 灯光设备的开合状态信息。

（6）视频监控信息：

> 实时视频流数据。

> 语音对话。

> 视频系统检测出的告警信息。

> 视频设备自身的运行工况信息。

11.2.2　辅助监控系统功能

1. 基本功能

（1）实时监控。

通过在不同区域监控点位布置相应功能型号的摄像机，实现 24h 不间断监控，并且可以对带云台设备进行云台操作，对视角、方位、焦距进行调整，实现全方位、多视角、无盲区、全天候式监控。

（2）录像存储。

支持前端存储和中心存储两种模式，前端的视音频信号接入视频处理单元存储数据，达到前端存储的需要，以供事后调查取证；也可部署网络存储设备，满足大容量多通道并发的中心存储需求。

（3）语音功能。

通过广播功能，工作人员能够对现场工作进行指导，对违章操作进行警告；通过语音对讲，上级管理部门能够和变电站现场人员进行沟通。

（4）环境监测。

通过传感器实时采集相关环境数据，例如，温湿度、风速、水浸、SF_6浓度等相关信息，方便实时监控、历史查询、统计分析，当数据出现异常时，可以联动报警。

（5）联动预案。

通过视频监控系统和其他辅助系统的关联，能够提供客户端联动、电视墙联动、报警录像等丰富的视频预案，有助于相关部门第一时间发现事故点，迅速做出反应，把事故损失控制到最小程度。

除了视频预案，系统还支持其他处置预案，例如，当温湿度越限时，能够自动开启空调；当电缆沟积水越限时，能够自动开启排水；当开关室 SF_6 浓度越限时，能够自动开启排风设备。

（6）巡检预案。

支持可视化巡检预案，按人工巡检的路线，把沿途多个监控点的多个预置位添加进预案，一旦发现问题，可截图并标注问题，及时通知相关部门。相较于人工巡检、手工纸质记录的传统巡检方式，该预案可大大提高巡检质量及到位率。

（7）远程维护。

通过系统软件能够对前端设备进行校时、重新启动、修改参数、软件升级、远程维护等功能。设备提供远程访问功能，运维人员不必到达设备现场，就可修改设备的各项参数，提高设备维护效率。

（8）系统管理。

通过系统软件能够进行全方位管理，提供中心管理、Web 服务、认证授权、日志管理、资产管理、地图管理、流媒体服务、云台代理、存储管理、文件备份、设备代理、移动服务、报警管理、电视墙代理、网管服务等系统服务，提高整套系统的工作效率。

2. 扩展功能

（1）业务联动。

通过电力行业标准协议与生产系统对接后，当遥控操作或发生故障时，视频监控系统将收到生产系统发送的遥控、遥信信号，联动相关监控点的预置点，实现可视化运行管理。

（2）行为分析。

对于重要区域采用智能分析技术，通过行为分析和智能跟踪的方式，实现安全防范监控。主要对穿越警戒面、区域入侵、进入区域、离开区域等多种行为进行识别和触发报警。

（3）车牌识别。

通过变电站出入口部署的卡口识别系统，对出入车辆进行抓拍，利用车牌识别技术，区分巡检车辆和可疑车辆后，及时联动大门开启关闭。

（4）红外热成像。

通过变电站制高点部署的红外热像仪，对重要设备进行轮巡，实时监测设备温度，一旦发现温度异常，触发报警。

（5）移动办公。

通过手持终端（手机、平板电脑等）能够随时随地远程监控，实现预览、云台控制，为应急指挥、巡视检修提供便捷的技术保障。

（6）视频质量诊断。

采用轮巡方式检测设备工作异常，如清晰度异常（图像模糊）、亮度异常（过亮、过暗）、偏色、噪声干扰（雪花、条状、滚屏）、画面冻结、信号丢失、云台失控等，及时发现系统的故障并报警通知，提高视频监控系统的有效性。

11.3 关键技术

11.3.1 视频图像监控技术

视频图像监控系统是一套基于网络的数字化视频监控管理系统，采用先进的 Mpeg4/H.264/H.265 视频编解码技术，对视频图像信息采集、存储、传输、控制和维护的全过程进行管理，可以架构在各种专网、局域网、城域网和广域网之上，实现远程监控和集中管理相结合的数字化监控技术。

视频图像监控系统由前端监控摄像机进行编码，图像数据通过网络传输到后端硬盘录像机或网络高清硬盘录像机进行存储、预览和回放，视频图像监控系统借助 IP 网络，具有部署灵活、扩展方便但同时受网络环境影响较大的特点。传统视频监控方案将前端视频监控图像不经处理可以直接传到后端设备硬盘录像机，由后端进行编码、存储、预览和回放，该方案部署简单、无延时，但扩展困难，较难实现集中存储管理。目前，网络化已经成为嵌入式硬盘录像机和网络高清硬盘录像机的基本功能，嵌入式硬盘录像机和网络高清硬盘录像机支持多种网络协议，能够满足不同网络环境，构建规模化的网络视频管理系统。

变电站视频监控系统由视频监控主机、视频分析服务器和前端摄像机组成。系统部署于变电站信息安全Ⅲ区，视频信息上送至站内的辅助设备监控系统服务器。视频信息通过综合数据网，上传至电网统一视频平台。

变电站辅助及视频监控系统如图 11-2 所示。

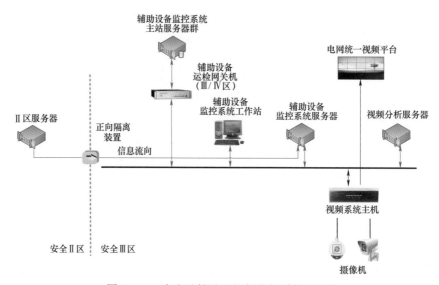

图 11-2 变电站辅助及视频监控系统示意图

视频图像监控系统用摄像机代替人眼，用计算机代替人、协助人，来完成监视或控制的任务，从而减轻人的负担，并可用作事后分析查证。计算机视觉技术的发展为视频图像分析提供了强有力的技术支撑。

视频图像分析技术以数字图像处理为基础，挖掘出"人数统计、人群密度分析、人脸检测、行为识别、物品取走与遗留、车牌识别、交通流量分析"等方面的应用。在交通、公安等行业中，人脸识别、车牌识别等视频分析技术被广泛使用。随着计算机视觉技术的发展，视频图像分析将数字图像处理和人工智能相结合，大大提高了检测、识别精度，拓宽了应用范围，在物体检测与识别、行为分析等方面实现了商用化。

目前，通过深度学习技术的应用，在站内进行了人员身份认证、语音交互、智能巡检、缺陷识别、故障诊断及边界安全等方面的研究及部分试点应用。

人工智能技术的发展促进了计算机视觉技术的发展，同时也推动了芯片产业的发展，各类人工智能芯片层出不穷。从应用场景角度看，人工智能芯片主要有两个方向，一是在数据中心部署的芯片，二是在消费者终端部署的芯片。从功能角度看，一是训练，二是推理。目前人工智能（Artificial Intelligence，AI）芯片分别在云端和终端大规模应用。云端的 AI 芯片可实现训练和推理功能，终端的 AI 芯片仅做推理使用。在训练上用大量标记过的数据来"训练"相应的系统，使之可以适应特定的功能；在推理上用训练好的系统来完成任务。训练和推理在目前大多数的 AI 系统中，是相对独立的过程，其对计算能力的要求也不尽相同。训练需要极高的计算性能，需要较高的精度，需要能处理海量的数据，需要有一定的通用性，以便完成各种学习任务。

变电站视频图像分析有基于站端的智能分析和基于摄像机的智能分析两种模式。当前以基于站端的智能分析为主，在站控层配置智能分析服务器，内置各种智能分析算法，采集站内摄像机的视频数据，集中分析，根据分析结果进行告警或其他处理。这种集中分析方式对智能分析服务器性能要求较高，视频采集能力（能接入多少路摄像机）、分析计算能力（每秒处理多少帧）是智能分析服务器的重要技术指标，适用于老站改造。基于摄像机的智能分析采用智能摄像机，在摄像机内完成预设的智能分析功能，并将有用的分析结果（告警信息及事件发生时的视频/图像）上送至视频图像监控系统。

视频信息转化为结构化数据是现阶段较为关键的技术环节。视频结构化对视频内容按照语义关系，采用多种视频处理手段，组织成可供计算机理解的文本信息的技术。电力视频信息结构化可将视频中的信息转化为电力设备的运行状况、相关量测值、环境状况等，以信息流的形式向上一级传送，将电力监控视频的结构化信息统一纳入本地监控系统，一方面可减少网络传输压力，降低视频存储资源，提高监测实时性，同时也扩充了监控系统在变电站内的监测范围。

11.3.2　安全防护与门禁技术

1. 安全防护

安全防护设备主要由红外对射、红外双鉴、振动探测器和电子围栏等设备组成。各探测器通过报警线缆直接与环境数据处理单元连接，当发生报警时，报警信息能够及时上传给环境数据处理单元，并且能联动相关设备，如启动照明灯光、声光报警器等。

（1）红外对射。

红外对射是利用光束遮断方式的探测器，由一个发射端和一个接收端组成。发射端发出一束或多束人眼无法看到的红外光，形成监控防护区，当有人横跨该区域时，遮断不可见的红外线光束而引发警报。

常见的红外对射有两光束、三光束、四光束。以四光束为例，一般情况下必须同时遮断四束光束才发出报警。如果只触发三束或以下，且持续一特定时限，系统亦判定为报警，因此不会出现漏报现象。

主要功能：一旦有不法人员想通过围墙翻入变电站，就会立即触发报警器，报警器通过开关量输出到环境数据处理单元。环境数据处理单元可根据预置规则联动相应功能：将报警信息上传监控主机，保安人员可以迅速来到事发地点；触发声光报警器，震慑非法闯入者；联动相应的灯光照明，调用预置位，启动报警录像等。

在大面积区域监控时，安全警卫系统可采用防区模块，通过模块对该防区进行地址编码。

（2）红外双鉴。

红外双鉴是被动式红外传感器和微波传感器的组合，微波只对移动物体响应，红外只对引起红外温度变化的物体响应，只有在微波和红外同时响应才会发出报警，大大提高了报警可靠性。

主要功能：当检测到移动物体时，通过开关量输出报警信息到环境数据处理单元。环境数据处理单元可根据预置规则联动相应功能：报警信息上传监控主机，使管理人员了解进入现场的移动物体；联动相应的灯光照明，调用预置位，启动报警录像等。灯光的自动开启功能也给巡检人员带来了方便。

在大面积区域监控时，安全警卫系统可能采用防区模块，通过模块对该防区进行地址编码。

（3）振动探测器。

振动探测器常用压电传感器，利用压电材料的压电效应原理，当压电材料受到某方向的压力时，在特定方向两个相对电极上分别感应出电荷（电荷量的大小和压力成正比），形成微弱的电位差，通过变换放大器输出开关量信号。

常见的振动探测器有一体化和分体式探测器。在一体化探测器中，设备内集成传感器和变换放大器，监控范围小，造价较高；分体式探测器采用传感器和变换放大器分离的方式，一个变换放大器可带动多个传感器，监控范围大，造价较低。

主要功能：一旦有不法人员想通过凿墙进入变电站，就会立即触发报警，并通过开关量输出到环境数据处理单元。环境数据处理单元可根据预置规则联动相应功能：将报警信息上传监控主机，保安人员可以迅速来到事发地点；触发声光报警器，震慑非法闯入者；联动相应的灯光照明，调用预置位，启动报警录像等。

（4）电子围栏。

电子围栏由前端探测围栏和高压电子脉冲发生器组成。

前端探测围栏是由杆及特制合金导线等构件组成的有形周界，安装在周界现有围墙或围栏上。高压电子脉冲发生器负责向前端探测围栏输出和接收高压电子脉冲信号，并检测电子围栏报警状态，在前端探测围栏处于触网、短路、断路状态时产生报警信号，并把入侵信号发送到高压电子脉冲发生器。

主要功能：电子围栏具有不同的防区，当检测到入侵事件时，报警主机输出相应防区的报警信息到环境数据处理单元。环境数据处理单元可根据预置规则联动相应功能：报警信息上传监控主机，保安人员可以迅速来到事发地点；触发声光报警器，震慑非法闯入者；联动相应的灯光照明，调用预置位，启动报警录像等。

2. 门禁技术

门禁系统主要由门禁控制器、读卡器（包括键盘读卡器）、电控锁、门磁和门禁电源等组成，安装在建筑物的主要出入口、重要区域的通道口，实现对出入口的控制及考勤功能。

主要功能：门禁系统实现对通道进出权限、进出时段的管理，可实时查看每个出入口人员的进出情况、门的状态，具有异常报警和消防联动功能；储存所有的进出记录、状态记录，并提供多种查询手段对出入记录进行查询。

可视化门禁是将门禁控制与摄像机可视对讲相结合，实现一体式门禁对讲控制。主要用于变电站大门出入口。可视门禁前端主要由门口机、控制器两部分组成，配合智能辅助系统软件门禁对讲模块使用，实现远程可视对讲和远程开门控制。

11.3.3　消防火灾监控告警技术

消防报警系统通过火灾触发装置对防区进行全方位监视，触发装置可将现场火情信号实时传送至主控制中心及分控室的消防报警主机。变电站内的消防报警系统主要由消防报警主机、触发装置组成，完成火灾探测报警功能。

消防报警主机可对探测器、手动报警按钮传来的信号进行判断，各种报警状态信息均可以直观地显示在液晶屏幕上，便于用户操作使用；控制器具有强大的面板控制及操作功能，各种功能设置全面、简单、方便。

触发装置包括火灾探测器和手动火灾报警按钮。

火灾探测器用于探测火情并提供总线信号或开关量信号，主要有感烟火灾探测器（烟感）、感温火灾探测器（温感）和火焰火灾探测器等，把烟雾浓度、温度、亮度等物理量转变为电信号。

主要功能：消防报警系统具有不同的防区，当检测到火灾时，报警主机通过接口转换设备将信息上传到综合监控平台，根据预置规则联动相应功能：将报警信息上传监控主机，保安人员可以迅速来到事发地点；联动相应的灯光照明，调用预置位，以便前端及监控中心能及时了解现场火势，并采取相关措施。

消防报警系统的开关量能实现各种联动：开启门禁，使火灾区域的人员能够逃生；实现与电源控制开关的联动，自动切断重要设备的电源。

11.3.4　交直流电源一体化技术

交直流一体化电源系统为全站交、直流设备提供安全、可靠的工作电源，主要由站用交流电源、直流电源、电力用交流不间断电源（Uninterrupted Power Supply，UPS）和电力用逆变电源、通信用直流变换电源（DC/DC）等装置构成，并统一监视控制，共享直流电源的蓄电池组。交直流一体化电源系统采用分层分布架构，各电源子系统一体化设计、一体化配置及一体化监控，其运行工况和信息数据能够上传至远方控制中心，能够实现就地和远方控制功能，能够实现站用电源设备的系统联动。系统的总监控装置通过以太网通信接口采用 DL/T 860 规约与变电站后台设备连接，实现对一体化电源系统的远程监控维护管理。

变电站交直流一体化电源主接线（35~110kV）如图 11-3 所示。

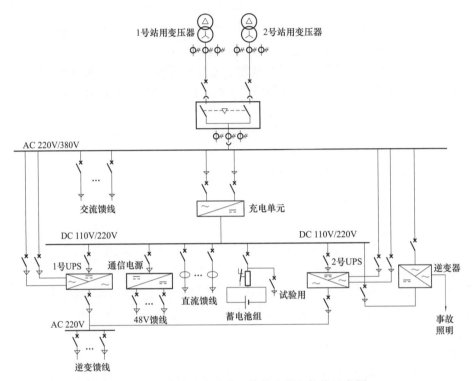

图 11-3　变电站交直流一体化电源主接线示意图

1. 交流电源

包含交流进线监控模块、交流切换装置、交流监控模块和交流馈线监测模块。

2. 直流电源

（1）充电单元。

充电单元具备按蓄电池的充电特性进行均充、浮充自动转换和控制功能，防止蓄电池欠充电或过充电而影响蓄电池寿命。在恒流充电时，充电电流的调整范围为 20%～130%额定电流；在恒压运行时，充电电流的调整范围为 0～100%额定电流；充电单元电压调整范围为 90%～125%直流标称电压。

（2）充电监控。

充电监控是对充电单元进行测量和控制的核心部分，应能测量、显示及分析充电单元各种数据、告警信息和故障信息，对整个充电单元实施管理。

每套充电单元配置一套充电监控模块。充电监控模块能适应充电单元各种运行方式，具有液晶汉显人机对话界面，并能与一体化监控装置进行信息交互。

（3）绝缘监测。

具有直流正负母线双极接地、两段直流混接、交流窜入直流回路的测记和报警功能。当直流系统出现绝缘降低或接地故障时，能自动检测出故障支路，能监测母线正对地、母线负对地电压，能检测出每个支路的正极对地电阻和负极对地电阻；直流母线及支路正极、负极对地绝缘电阻报警值可由直流绝缘监测模块设置。绝缘监测装置在检测时不应对直流电源系统注入交流信号，应独立设置，且应与充电监控模块或一体化监控装置通信。

（4）直流馈线监测。

应能监测馈线断路器位置和报警触点信息，具有与充电监控模块或一体化监控装置进行信息交互的功能。

3. UPS

由整流器和逆变器等组成的一种电源装置，它与直流电源的蓄电池组配合，能提供符合要求的不间断交流电源。由于与不接地系统的蓄电池组相连接，所以该装置的直流输入部分与交流部分是隔离的。

UPS 应具有防止过负荷及外部短路的保护功能，其交流电源输入回路中应有涌流抑制和隔离措施，且所有元件的功率均应满足长期额定输出的要求，并配置监控模块，具有液晶汉显人机对话界面和与一体化监控装置进行信息交互的功能。UPS 的旁路电源需经隔离变压器进行隔离。

4. 通信电源

通信电源是一种 DC－DC 电源变换装置，其输入与直流电源的蓄电池组相连接，输出特性满足通信电源的要求。由于与不接地系统的蓄电池组相连接，所以该装置的输入部分与输出部分是电气隔离的。

通信电源应配置监控模块，完成对系统的参数设置、工作状态监测及信息查询等功能，监测馈线回路电流、馈线断路器位置和报警触点状态等信息，具备历史告警信息记录存储功能，并保证掉电后记录不会丢失，可与一体监控装置进行信息交互功能。监控模块故障应不影响通信模块的正常工作，监控模块应具有较强的抗干扰能力。

5. 蓄电池组及监测模块

蓄电池组在站内交流失电时，为站内提供短时供电电源。35~110kV 电压等级的变电站可采用 2V 或 12V 的单体电池，220kV 及以上电压等级的变电站采用 2V 单体电池。

每组蓄电池组需配置一套独立的蓄电池监测模块，监测蓄电池单体电压、温度及蓄电池充放电状态，并将监测信息上送至一体化监控装置。

6. 监控功能

交直流一体化电源系统的监控功能由总监控装置实现，监控交流电源、直流电源、UPS、通信电源、蓄电池组的运行工况及告警信息等。

7. 事故照明电源

（1）接触器式。

事故照明具有交直流切换功能，正常时输入电源为交流，事故时能瞬时自动切换到由直流系统供电。输出回路应选用具有 AC、DC 短路分断能力的断路器。

（2）逆变电源式。

事故时，由逆变电源逆变输出交流供电。输出回路应选用具有 AC 短路分断能力的断路器。

11.3.5　环境监测技术

采用各种环境信息采集设备，包括温湿度传感器、风速传感器、水浸探测器、SF_6/O_2 探测器、烟雾探测器、风机控制器、灯光控制器、空调控制器和火灾报警器等，对环境信息进行采集。环境量采集单元进行统一的汇集和处理，并采用符合 DL/T 860 标准的通信协议上传给辅助监控系统。由于传感器采集的信息，品类众多，环境量采集单元必须支持多种类型的输入输出接口。

1. 温、湿度检测

温度传感器可以感受温度并输出温度信号。温度传感器采用有源直流模拟输出，或采用RS485 串口输出。

无线温度传感器主要由无线测温单元和无线网关组成，无线测温单元实现温度采集、信号发射功能，无线网关实现信号接收、汇聚功能。无线测温单元由温度传感器和无线发射模块组成，主要安装在易发热的电缆连接处以及变压器与开关的表面。

在变电站内，隔离开关、高压开关柜触头以及电缆搭接头都是常见的故障点，在设备长期运行过程中，因触点温升加剧引发的事故数不胜数。尤其是开关柜全封闭运行，内部空间狭小并有裸露高压部位，无法进行人工巡查测温。因此加强对运行设备温升的监视，及时发现问题并处理是关键。在高压设备上，由于有线方式无法解决高压绝缘问题，无线测温方式一经推出就获得了电力系统的认可。

无线温度传感器具有：

➢ 无线设备辐射小，发射功率低。

➢ 安装方便，通信可靠。

➢ 采用无线传输，实现无障碍通信。

➢ 待机功率低，发射距离远。

➢ 使用环境恶劣，测量区域电压等级高。

湿度传感器以湿敏元件为核心组成，测量湿度并输出信号。通常与温度传感器组合使用。

2. 风速检测

风速传感器是测量空气流速的仪器。由 3 个互成 120°固定在支架上的抛物锥空杯组成感应部分，安装在一根垂直旋转轴上，在风力的作用下，风杯绕轴以正比于风速的转速旋转。风速传感器一般采用有源直流模拟输出，也有部分采用 RS485 串口输出。

变电站内的风速传感器连接至环境数据处理单元，能把现场风速实时上传平台，前端及运维中心能随时查阅设备运行场地的风速，并做出相应的处理。

风速传感器一般安装于变电站主控楼顶，一个站点安装一个即可。

3. 水浸检测

水浸传感器分为接触式水浸探测器和非接触式水浸探测器。一般采用干节点方式输出。

电缆沟内的水浸传感器通过开关量输出报警信号给环境数据处理单元，环境数据处理单元根据预置规则启动抽水泵排水，同时把现场积水情况及时上传平台。

4. SF_6/O_2 检测

SF_6/O_2 探测器基于电化学原理制成。一般采用有源直流模拟输出，部分采用 RS485 串口方式输出。主要功能有：

- SF_6 气体浓度超限报警，声光提示，泄漏时自动排风。
- 空气中的 O_2 含量检测，缺氧报警，报警时自动排风。
- 自动定时排风、泄漏超标自动排风、手动排风功能及排风时间记录。

5. 环境数据处理单元

环境数据处理单元是变电站综合监控系统的核心设备，实现环境信息、报警信息实时处理、传输、存储等功能。环境数据处理单元采用一体化设计，兼容多种规格的接口，它可以通过开关量接口、4～20mA 模拟量接口、RS485 串口与各子系统连接，对各种数据进行汇聚，处理成数字信号，并可以提供向上的接口供平台访问和管理。主要功能有：

- 采集变电站内的开关量信号，接受站端管理单元信号控制开关量输出。
- 采集变电站内的模拟量信息，并上传站端管理单元。
- 采集变电站内的串口数据，并上传站端管理单元。

6. 控制单元

风机控制器一般采用干节点输入输出方式，来控制风机的电源回路，并带有位置继电器用以标识开关状态。

空调控制器分为空调遥控器和中央空调控制器两类，空调遥控采用模拟家用空调遥控器发射红外脉冲的方式；中央空调控制器采用私有通信规约控制中央空调主机，一般均采用 RS485 串口输入。

11.3.6　智能照明技术

变电站照明设施的控制系统，包括终端节点、路由器节点和协调器节点。其中，终端节点包括照度采集模块和调光模块，路由器节点包括通信模块，协调器节点包括微控制器。照度采集模块的信号输出端通过通信模块连接微控制器的信号输入端，微控制器的信号输出端通过通信模块连接调光模块，调光模块连接光源。实现灯光亮度的自动调节，利用室内灯光与自然光的相互补偿，使室内照度保持在一个合适状态，节约了能源，降低了运行成本，同时避免了光源的频繁启动，延长了光源的使用寿命，解决了现有的照明方式耗能大、成本高以及光源寿命短的问题。

智能照明技术的采用和推广，将提高变电站照明设施的管理水平，使其更加节能环保。对变电站内的照明可实时监控灯具运行状态，并可实现分区域对于不同的照明需求按照不同的控制方式对灯具进行控制，对站内实现智能化无人值守具有实际意义。

11.3.7　系统联动技术

辅助监控系统对各辅助子系统进行统一的集成和信息汇总，实现变电站辅助子系统的本地化管理、监视和控制，具备将辅助信息和 SCADA 信息以及辅助控制功能相结合而进行联动互动的高级功能。

1. 辅助信息联动

（1）消防联动。

火灾报警系统具有不同的防区，当检测到火灾时，发出火警信号，报警主机上传报警信息，保安人员可以迅速到达事发地点；辅助监控系统联动相应的灯光照明，调用摄像机预置位，以便站端及监控中心能及时了解现场火势。火灾报警系统的开关量能实现各种联动：开启门禁，使火灾区域的人员能够逃离；实现与电源控制开关的联动，自动切断重要设备的电源。

（2）安防联动。

电子围栏或红外探测器侦测到有活动人员进入，发出入侵信号，辅助监控系统联动灯光照明，启动现场警笛，视频监视窗口自动调出摄像机视频，转动到相应摄像机预置点，并启动数字录像，同时驱动门禁控制器打开或关闭所有门，便于人员疏散或防止窃贼逃窜。

（3）环境监测联动。

环境监测主要针对水浸、SF_6 泄漏、温湿度和风速等情况。当水浸探头监测到水浸时，发出报警并联动水泵启动排水系统；当 SF_6 泄漏时，发出报警并联动风机排气；当温湿度、风速传感器监测到其值超过阈值时，发出报警并启动空调设备等。

2. SCADA 系统联动

辅助监控系统接收 SCADA 系统传来的实时数据，同步接收 SVG 格式的变电站接线图形文件，在主接线图上 SCADA 与智能辅助监控平台的同步显示。辅助监控系统在变电站发生遥控、操作、保护、故障报警等情况时能将摄像头对焦进行操作的设备。

（1）变电站发生事故跳闸时，SCADA 将开关变位信号、事故总信号、重合闸信号等多种信号同时传到辅助监控系统，辅助监控系统发出告警并在显示屏上推出画面，摄像头根据预置位自动对准事故开关及对应间隔的一、二次设备，进行视频确认。

（2）变电站进行隔离开关分合操作时，SCADA 监测到隔离开关分合失败，将告警信息传到辅助监控系统，辅助监控系统将场地摄像机在显示屏上弹出，并自动调出预置位，进行视频确认。

（3）当 SCADA 遥测异常时，辅助监控系统发出告警并在显示屏上推出画面，摄像头根据预置位自动对准测控设备。

第12章 变电站运维技术

12.1 广域运维技术

12.1.1 概述

为主动适应电网快速发展中生产运行的需要，全面提升电网生产检修能力，变电站自动化设备广域运维概念应运而生。为解决目前主站与变电站信息交互灵活性和扩展性差的问题，设计电力系统通用服务协议（GSP）作为高性能服务的广域运维主站与变电站信息交互框架，实现主站与变电站之间服务调用的标准化和规范化。基于变电站二次系统安全防护的要求，建设广域运维服务管理中心，实现主站对变电站内各种运维服务的注册、审核、监视和全过程纵深安全防护等管理服务。为解决目前变电站自动化设备运维服务私有化问题，对远程运维服务进行规范，建设变电站自动化设备广域运维中心，通过广域服务管理中心授权，向变电站调用所需的运维服务，实现远方对变电站自动化设备集中运维。结合变电站自动化设备操作障碍定位困难，运行状态评价缺少有效技术手段，采用智能变电站自动化设备功能受损度分析诊断关键技术，实现变电站控制障碍自动定位，自动化设备功能受损智能诊断分析，在变电站监控系统和广域运维中心展示分析结果，以提升变电站自动化设备运行维护智能化技术水平。

12.1.2 系统结构

1. 主子站广域协同架构

主子站广域协同采用面向服务的体系架构（SOA），建立高性能通用服务框架，为模型管理、智能告警、状态估计、远程浏览等功能全网分级式高级功能的实现奠定坚实的基础，进一步提高变电站运行的安全性、智能性和运维便捷性，提高对调控主站的支撑作用。基于 SOA 的主子站广域应用协同示意图如图 12-1 所示。

SOA 体系架构以及包括电力系统通用服务协议（GSP）在内的远程交互技术的应用，在主站和变电站之间建立了可以自由传输各种应用数据的信息高速公路，为主站和变电站应用的广域协同提供了强有力的技术支撑。在变电站监控系统内部，采用监控主机与数据通信网关机一体化的模式，充分发挥远程交互技术的支撑作用，基础服务协议的远程交互功能模块可以自由地部署在监控系统内任意一个站控层节点。并实现包括智能高级应用在内的变电站主要应用功能的服务化，从结构和功能分布等方面打破传统的远动通信方式的制约。

2. 远程运维架构

远程运维针对变电站自动化设备运行和维护的具体需求，提升调度主站对变电站自动化设备的监视与维护能力，解决现场维护成本高、效率低的问题，保障无人值班变电站自动化设备的运行安全。面向无人值班的变电站监控系统的远程运维架构如图 12 - 2 所示。

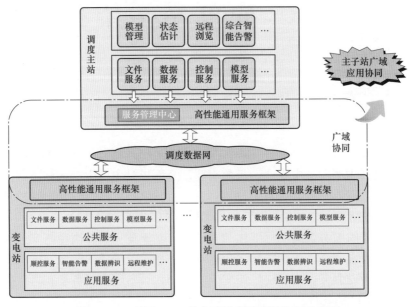

图 12 - 1　基于 SOA 的主子站广域应用协同示意图

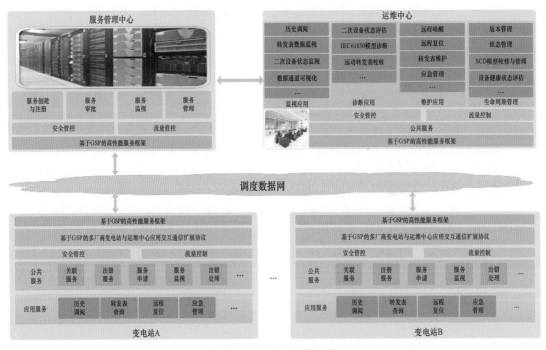

图 12 - 2　远程运维架构

远程运维采用三层服务体系架构，包括公共服务层、高性能通用服务层及应用服务层。

应用服务层位于主站调度端，通过调度数据网以及高性能通用服务，实现对变电站侧公共服务的远程运维。调度主站采用面向服务的应用模式，基于高性能的通用服务的远程交互技术和基于数字 Ukey 证书的安全监护及认证技术，通过调阅变电站端的通信服务、模型服务、图形服务、点表服务、信息服务、安全服务等内容，实现调度对变电站通信网关机的远程唤醒、远程复位、转发表配置、IEC 61850 模型诊断、二次设备状态指标监视和诊断等一体化远程维护，实现了包括转发表监视、通道和报文监视、远程桌面、历史信息检索等远程运行控制功能。

12.1.3　服务管理中心

1. 总体设计

服务管理中心是高性能通用服务框架的主要组成部分。高性能通用服务框架可以分为通信层的通信总线、协议层的通用服务协议和服务层的服务管理中心三个部分，如图 12-3 所示。这三个部分相对应的服务安全模块，保证高性能通用服务框架中服务调用的安全性。通信层的通信总线负责完成主子站之间的数据交换，提供同步通信机制和事件服务机制两种方法保证的跨系统的高性能数据通信。同步通信机制用于主子站之间的双向服务调用；事件服务机制用于主变电站之间的消息订阅和发布。在通信层之上，协议层的通用服务协议提供一组编解码的接口，将上层服务的请求和响应信息按照通用服务协议规范进行封装，确保系统在协议层的通用性。服务管理中心在通信层和协议层之上，用于管理公共服务和应用服务。应用开发人员按照应用服务接口规范的要求封装自己的公共服务和应用服务，并通过服务管理中心发布或定位需要的公共服务和应用服务。所有服务程序都要向服务管理中心注册，经过服务管理中心的授权后，才能对外提供服务。

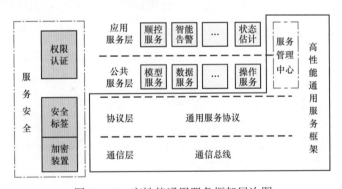

图 12-3　高性能通用服务框架层次图

2. 服务管理中心部署

服务管理中心部署，如图 12-4 所示，包括服务管理服务端和服务管理客户端。服务管理中心在变电站端仅部署服务管理客户端，在主站端同时部署服务端和客户端。

变电站的服务管理客户端主要负责本变电站内的服务向省调服务管理中心进行注册、申请审批等工作。主站的服务管理客户端包括完成对服务的审批操作（主站端服务申请和审批操作需要不同角色担当）和实现主站内所有服务的展示功能。主站端的服务管理服务端是建立在主站端的一组服务的集合，在主站的权限管理和安全防护的保护下，提供服务注册、服务审批、服务定位、服务查询及服务监视等服务，并负责将服务信息保存到主站的数据库中。

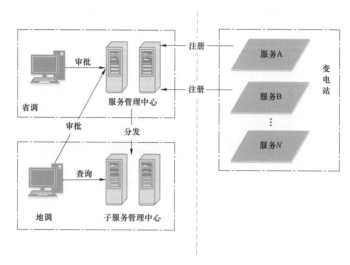

图 12 - 4　服务管理中心部署示意图

12.1.4　运维中心功能

变电站自动化广域运维应用功能结构示意图如图 12 - 5 所示，分为基于 GSP 的统一信息交互、基于 D5000 平台的统一访问接口及变电站自动化广域运维五类应用功能三个层次。其中五类应用功能包括运行监视、设备管理、异常诊断、组态配置及维护操作。

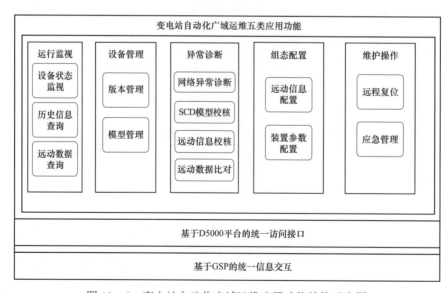

图 12 - 5　变电站自动化广域运维应用功能结构示意图

（1）运行监视。

运行监视实现变电站自动化设备运行关键信息的监视，通过可视化手段展示设备状态监视、历史信息查询及远动数据查询等功能。设备状态监视信息包括通信状态信息、自检告警信息、设备资源信息、内部环境信息和对时状态信息等。历史信息查询根据检索条件查询变电站监控系统存储的历史运行信息。远动数据查询实现数据通信网关机转发数据的实时数据查询。

（2）设备管理。

设备管理实现对变电站自动化设备版本及模型的集中管理。自动化设备版本信息包括硬件、软件、参数及模型等版本信息。模型信息包括 SCD 模型与远动点表信息。

（3）异常诊断。

异常诊断实现对变电站自动化运行设备进行异常诊断，主要包括变电站网络异常诊断、SCD 模型在线校核及远动信息在线校核等功能。变电站网络异常诊断包括变电站过程层网络及站控层网络的异常诊断，SCD 模型在线校核实现集中管理的 SCD 模型与变电站自动化设备在线的 CID 模型进行比对，远动信息在线校核能够对集中管理的远动点表信息与数据通信网关机的远动点表进行校核。

（4）组态配置。

组态配置实现对变电站自动化系统或设备参数的远程集中配置，主要功能包括远动信息配置及装置参数配置。远动信息配置实现远动点表的下装，装置参数配置实现二次设备定值参数管理与配置。

（5）维护操作。

维护操作实现对变电站自动化系统或设备的远程操作，主要功能包括远程复位及应急管理。远程复位实现变电站自动化设备及主要进程的启停，使运行设备恢复到初始化状态。应急管理通过虚拟网络控制台（Virtual Network Console，VNC）实现远程图形化操作。

12.1.5　变电站功能

1. 设备复位

（1）服务描述。

变电站设备上的运行设备复位程序，始终监视设备整体系统运行状态，并实时将状态信息反馈给主站。当变电站设备出现数据中断，或数据发送错误，或数据不再刷新等问题，可能是设备中相应的服务进程不在运行状态，可通过从主站发送远程复位命令，使相关服务或设备复位，恢复正常状态。

（2）服务实现。

以内核驱动的形式实现常驻服务，监控设备运行。当接收到主站复位消息或系统崩溃时，重置设备。

2. 在线监视

（1）服务描述。

该服务分别部署在主站和变电站端，变电站端服务实时采集影响站内二次设备运行的状态指标，并对指标进行预处理，实时等待主站端服务的响应，并将预处理的数据发送至主站端。主子站通过高性能通用服务协议实现信息交互，实时获取变电站端存储的二次设备的状态指标，实现主站端对变电站端二次设备的状态指标的在线监测。

（2）服务实现。

在变电站端部署二次设备状态指标采集服务，并对二次设备状态指标进行预处理。在主站端部署二次设备状态指标接收服务，实时接收站端二次设备预处理后的数据，并将接收的数据进行可视化展示。

主站端基于高性能通用服务架构，通过调度数据网进行交互，完成变电站在线监测定位；并通过通用服务协议发送在线监测的请求命令，在变电站端进行服务注册，启动服务请求命令监听。当变电站端监听到在线监测的请求命令后，通过通用服务协议发送诊断服务的应答，若主站端得到服务响应内容，则可获取站端二次设备运行的状态指标，并在远程运维界面中进行可视化展示。

3. 转发表查询

（1）服务描述。

该服务分别部署在主站和变电站端，变电站端通过转发表获取变电站的一、二次设备运行的重要指标，主变电站之间通过调度数据网实现数据交互，调度端服务可通过高性能通用服务协议实现变电站端转发表数据的远程调阅，实现调度端对转发表数据的可视化监视。

（2）服务实现。

变电站端将站内一、二次设备的重要指标数据配置在转发表中，调度端采用高性能通用服务的远程交互技术和基于数字证书的安全监护及认证技术，获取站端转发表数据。

主站端通过调度数据网进行交互，完成变电站转发表查询定位，并通过通用服务协议发送转发表服务的请求命令，在变电站端进行服务注册，启动服务请求命令监听。当变电站端监听到转发表服务的请求命令后，通过通用服务协议发送诊断服务的应答。若主站端得到服务响应内容，可获取站端转发表数据。调度端获取数据后进行解析，实现转发表数据的远程监视。

4. 应急管理

（1）服务描述。

应急管理服务端程序运行于变电站端的设备中。主站端通过应急管理客户端程序登录后，获取拥有登录账户相应的操作权限。可对变电站设备进行图形化访问和操作，实现将变电站设备的配置和控制转移至主站客户端的功能。

（2）服务实现。

远程桌面采用 C/S 架构，分为远程服务服务端程序和远程服务客户端程序。远程服务客户端安装在主站端的设备上，远程服务服务端安装到变电站设备上。使用时主站客户端向服务端发送信号，建立应急管理通道，然后通过该通道向变电站端发送控制命令，实现对变电站端设备的远程操作。

5. 历史调阅

（1）服务描述。

该服务分别部署在主子站端。变电站端接收本地信息并经处理后存储在当地服务器等相关的设备上；主站端通过高性能通用服务框架与变电站进行数据交互，获取变电站端存储的历史记录信息，实现主站端远程查询各个变电站历史记录信息的功能。

（2）服务实现。

调度主站通过调度数据网远程接入到变电站系统。首先进行服务定位，发送历史记录信息查询需求，然后通过广域服务总线向变电站端发送服务请求。在变电站端进行服务注册，并对主站端发送的查询服务响应，实现历史信息的远程查询。

6. 参数管理

（1）服务描述。

该服务分别部署在主站和变电站端。变电站端服务实时采集自动化设备运行的参数指标，对指标进行预处理并等待主站端服务的请求。接收到主站服务请求后，将预处理的数据发送至主站端。实时主站获取变电站端存储的自动化设备参数指标，实现主站端对变电站端自动化设备参数指标的在线监测。

（2）服务实现。

在变电站端部署参数管理服务。在主站端部署自动化设备参数指标的接收服务，实时接收站端自动化设备参数数据，并将接收的数据进行可视化展示。

主站端通过通用服务协议发送自动化设备参数服务的请求命令，在变电站端进行服务注册，启动服务请求命令监听。当变电站端监听到自动化设备参数的请求命令后，通过通用服务协议发送诊断服务的应答，若主站端得到服务响应内容，则可获取站端自动化设备参数，并在远程运维界面中进行可视化展示。

12.2　巡检机器人技术

1. 概述

变电站设备巡检是保证变电站安全运行，提高供电可靠性的一项基础性工作。随着变电站自动化水平的提高以及无人值守的普及，变电设备运行可靠性面临更加严峻的考验，变电站巡检受到了高度重视。目前国内变电站均采用传统的人工巡视方式，受巡视人员劳动强度、业务水平、责任心和精神状态等诸多因素的制约，漏检、误检情况时有发生，造成重大经济损失。根据中国电力科学研究院 2011 年电网运行统计报告，变电设备漏检、误检造成的经济损失达到每年 26 亿元以上。人工巡视已经越来越不能满足现代化变电站安全运行的要求，机器人代替人工巡视将是智能电网发展的未来趋势。

随着变电站智能巡检机器人列入《国家电网公司第一批重点推广新技术目录》，已经进入到推广应用阶段。2013 年实现了例行巡视、表计读取并自动存储对比分析、恶劣天气巡视、红外精确测温、后台自动存档分析等功能，有效地提升了变电站巡检的效率和效益，减轻了基层班组一线员工的工作负担。

变电站智能巡检机器人主要应用于室外变电站，代替运行人员进行巡视检查。机器人可以携带红外热像仪、可见光 CCD、拾音器等检测与传感装置，以自主和遥控方式，24 小时、全天候地完成高压变电设备的巡测，及时发现异物、损伤、发热、漏油等内外部机械或电气异常，准确提供变电设备事故隐患和故障先兆诊断分析的有关数据，提高变电站的安全运行可靠性。

采用机器人技术进行变电站巡检，既具有人工巡检的灵活性和智能性，同时也克服并弥补了人工巡检存在的一些缺陷和不足。尤其适应智能变电站和无人值守变电站发展的实际需求，具有巨大的优越性，是智能变电站和无人值守变电站巡检技术的发展方向，具有广阔的发展空间和应用前景。

2. 智能机器人巡检系统架构

变电站智能机器人巡检系统大致包括智能机器人巡检系统远程集控后台、智能机器人巡检系统本地监控后台、智能机器人巡检车载子系统等部分，如图 12 - 6 所示。

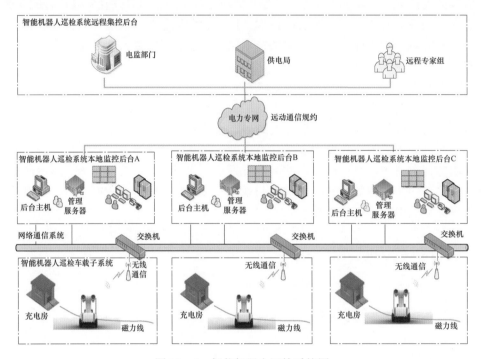

图 12 - 6 智能机器人巡检系统图

3. 智能机器人巡检系统的功能及组成

变电站机器人巡检系统以智能巡检机器人为核心，整合机器人技术、电力设备非接触检测技术、多传感器融合技术、模式识别技术、导航定位技术和物联网技术等。能够实现变电站全天候、全方位、全自主智能巡检和监控，有效降低了劳动强度，降低了变电站运维成本，提高了正常巡检作业和管理的自动化及智能化水平，为智能变电站和无人值守变电站提供了创新型的技术检测手段和全方位的安全保障，推进变电站无人值守的进程。

变电站巡检机器人基于自主导航、精确定位、自动充电的室外全天候移动平台，集成可见光、红外、声音等传感器。通过携带的可见光摄像机、远程红外热成像机、高性能定向拾音器等传感器，将被检测设备的视频、声音和红外测温数据通过无线网络传输到监控室。巡检后台系统通过设备图像处理和模式识别等技术，结合设备图像红外专家库，实现对设备热缺陷、分合状态、外观异常的判别，以及仪表读数、油位计位置的识别及移动物体侦测等功能，提供异常报警，并记录相关信息。可以配合智能变电站顺控操作系统实现被控设备状态的自动校核。可以根据操作人员在基站的操作或预设任务，借助激光雷达系统的轮廓导航技术，自动进行变电站内的全局最优路径规划，自主完成变电站设备的巡检工作。操作人员只需通过后台基站计算机收到的实时数据、图像、声音等信息，即可完成变电站设备巡检工作。

巡检机器人系统的整体结构主要由充电站、移动本体、通信层及监控系统几部分组成。

充电站中安装充电机构，机器人完成一次巡视任务后或电量不足时，自动返回充电站进行充电。

移动本体是整个机器人系统的移动载体、信息采集控制载体，它主要包括移动车体、移动体运动控制系统和通信系统。

通信层由网络交换机、无线网桥基站（固定在主控楼楼顶）及无线网桥移动站（安装在移动机器人上）等设备组成，采用 WiFi 802.11n 无线网络传输协议，为网络通信提供透明的传输通道。基站和移动体之间通过无线网桥组成了一个无线局域网络。

监控系统是整个巡检系统数据接收、处理与展示的中心，由数据库（模型库、历史库、实时库）、模型配置、设备接口（机器人通信接口、红外热像仪接口、远程控制接口等）、数据处理（实时数据处理、事项报警服务、日志服务等）、视图展示（视频视图、电子地图、事项查看等）等模块组成。负责完成对巡检机器人的遥控操作，通过图像处理和模式识别等技术，实现设备缺陷的自动识别和报警。

监控系统包括机器人通信、微气象信息采集、本地监控客户端通信、数据库管理、巡检任务执行、模型配置、任务配置、界面展现、人机交互、信息查询检索、数据分析及报表统计等功能。通过与机器人的交互，按照系统预设的巡检任务来控制机器人完成变电站的例行巡视和特殊巡视工作，并将机器人采集的设备巡检数据进行校验后存储。系统针对机器人采集的设备巡检数据进行分析，根据设定的告警阈值自动生成设备告警信息。

除了要完成对机器人及车载设备进行基本开关、移动操作之外，还需要提供包括控制机器人的作业方式、对异常信息的报警与自处理、管理人员操作权限等功能。对于变电站现场需要定时巡检的仪表或设备可以首先将其位置信息以及能使相机进行正常拍摄的云台信息保存为标定列表。将需要进行巡检的时间保存为运行参数列表，由定时器进行触发。当到达巡检时间时，控制小车完成自动巡检任务。由于自动巡检时需要操作多种设备（车体电机、云台、摄像头等），可以采用状态机模型对各个模块进行协调控制。监控软件还配有仪表识别功能，可以对由高清摄像机拍摄的仪表照片自动进行识别（指针仪表的指针读数、液位仪表的液位高度等），当超出仪表所标定的正常范围时，将会对异常数据进行报警，提醒操作人员注意。同样，机器人配备的红外摄像机可以检测出温度异常的设备，当发现有超出正常运行温度的设备时，也会进行报警。由于每天巡检产生的数据量巨大，需要将巡检所得到的数据存入数据库，方便后续的管理。监控软件还具有连接数据库的功能，并可以存储、修改与删除其中的数据。需要进行管理的数据可以分为用户登录信息、用户操作信息、图像信息、标定信息和运行参数信息 5 个主要部分，在数据库中分别建立相应的表项对其进行存储与管理。

4. 巡检机器人的主要功能

（1）检测功能。

通过在线式红外热像仪检测一次设备的热缺陷，包括电流致热型、电压致热型设备的本体及接头的红外测温；通过在线式可见光摄像仪检查一次设备的外观，包括破损、异物、锈蚀、松脱、漏油等；监测断路器、隔离开关的位置；监测表计读数、油位计位置；通过音频模式识别，分析一次设备的异常声音等。

（2）导航功能。

按预先规划的路线行驶，动态调整车体姿态、差速转向、原地转弯、最优路径规划和双向行走，指定观测目标后计算最佳行驶路线。

（3）分析及报警。

设备故障或缺陷的智能分析并自动报警；自动生成红外测温、设备巡视等报表，可通过IEC 61850 接口传送；按设备类别提供设备故障原因分析及处理方案的辅助系统，提供设备红外图像库，协助巡检人员判别设备的故障。

（4）特殊巡视。

当有天气恶劣或存在安全隐患等原因，运行人员不便靠近设备时，机器人可代替运行人员到达指定的观测位置。运行人员在后台通过调整机器人云台位置，使其对准被观测设备进行检测。

（5）固定视频点接入。

设备机器人巡检系统还可接入变电站的固定视频监测点，覆盖机器人无法到达的观测死角，实现全站的视频监测。

（6）与外部系统接口。

与变电站综合自动化系统接口，获取设备实时负荷电流进行设备温升分析；作为 IEC 61850 服务端与智能变电站一体化监控系统接口，配合遥控或顺序控制进行被控设备的位置校核；与生产管理信息系统（MIS）接口，上送红外测温和设备外观异常信息。

5. 巡检机器人的激光导航技术

激光定位导航系统由陀螺仪、里程计和激光传感器组成。利用机器人自身携带的激光测距传感器和里程计建立变电站大范围、特征稀疏环境的二维地图，再利用激光测距传感器的观测信息与所创建的地图进行匹配，并得到机器人的定位信息（定位信息包含位置和航向），最后机器人导航控制系统利用以上定位信息导航机器人到达变电站内的指定位置。

巡检机器人上安装了激光扫描器，激光扫描器随着巡检机器人的行走，发出旋转的激光束。激光传感器通过设定后可周期性地将扫描测量到的周边环境测距信息发送至机器人工控机。机器人工控机上安装的建图定位软件负责将激光测距数据与两轮驱动器反馈的里程计信息进行融合处理，从而生成机器人运行环境地图。之后可利用该地图进行机器人的定位解算，解算得到的定位结果发送至导航控制软件，该软件负责生成机器人运行路径并控制机器人沿路径行走和停靠。

6. 巡检机器人的自诊断技术

巡检机器人车载控制器软件和硬件提供了巡检机器人系统的自检测、自诊断、自保护能力。巡检机器人车载系统可联机或通过网络传输完整的查询巡检机器人中各关键部件的工作状态，均可进行动态观察。在巡检机器人控制台内还记录系统自动运行过程的状态数据，记录文件的数量可以人工进行调整，以保证系统运行的可追溯性。

7. 变电站设备检测技术

机器人系统为变电站设备非电气信号的采集提供了一个移动载体平台，在这个平台上可以搭建不同的检测系统或装置。目前在该平台上搭建了远程在线式红外热像仪系统、可见光图像采集处理系统、声音采集处理系统。在无人值班变电站，一些通过电气信号难以检测的运行状态，例如，变压器漏油、绝缘气体压力变化、火灾和盗窃等可借助机器人所携带的图像采集处理系统来检测；变压器开关及各种电气接头内部发热可以利用机器人携带的红外热像仪来检测；变压器等设备的声音异常可以利用声音采集处理系统进行识别。

（1）远程红外监测与诊断系统。

本系统包括在线式红外热成像采集装置、红外图像处理模块、图像显示、存储、查询和报表生成模块。可根据预先设定的设备温度阈值，自动进行判断，对超出报警值的设备在监控系统上给出声音和文本报警；借助可见光图像识别，判断一些关键设备的内部温度梯度，不但可以形成某一时刻变电站的一些关键设备的设备温度曲线，也可以生成某一设备在一定历史时间内的时间—温度曲线。

（2）远程图像监测与诊断系统。

本系统在无人值守变电站利用机器人系统对移动体发送来的可见光图像进行分析，传输分析结果或待进一步确定的图像。首先对采集的图像进行预处理，识别出被监测的电力设备。通过将该图像与上次采集的图像进行差图像分析、累积图像分析、相关分析、区域标识、纹理描述和评判等处理，结合对应设备的参数库确定其是何种设备。若有畸变发生，则存储结果，向上一级传输及发出告警信号。不再传输的正常图像可由调度员人工远程调用，使信道的传送效率大为提高，而且调度员也不必时刻注视监视屏幕。

（3）远程声音监测与诊断系统。

噪声检测子系统是变电站巡检机器人功能的一部分，主要是对变压器的噪声进行采集和分析。通过机器人携带的声音探测器进行噪声数据采集，并将噪声数据经过无线网传回监控系统。

12.3　配置工具

12.3.1　概述

智能变电站系统配置工具是独立于装置配置工具、监控配置工具、远动配置工具之外的系统级工具，负责电气主接线、变电站功能、运行参数和设备间数据流等的配置，能够按照变电站自动化系统工程实施的需要，创建智能电子设备实例，对智能电子设备进行工程化配置，并进行一、二次设备绑定。

智能变电站的虚回路连接可达几千条，光纤链路可达上千根，智能变电站 SCD 配置文件具有全站二次设备模型、虚回路、通信参数等信息，其重要性不言而喻，变电站每次扩建、更换 IED 和修改配置等维护操作都涉及该文件。如果没有系统配置工具，则无法对 SCD 文件进行有效地配置和管理，给系统的改扩建以及运维带来较大风险。

系统配置工具能大幅降低系统调试、运行和维护工作量；降低虚端子复杂性和 SCD 配置工作量，缩短工程调试周期，并降低运行维护难度；能增强 SCD 文件管理的可靠性，提高系统改扩建的可靠性。

系统配置工具从系统配置和运行维护的需求出发，区分不同环境、不同人员对系统配置工具的使用要求，理顺变电站自动化系统配置流程，规范各级配置工具的技术与功能要求，统一配置术语，统一用户级使用界面，强化与站内系统的协调和对调控主站的支撑作用，提升使用的安全性、便捷性和智能化水平。

变电站自动化系统配置实施环境如图 12 - 7 所示。

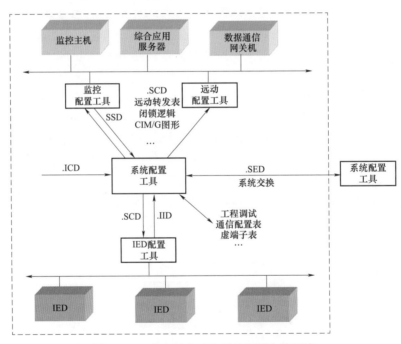

图 12 - 7　变电站自动化系统配置实施环境

12.3.2　总体要求

在现有的智能变电站工程中，设计方式和原有的常规变电站的方式基本一致，由设备制造厂商提供装置原理图和组屏图，由设计院负责根据工程规划绘制一、二次系统接线图和网络接线图等工程图纸。在施工调试时，模型配置工作多由设备制造厂商完成，其中系统配置一般由后台监控系统厂商来完成并提供 SCD 文件。这种设计方式存在诸多弊端：

（1）严重依赖设备厂商，在设计、施工、调试、维护过程中都必须有厂商参与。由于电缆连接被网络化的光缆所代替，设计院提供的图纸内容较常规变电站而言更为简单，无法指导工程的施工、调试，需要由厂商辅助完成站内数据信息流的设计。基本上由集成商掌握联调工作进度和工程进度，设计院及变电站管理方参与程度不高。

（2）信息多次人工输入。由于站内可能存在多个子系统，由监控厂家作为系统集成商配置的 SSD 和 SCD 模型需要提供给各个子系统使用，而各子系统有可能要求不同。由一个厂商负责修改全站配置信息不便于工作的协调，同时模型的一致性难以保证，各系统厂商修改维护需要十分小心。

（3）维护管理困难。由于变电站运行管理人员对晦涩难懂的 SCL 语法及层次复杂的 IEC 61850 模型难以理解和接受，对集成商提供的 SCD 配置工具复杂的操作也难以完全掌握，导致目前智能变电站的维护管理实施起来较为困难。

（4）在变电站改扩建时未获得预想的便利。由于系统集成由设备厂商完成，改扩建时若更换厂商则对原有配置的继承非常有限。

一方面，智能变电站设计单位的参与程度需要得到增强，尽量在设计阶段完成变电站配置工作，统一站内的图形和模型，为工程调试提供指导，为今后的改扩建提供依据。智能变电站运行维护人员可以复用设计阶段的配置结果，并在读懂站内配置图形的前提下自行进行修改，以完成日常的运行维护等工作。另一方面，原有集成商的参与程度需要弱化，将原有智能变电站系统集成阶段的工作尽量放在设计阶段完成，各厂家只需负责调试各自提供的二次装置。

基于以上考虑，需要能够兼容两种实施方式的系统配置工具，一方面保留原有智能变电站 SCD 文件的配置模式，提供给制造商专业技术人员基于 SCL 语法的表格或列表配置方式，以帮助其快速完成智能变电站的配置。另一方面，将智能变电站配置过程中主接线图、二次接线部分提取出来，采用图形化方式提供给设计人员，帮助其完成除常规的一、二次接线图外，还能够使其根据各设备模型文件及变电站一、二次设备的配置原理完成全站完整的数据模型配置和变电站的数据流连接。完整的数据模型包括反映一次接线的 SSD 文件和 SSD、ICD 及数据流配置的 SCD 文件；数据流连接包括 GOOSE 和 SV 的虚端子连接。基于图形化的设计结果，可以极大地增强运维人员的参与程度。运维人员可在图形化设计结果的基础上进行修改，以满足实际的运维需求。此外作为智能变电站的管理方，运维人员十分看重对 SCD 文件的管理，系统配置工具配置软件还需提供针对配置结果的版本管理功能。

12.3.3　软件功能

1. SCL 文件编辑功能

创建、编辑、浏览符合 IEC 61850 – 6 规范定义的 SCL 文件（SCD、SSD、ICD、CID）。

支持导入符合 IEC 61850 – 6 规范的 ICD 文件以生成 IED 模型，ICD 文件在导入过程中，应支持 Schema 校验以及 DataTypeTemplates 冲突校验，并提供忽略、替换及添加前缀等处理方式以解决冲突。若该 ICD 文件中含有通信配置信息，导入时应能通过选择 SubNetwork 完成通信配置信息的导入。

支持以表格或列表的方式提供所有的系统配置功能，具体包括：

➢ 通信配置：支持对 Communication 下的 Subnetwork 进行配置，Subnetwork 的配置应包括添加、删除和编辑操作，用于添加、删除 SubNetwork 以及编辑 SubNetwork 的 name、type 和 desc。

➢ IED 配置：支持对 IED 的配置，具体配置的内容包括 Logic Node、DataSet、GSEControl、SMVControl、Inputs、Control 及 Report Control。

➢ GOOSE 和 SMV 配置：提供 GSE Control、SMV Control 和 Inputs 的配置功能，以完成 GOOSE 和 SMV 的接收到发送的关联配置。GSE Control 和 SMV Control 提供了该 IED 下的 GOOSE 控制块及 SMV 控制块的配置功能，Inputs 中则定义了内外部信号的关联。

支持标准的 IEC 61850 Schema 校验及扩展的语义校验，具体包括：

➢ Communication 校验内容。

➢ Connected AP 对 IED 及 AccessPoint 引用的有效性。

➢ MMS 网 IP 地址的有效性及唯一性。

➢ GSE 对 GSEControl 引用的有效性。

➢ GSE APPID 的有效性及唯一性。

➢ SMV 对 SampledValueControl 引用的有效性。

➢ IED 校验内容。

➢ LN 各对象实例（DOI，SDI，DAI）对 DataTypeTemplates 引用的有效性。

➢ GSEControl appID 的有效性及唯一性。

➢ DataSet FCDA 的唯一性（如有重复的 FCDA 则会给出警告）。

➢ DataSet FCDA 对自身内部信号的引用性。

➢ Inputs 中内部信号及外部信号引用的有效性。

2. 可视化 SSD 配置功能

可视化 SSD 配置功能应具有良好友善的图形界面，并遵循如下设计：

➢ 界面应保持美观、简洁、清晰，并易于操作。

➢ 界面应包含标准的菜单栏、工具栏及状态栏以及供绘图使用的客户区。

➢ 界面采用多文档方式，可同时编辑多个单线图。

➢ 界面应提供标准的一次设备工具栏供用户选取一次设备。

➢ 界面应提供属性窗口供用户编辑一次设备属性。

➢ 一次设备工具栏、属性窗口可以随时隐藏或显示。

应支持以图形化的方式绘制电力系统单线图，并生成符合 IEC 61850 规范的变电站模型。

在绘制单线图的过程中，应能自动识别电力设备间的连接关系，并在 SSD 中生成正确的连接关系模型（Connectivity Node，Terminal）。

应能提供以下两类预定义图元用于绘制电力系统单线图。

➢ 基本图元。该类图元作为单线图绘制过程中的辅助图元，其本身不具备电气属性，也不会在 SSD 中生成与其对应的对象模型。具体包括直线、矩形/正方形、椭圆/圆、文本块等。

➢ 模型图元。按照 IEC 61850 - 6 中的定义，将提供以下的预定义图元，用以生成 SSD

中的变电站对象模型，预定义图元见表 12 – 1。

表 12 – 1　　　　　　　　　　预 定 义 图 元

类型	描　　述	类型	描　　述
CBR	断路器	MOT	电动机
DIS	隔离开关或接地开关	EFN	消弧线圈
VTR	电压互感器	PSH	电力分路器
CTR	电流互感器	BAT	电池
PTR	二绕组/三绕组电力变压器	CAB	电缆
GEN	发动机	RRC	旋转无功元件
CAP	电容器	SAR	浪涌抑制器
REA	电抗器	TCR	晶闸管控制无功元件
CON	转换器	IFL	进线

针对图元的显示及其对应的模型，应分别提供图形属性和模型属性供用户编辑。图形属性定义图元在显示方面的特性，如位置、填充色、线型等；模型属性则按照 IEC 61850 – 6，定义了 SSD 中对应模型的属性，如名称、类型、关联的 LN 等。

应支持以下操作以加快图形化建模过程：

➢ 图形的缩放。

➢ 撤销/重复（Redo/Undo）。

➢ 图元的旋转。

➢ 图元的剪切、复制和粘贴。

➢ 图元的图层位置调整。

➢ 多个图元的对齐。

➢ 多个图元的尺寸调整。

➢ 多个图元的位置调整。

➢ 多个图元的间距调整。

按照 IEC 61850 – 6 中的要求，SSD 中的对象模型应能与多个逻辑节点关联（LN），这些逻辑节点定义了变电站的功能明细。应能列出系统中已有的逻辑节点，并支持以可视化的方式将这些逻辑节点与模型图元相关联。

3. 虚端子可视化的配置功能

虚端子可视化的配置功能具有友好的图形界面，并遵循如下设计：

➢ 界面应保持美观、简洁、清晰，并易于操作。

➢ 界面包含标准的菜单栏、工具栏及状态栏以及供绘图使用的客户区。

> 界面采用多文档方式，可同时编辑多个虚端子图。

> 界面提供标准的二次装置工具栏供用户选取二次装置。

> 界面提供属性窗口供用户编辑二次装置属性。

> 二次装置工具栏、属性窗口可以随时隐藏或显示。

应支持以图形化的方式绘制二次装置虚端子联系图，并生成符合 IEC 61850 规范的二次设备联系内容。

图形中以带端子的形式直观表达出装置的虚端子，且能以不同颜色区分开入/开出。

虚端子能同时支持手动提取或按照预定义的规则提取两种方式，并能根据需要调整其在装置上的位置。

能以枚举的方式提供系统中所有的二次装置，并分别提供开入/开出图元供选取绘制。

针对图元的显示及其对应的模型，分别提供图形属性和模型属性供用户编辑。图形属性定义图元在显示方面的特性，如位置、填充色、线型等；模型属性则按照 IEC 61850 – 6，定义二次装置、虚端子对应模型的属性，如引用名、描述等。

支持以下操作以加快图形化建模过程：

> 图形的缩放。

> 撤销/重复（Redo/Undo）。

> 图元的旋转。

> 图元的剪切、复制和粘贴。

> 图元的图层位置调整。

> 多个图元的对齐。

> 多个图元的尺寸调整。

> 多个图元的位置调整。

> 多个图元的间距调整。

4. 版本管理功能

版本管理功能将 SCL 文件及可视化配置结果（图形文件）都纳入版本管理的范畴；支持快速便捷的版本创建操作，并允许手动或自动输入创建日期、创建人、描述等用于标识版本的信息；具备良好的用户界面，并能以树形或列表的方式列出历次创建的版本；应支持任意两个版本间内容的比较，也支持同一文件的不同版本间的比较；支持任意历史版本的回溯。

SCL 文件比较方面，单纯的文本比较对大多数用户来说难以理解，工具应能按照应用的需要，提供模型结构、数据集、连线及通信等方面的专用比较。

除专用的 SCL 比较工具外，版本管理功能支持自定义所需的外部比较工具，并通过启动进程的方式调用外部比较工具；应结合 SCL 文件中 History 部分内容，可自动将版本信息写入 SCL 文件的 History 部分。

第13章 信息安全技术

13.1 概述

1. 信息及信息安全

信息（Information）广义的定义是消息，它是自然和人类社会普遍存在的现象，世间万物的存在和运动都包含着信息。信息的交流具有特定对象和范围，如政治、军事、商业、科技等领域的信息都只能在特定的范围内进行交流，否则会涉及泄密。本书所述信息安全中的信息是指电力系统及其通信网络中存储传输的交流信号、文件、图像、音视频等各种数据。由于信息传输具有特别指向性，因此如何保证这些数据传输的保密和完整，是信息安全技术重点研究的问题。

2. 信息安全的发展过程

信息的安全问题由来已久，最原始的信息安全问题涉及密码学领域。纵观古今中外，密码学最早都是系统性地应用于军事领域。我国古代文明更具有丰富、发达的军事理论和军事实践，其中不乏精妙、系统和规范的保密和认证方法。比如，矾书就是使用明矾水来写信，其字水干无迹，湿时方显，堪称现代信息隐藏术的鼻祖。

虽然在古代已经出现了信息安全特别是密码学的雏形，但信息安全概念的发展、形成以及完善则是到了近代科学发展特别是信息技术飞速发展之后。习惯上将信息安全的发展大致分为三个阶段，即20世纪初开始的信息保密阶段、20世纪80年代后开始的信息保护阶段和20世纪90年代后期开始的信息保障阶段。

13.2 信息安全原理

1. 信息安全的概念

信息安全指"对信息系统的硬件、软件及其数据信息实施安全防护，保证在意外事故或恶意攻击情况下系统不会遭到破坏、敏感数据信息不会被篡改和泄露，保证信息的机密性、完整性、可用性以及可认证性、不可否认性、可追溯性、可控性等，并保证系统能够连续、可靠地正常运行，信息服务功能不中断"。

2. 信息安全的理论基础

信息安全原理主要涉及信息安全学科理论基础和方法论基础，这是一切信息安全技术与工程共同需要的理论基础，其中以攻防对抗体系为重点，涵盖机密性、真实性、完整性、不可否认性、鉴别和访问控制五大类安全服务及安全模型等重要内容。

常见的关于信息安全的基础理论有相对安全、木桶理论、安全困境、墨菲定律、蝴蝶效应和冰山原理等。

（1）相对安全。

安全的相对性是指在网络空间中根本没有完美无缺的绝对安全，只有相对安全。

（2）木桶理论。

木桶理论又称为短板效应。在安全领域，是指网络空间的整体安全取决于其安全防护体系的最薄弱环节（即"短板"）。

（3）安全困境。

网络空间的机密性与所构建防护体系的复杂性正相关，与其自身的易用性负相关。系统的机密性与易用性是一对矛盾，系统的机密程度越高，给用户带来的不便体验就越强。

（4）墨菲定律。

墨菲定律是一种心理学效应，其核心思想具体到网络空间，可以理解为"所有的安全防护体系都有脆弱性，而这种脆弱性总会被利用"。

（5）蝴蝶效应。

一只蝴蝶在亚马逊雨林中偶尔振动一下翅膀，或许在两周后就会引起美国得克萨斯州的一场龙卷风。与之类似，网络空间中任何一个微小的缺陷如被利用，有可能严重危害整个防护体系，甚至造成全局崩溃。

（6）冰山原理。

浮于海面的冰山，露出水面的仅仅是 1/10，绝大部分潜伏在水面之下。网络空间中的安全问题，暴露出来或造成的危害仅仅是一小部分，大部分是潜伏未知的隐患和威胁，必须及早发现和积极预防。

信息安全技术主要涉及密码体制、防火墙、入侵检测、安全协议、软件安全、内容监控等相关技术，涵盖了密码学、网络安全、信息系统安全、信息内容安全和软件安全等五大主题，目的在于构建信息安全保障体系的技术基础。

13.3 关键技术

13.3.1 IEC 62351 通信安全技术标准

国际电工委员会（IEC）的电力系统管理及其信息交换委员会（TC57）第 15 工作组一直从事电力系统通信安全方面的技术跟踪与研究，并于 2007 年首次颁发 IEC 62351 通信安全标准。

为应对电力系统通信中的四种常见威胁（机密性、完整性、可用性、不可抵赖性），IEC 62351 为 IEC 60870-5 及其衍生协议、GB/T 18700 和 DL/T 860 这三种通信协议的不同协议集制定安全标准。IEC 62351 提供为实现不同安全目标所采用的安全措施，其各部分内容与TC57 通信标准的对应关系如图 13-1 所示。

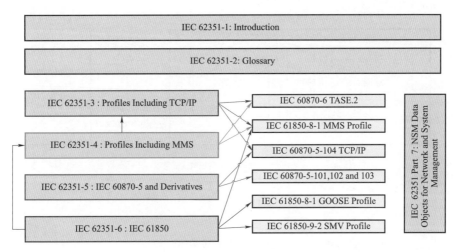

图 13 - 1　IEC 62351 协议族

13.3.2　安全分区

根据《中华人民共和国网络安全法》《中华人民共和国国家发展改革委员会 2014 年第 14 号令》等法律规范中对网络安全的总体要求，电力监控系统的安全防护总体原则遵循"安全分区、网络专用、横向隔离、纵向认证"。

变电站内部基于计算机和网络技术的业务系统，应当划分为生产控制大区和管理信息大区。生产控制大区可以分为控制区（安全区Ⅰ）和非控制区（安全区Ⅱ）；管理信息大区内部在不影响生产控制大区安全的前提下划分安全区。在生产控制大区与管理信息大区之间必须设置经国家指定部门检测认证的电力专用横向单向安全隔离装置。生产控制大区内部的安全区之间应当采用具有访问控制功能的设备、防火墙或者相关功能的设施，实现逻辑隔离。在生产控制大区调度数据网的纵向连接处应当设置经过国家指定部门检测认证的电力专用纵向加密认证装置或者加密认证网关及相应设施，安全分区示意图如图 13 - 2 所示。

13.3.3　纵向加密技术

1. 通用软件加密算法技术

（1）对称加密算法。

电力监控系统纵向加密认证所采用的对称加密算法，其主要分为电子密码本（Electronic Code Book，ECB）算法模式和加密块链（Cipher Block Chaining，CBC）算法模式。其中 ECB 算法模式用于纵向加密认证与装置管理中心之间的数据加解密，CBC 算法模式用于业务系统之间数据的加解密。

ECB 算法模式的原理是将加密的数据分成若干组，每组的大小与加密密钥长度相同，然后每组都用相同的密钥进行加密。

CBC 算法模式首先也是将明文分成固定长度的块，然后将前面一个加密块输出的密文与下一个要加密的明文块进行异或操作，将计算结果再用密钥进行加密得到密文。

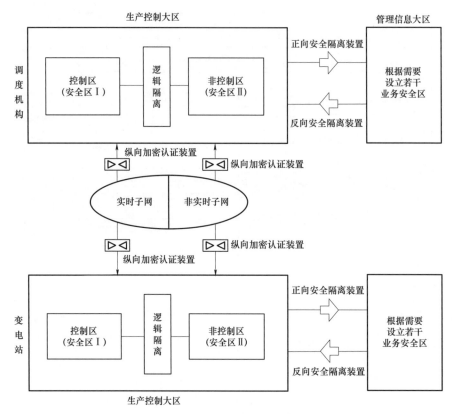

图 13 - 2 安全分区示意图

（2）非对称加密算法。

电力监控系统纵向加密认证所采用的非对称算法主要为 RSA 公钥加密算法（Rivest – Shamir – Adleman Public Key Cryptographic Algorithm，RSA）、SM2 椭圆曲线公钥密码算法（Public Key Cryptographic Algorithm SM2 Based on Elliptic Curves，SM2），其主要用于纵向加密认证装置之间的密钥协商。

RSA 算法是目前国际应用较为广泛的公钥加密算法，SM2 算法是国家密码管理局发布的椭圆曲线公钥密码算法。随着密码技术的发展，有关部门提出需逐步采用 SM2 椭圆曲线算法代替 RSA 算法，满足密码产品国产化要求。

2. 高性能电力专用硬件加密技术

电力监控系统纵向加密认证采用国家密码管理局自主研制开发的高性能电力专用硬件密码单元。该密码单元采用电力专用密码算法，支持身份鉴别、信息加密、数字签名和密钥生成与保护。为了保证密钥和密码算法的安全性，纵向加密认证装置的密钥及算法仅存在于系统密码处理单元的安全存储区中，与应用系统完全隔离，不能通过任何非法手段访问。电力专用硬件密码单元在国家密码管理局指定的研究机构完成硬件生产后，由国家密码管理局完成关键参数灌注，并严格限制其销售渠道。密码单元的安全保密强度及相关软硬件实现性能定期经国内专家进行评审，确保其安全性。

3. 基于量子密钥的电力专用加密技术

采用非对称算法动态产生会话密钥用于对称加密的数学基础主要在于解题，如 RSA 算法的数学基础为大数质数分解难题，ECC 算法、国密 SM2 算法等的数学基础为离散对数难题。以目前计算机的计算能力，破解非对称算法需要上百年时间。而量子计算机的计算能力发展可能会出现质的飞跃。一旦量子计算机研究成功，破解一些非对称算法可能只需要几天、几小时，甚至几秒钟。

量子密码目前的主要应用模式在于采用量子方式实现密钥的分发。与经典的采用非对称算法进行密钥协商分发的方式相比，采用量子方式实现密钥分发被认为是无条件安全的。目前纵向加密认证装置采用国密 SM2 非对称算法实现双向身份认证与会话密钥协商，采用电力专用对称算法实现通信数据的对称加密。通过将目前加密装置的会话密钥协商部分替换成量子设备实现，并实现与加密装置的集成，可进一步保证会话密钥协商的安全。

13.3.4　单向隔离技术

电力专用单向隔离技术是生产控制大区与管理信息大区之间进行数据交互的必备边界防护措施，是横向防护的关键技术。

1. 隔离技术

网络隔离技术的核心是物理隔离，通过专用硬件和安全协议来确保两个链路层断开的网络能够实现数据信息在可信网络环境中进行交互、共享。隔离技术自面世以来经历了五代发展变化。

第一代完全隔离。该方法使得网络处于信息孤岛状态，做到了完全的物理隔离，但至少需要两套网络和系统，这样给维护和使用带来了极大的不便。

第二代硬件卡隔离。在客户端增加一块硬件卡，客户端硬盘或其他存储设备首先连接到该卡，然后再转接到主板上，通过该卡能控制客户端硬盘或其他存储设备。

第三代数据转播隔离。利用转播系统分时复制文件的途径来实现隔离，手动切换的时间较长，不支持常见的网络应用，失去了网络存在的意义。

第四代空气开关隔离。它是通过使用单刀双掷开关，使得内外部网络分时访问临时缓存器来完成数据交换，但在安全和性能上仍存在许多问题。

第五代安全通道隔离。该技术通过专用通信硬件和专有安全协议等安全机制，来实现内外部网络的隔离和数据交换。可有效地隔离内外网络，高效地实现内外网数据的安全交换，成为当前隔离技术的发展方向。

2. 单向传输技术

物理隔离的技术架构建立在单向安全隔离的基础上。内网是安全等级高的生产控制大区，外网是安全等级低的管理信息大区。当内网需要传输数据到达外网的时，内网服务器立即发起对隔离设备的数据连接，隔离设备将所有的协议剥离，将原始的纯数据写入高速数据传输通道。

3. 割断穿透性 TCP 连接协议技术

采用专用协议栈割断穿透性的 TCP 连接。自定义的专用协议栈是对 TCP 的状态、TCP

序列号、分片重组、滑动窗口、重传、最大报文长度等做了相应的改造，以提高实时性和安全性。

4. 基于状态检测的报文过滤技术

采用基于状态检测技术的报文过滤技术，可以对出入报文的 MAC 地址、IP 地址、协议和传输端口、通信方向、应用层标记等进行高速过滤。状态检测技术采用的是一种基于连接的状态检测机制，将属于同一连接的所有包作为一个整体的数据流看待，构成连接状态表，通过规则表与状态表的共同配合，对表中的各个连接状态因素加以识别，连接状态表里的记录可以随意排列，提高系统的传输效率。

第14章 二次模块化技术

14.1 概述

14.1.1 概念及定义

通过对智能变电站内的二次设备进行模块化设计，摒弃以往二次设备局限于屏柜布置的思路，以模块的理念取而代之，创新采用模块化二次设备。

模块化二次设备简称模块，由预制柜体、功能单元、柜体辅助设施等组成，可完成特定功能，具备集中的对外接口。工厂内完成制作、组装、内部配线、调试等工作，整体运输至工程现场，就位安装于基础之上。模块化二次设备由不同的功能单元组合而成，功能单元主要包括保护、测控、故障录波、网络报文记录分析装置、同步时钟、服务器、交换机、辅助控制设备、交直流馈线单元、交流 ATS、直流充电模块、DC/DC 模块、数据网设备、二次安防设备和光端机等。通过不同类型不同数量的功能单元进行排列组合，形成适用于不同电压等级、不同规模变电站的模块。

模块化二次设备能够大幅提高一、二次设备集成化水平，最大程度地实现工厂内规模生产，有效减少现场工作量，保证工程质量，提高建设效率。

14.1.2 特点与意义

目前变电站建设中，二次设备均在施工现场完成安装调试，主要存在以下问题：

（1）受施工工序限制，施工周期长。

二次屏柜需要在土建施工结束后，才能运至现场安装；二次系统的光缆和电缆接线，只有在一次设备安装结束后才可进行，其施工建设流程如图 14-1 所示。

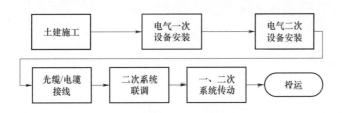

图 14-1 常规变电站施工建设流程（串行模式）

（2）现场工作量大，效率低。

智能变电站调试项目多，技术复杂。供应商的售后服务人员需常驻现场参与施工调试，效率低。当智能变电站全面推广建设时，各厂家及调试单位的服务能力难以保障。

（3）设备厂家分散，管理协调难度大。

二次系统无集成服务商，由各生产商分散生产、供货，管理难度大。现场二次接线工作量大，施工及制作工艺参差不齐。

（4）现场施工环境差，存在隐患。

智能变电站存在大量的光纤接线，而工程现场施工环境差，扬尘严重，光纤接口无法得到有效保护，严重影响光纤接线的后期运行性能和寿命。

（5）单独设置的二次小室，增加占地。

二次设备均设置独立的房间，其建筑需占用土地资源。

上述分析可见，常规建设模式已不适应电网建设快速发展需要，二次组合设备模块化技术是针对目前变电站建设过程中存在的问题而制定的解决方案。其主要特点有：

（1）引入二次集成商，提高设备与建设工作的集成度。

采用二次集成商的管理模式，提高全站二次设备集成度；参与现场二次设备调试供应商的数量由原来的多家减少到一家，大大减少业主的协调工作。

（2）改变建设流程，在厂内完成二次设备的安装接线。

将现有的串行施工模式改为并行施工模式，在厂内完成二次设备的安装接线，减少现场工作量。如图 14－2 所示，设计、施工和建设管理效率大幅提升，缩短建设工期，二次现场调试项目大幅减少，调试工期较常规模式节约 60% 以上。

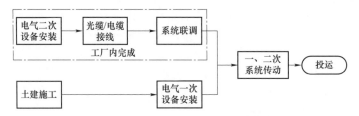

图 14－2　采用预制舱式二次组合设备建设流程（并行模式）

（3）改变了联调模式，实现系统的标准化生产，提高建设质量。

采用工厂联调＋现场调试模式，在工厂模拟实际运行情况，完成全站"五防"逻辑、信号点命名等设备 SCD 文件的固化，现场调试仅需与一次设备之间的传动验证即可。

14.2　常见方案

14.2.1　模块划分原则

（1）模块划分应实现二次设备在工厂内完整组装和调试的最大化，即每个模块整体运输和安装，到现场后只需要完成不同模块之间的连接和调试。

（2）模块的划分应体现"安全性、独立性、适应性、灵活性、通用性、先进性、经济性"相协调统一的原则，对二次设备按功能分区，以模块为单位布局。各模块服务对象清晰，根据内部二次设备的具体功能再划分子模块，尽可能保证模块的完整性与独立性。

（3）变电站模块可根据功能设置站控层模块、交直流电源模块、通信模块、蓄电池模块、各电压等级间隔层模块及过程层模块等，也可结合变电站具体建设规模、布置方式等进行选择调整组合。

（4）对于间隔层模块，可以根据电气一次接线形式，按母线段设置或者按间隔设置模块。对于过程层模块，宜就地布置，以利于节省电缆；对于环境条件比较恶劣的地区，可布置于就地继电器室或二次设备室。

14.2.2　预制舱式二次组合设备

预制舱式二次组合设备由预制舱体、二次设备屏柜（或机架）、舱体辅助设施等组成，在工厂内完成制作、组装、配线和调试等工作，以箱房形式整体运输至工程现场，安装就位于基础上。

基于预制舱的变电站具有以下主要特点：

（1）大规模采用预制式二次设备。预制式二次设备是将二次设备集中布置在预制舱内，由设备厂家统一集成安装后，整体运输到现场，就地布置在配电设备区。舱内设备之间的连接与调试在集成商厂家完成，对外配置标准的预制光缆、电缆接口。

（2）即插即用的光缆、电缆连接方案。通过对变电站各设备之间信息交互内容与模式的充分分析与归纳，总结出典型间隔（如线路、母联、主变压器、母线）的连接光缆、电缆的数量及规格，进而将其接口标准化，分别在智能一次设备端和预制舱端预留标准接口。现场采用预制光缆和电缆连接，实现即插即用。

（3）现场施工与工厂化预制同步。变电站现场进行土建施工及电气一次设备安装调试的同时，预制舱内二次设备在集成商厂家同步进行接线及调试，无需等待前一步工序结束后再行配合，大幅缩短建设周期。

14.2.3　模块化二次设备

模块化二次设备采用模块化底座或一体化框架将二次设备屏柜在厂内分别组合成一个个模块。模块内部的线缆在厂内敷设完成，模块间采用即插即用技术进行连接，现场采用机械化施工，大大缩短现场工作时间，减少劳动力需求，同时也减少了施工对环境的影响。模块化底座由预制式模块化底座、二次设备屏柜、辅助包装支撑构件等构成。屏柜间的接线通过底座上的布线通道连接。

模块化底座具有承重、布线、收纳多余线缆和接地等功能。高度 400mm，底座顶部与室内防静电地板平齐，满足人体工程学的要求；同时具备吊耳和叉车孔以便灵活选择安装就位方式。前后布置走线槽用于敷设二次线缆，走线槽底部镂空便于地板支脚固定在地面上；屏柜底部储线盒可收纳多余的线缆；H 型钢外边沿布置两组接地铜排，一组为直接接地，另一组经过绝缘子接地。

一体化框架方案取消了屏柜的概念，将装置布置在一体化焊接成形的框架中，取消屏柜间的侧挡板和立柱。优点是模块紧凑、空间利用率高；缺点是间隔不独立，无法满足防火要求，日后维护存在间隔防护问题，扩建时无法实现通用屏柜的替换。模块往往按照功能来划分，大小不一，无法实现标准化规模生产。

由于建筑物必须在二次设备完成吊装之后才能进行封顶，普通的建筑物一般无法具备条件，布置模块化二次设备只能采用装配式建筑物。也可采用预制式二次组合设备＋模块化二次组合设备相结合。

模块化二次设备整体布局如图 14－3 所示。

14.2.4 预制式户外智能控制柜

预制式户外智能控制柜本身可看作一个独立模块，一般以间隔为单位进行划分。内置过程层装置，如环境允许也可安装间隔层保护测控装置，形成一个完整的间隔模块。

图 14－3 模块化二次设备整体布局

预制式智能控制柜经优化整合后柜体尺寸为 1800mm×800mm×800mm（高×宽×深）。采用双层不锈钢结构，内层密闭，夹层通风。柜内具有散热和加热除湿装置，在温度湿度达到预设条件时启动，也可以配置工业空调，能够满足二次元件的长年正常工作温度、电磁干扰、防水防尘条件，不影响装置运行寿命。

对开关本体采用预制光/电缆来取代传统端子排，实现标准化接线。柜内二次设备采用标准机箱结构。

14.3 关键技术

14.3.1 即插即用技术

智能变电站预制线缆即插即用技术是指光缆或者电缆在工厂中预处理，根据需要在线缆的一端或两端附着上各种类型的线缆连接器。施工现场利用预制端实现"插接式"无熔接点的连接或电缆的直连。预制线缆取代传统普通光缆或电缆，实现线缆施工"即插即用"，有效地提高智能变电站建设的质量与效率。

14.3.2 预制光缆

智能变电站中光纤设备担负着实时信息、控制命令乃至保护跳闸命令的传递，其可靠性尤为重要，但当前智能变电站建设中仍存在如下问题：

光纤现场熔接需要招募具有专业熔接技术的工人，熔接量大、工期长、费用高、光纤防护困难，且受现场条件限制，人工熔接可靠性较低。

光纤跳线连接需经光纤配线箱转接，光纤配线箱占用二次设备屏柜大量的安装空间，造成空间利用率降低。且光配箱上的光缆密度很高，尾纤混乱，维护检修不方便。

在变电站中应用预制式光缆，采用厂内标准化制造、即插即用，提高光缆的可靠性和实施效率，符合"占地少、造价省、效率高"智能变电站的建设理念。

1. 预制光缆的产品形式

预制光缆根据应用场合分为连接器型预制光缆、分支器型预制光缆和室内预制尾缆三种预制形式。光缆芯数常用 4 芯、8 芯、12 芯、24 芯几种。

（1）连接器型预制光缆。

连接器型预制光缆由插头光缆组件和插座光缆组件两部分组成。多芯连接器是连接器型预制光缆的关键部件，用于插头光缆组件和插座光缆组件的连接。目前主要使用 J599 连接器和 MPO 连接器，其应用各有优缺点。J599 多芯连接器使用范围广泛，应用时间久远，单芯插针损坏不影响其他插针使用；主要缺点是连接器体积较大和插损较大。MPO 连接器目前应用时间不长，具有体积小，集成度高，光链路总损耗小的特点；缺点是造价较高，目前主要依赖进口，对使用环境要求较高，易受污染而增加光链路损耗。

插头光缆组件主要由插头、室外光缆和其他辅助材料组成，如图 14-4 所示。插头通过附件和室外光缆组合在一起，能适应户外敷设。

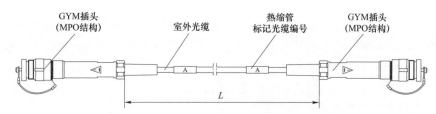

图 14-4　预制光缆插头和光缆组件示意图

插座光缆组件由安装固定壳体、多芯插座连接器和单芯活动连接器组成，如图 14-5 所示。插座光缆组件实现多芯光缆转接成多个单芯光缆的功能，用于二次设备屏柜或二次设备舱内设备同插头光缆组件的连接。

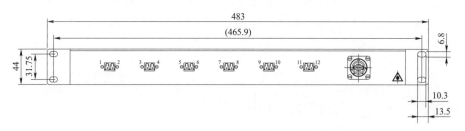

图 14-5　预制光缆插座光缆组件示意图

（2）分支器型预制光缆。

光缆分支器用以实现预制光缆的无断点的分支与连接。其主要作用是直接将室外多芯光缆转接为带单芯连接器的光纤跳线。分支器型预制光缆由室外光缆、分支器和单芯连接器组成，能适应户外敷设，如图 14-6 所示。

（3）室内预制尾缆。

室内预制尾缆用于室内屏柜间光纤接口之间的快速连接。室内预制尾缆由室内光缆和单芯连接器组成。

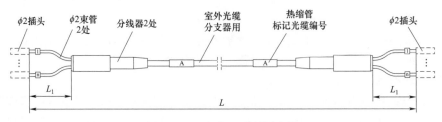

图 14 - 6　分支器型预制光缆

2. 预制光缆的技术特点

（1）生产质量高。

预制光缆在专业车间生产，作业环境干净整洁，生产过程不受恶劣环境因素影响，生产过程有严格的监督，产品出现缺陷的机会很小。具备光缆组件检测的各种设备及仪器和生产过程控制，产品质量有保证。

（2）施工速度快。

全站预制光缆即插即用，不需要熔接工作，也不需要经过专业培训的人员及设备。现场布线完毕后只需对接预制光缆的插头及插座，或用单芯连接器直接与设备连接，安装快捷方便。一套多芯连接器头座对接仅需 10s 即可完成，极大地提高了现场施工效率，提高了工程建设的安全质量和工艺水平，保证工程快速交付。

3. 预制光缆在智能变电站中的应用

（1）连接器型预制光缆在智能变电站中的应用。

连接器型预制光缆主要用于光纤连接较集中或是室外智能组件屏柜与室内二次设备之间的连接。室外智能组件柜内设备如合并单元、智能终端的光纤经本柜内的预制式光纤接线盒转接为室外多芯光缆，进入二次设备室后再经预制式光纤接线盒转换为多个单芯连接器。多个单芯连接器可经柜内跳线与柜内二次设备连接，或经尾缆连接室内其他柜内二次设备。二次设备预制舱体可以单独设置预制光缆集中转接屏，集中安装预制式光纤接线盒。其工程应用示意图如图 14 - 7 所示。

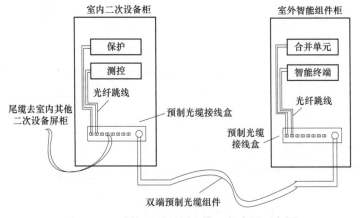

图 14 - 7　连接器型预制光缆工程应用示意图

（2）分支器型预制光缆在智能变电站中的应用。

分支器型预制光缆主要应用于光纤连接较分散或是光缆芯数较少的室外屏柜之间、室外屏柜与室内屏柜之间、不同小室之间的屏柜光缆连接。其工程应用示意如图 14-8 所示。

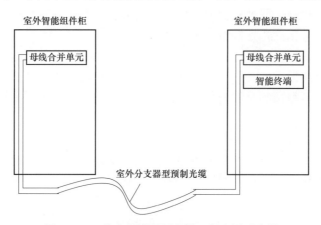

图 14-8　分支器型预制光缆工程应用示意图

（3）室内预制尾缆在智能变电站中的应用。

室内预制尾缆主要用于室内二次设备屏柜之间的光纤连接。

4．预制光缆技术要求

（1）基本技术要求。

预制光缆组件：可选用连接器型预制光缆与分支器型预制光缆两种类型，光缆芯数宜选用 4 芯、8 芯、12 芯、24 芯。插头通过附件和室外光缆组合在一起，能适应户外敷设。插座光缆组件用于柜内、舱内的设备互连或同插头光缆组件配接。

传输制式：预制光缆及连接器应满足多模 A1b（62.5/125μm）和单模 B1（9/125μm）信号传输，符合 IEC 60793 光纤技术要求。

光缆类型：光缆根据户外敷设的环境选用防潮耐湿、防鼠咬、抗压、抗拉光缆。非金属铠装光缆宜采用玻璃纤维纱铠装方式。玻璃纤维纱应沿圆周均布，密度应能保证满足光缆的拉伸性能，可防鼠咬。金属铠装光缆宜采用涂塑铝带或涂塑钢带作为防鼠咬加强部件。

（2）连接器。

多芯连接器用于连接器型预制光缆组件的连接，具有集成化、小型化的特点，能在同一个链路方向内集成更多的芯数。如果多芯连接器用于户外环境，应满足 IP67 防护等级；如果多芯连接器用于户内环境，应满足 IP55 防护等级。

单芯活动连接器用于柜内、舱内的设备光口连接，应满足设备 ST、LC 等类型光口的连接需要。

（3）分支器。

分支器用以实现预制光缆的无断点的分支与连接，具有集成化、小型化的特点，在同一个链路方向内集成更多的芯数。分支器外应有可拆卸套管等辅助材料妥善保护。如果分支器端用于户外环境，应满足 IP67 防护等级；如果分支器端用于户内环境，应满足 IP55 防护等级。

（4）敷设。

预制光缆从盘绕状态铺开布线时，应防止光缆处于扭曲状态。布设光缆时，光缆的静态弯曲半径应不小于光缆外径的 10 倍，光缆的动态弯曲半径应不小于光缆外径的 20 倍。若光缆长度过长，需绕圈盘绕，严禁对折捆扎。若布线需要将光缆固定在柱、杆上时，不能捆扎得过紧而勒伤光缆，避免捆扎处挤伤纤芯。

（5）安装。

连接器型预制光缆插座安装分为板前式、板后式和卡槽式等。插头和插座连接分为卡口式和螺纹式等。分支器型预制光缆安装分为板前式和卡槽式等，可采用螺钉、螺母、卡槽等附件将预制光缆固定。

（6）成品预制光缆标志。

预制光缆应在光缆适当位置有光缆编号、长度等明晰标识。在尾纤靠近光纤活动插头端应有线卡、热缩管等线号标识。

14.3.3 预制电缆

预制电缆通常用于智能变电站一次设备本体至智能控制柜的二次回路。

1. 预制电缆的产品形式和技术特点

预制电缆主要分为单端插头预制电缆和双端插头预制电缆两种形式。插头预制电缆由插头、密封附件、防尘盖及阻燃屏蔽铠装电缆组成，如图 14－9 和图 14－10 所示。插座预制电缆由插座、密封附件、防尘盖及阻燃导线组成，如图 14－11 所示。插座预制电缆安装在柜内部，插头预制电缆通过室内走线桥架或电缆沟槽敷设，插头与插座预制电缆对插。

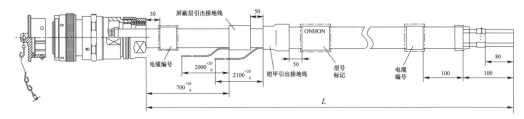

图 14－9　单端插头预制电缆外形图

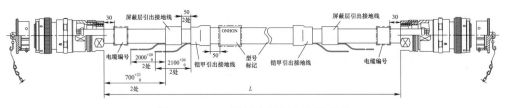

图 14－10　双端插头预制电缆外形图

预制电缆一般应用于信号回路和控制回路，一般电流、电压回路不推荐采用预制电缆。预制电缆一般采用智能柜内面板固定插座端，现场插接插头端线缆的实施方案，施工简单方便。

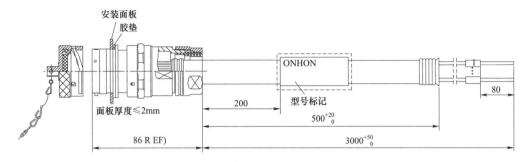

图 14－11　单端插座预制电缆外形图

2. 预制电缆技术要求

（1）基本技术要求。

当一次设备本体至本地控制柜间路径满足预制电缆敷设要求时（全程无电缆穿管），优先选用双端预制电缆。当电缆采用穿管敷设时，宜采用单端预制电缆，预制端宜设置在智能控制柜侧。在预制缆端采用圆形连接器且满足穿管要求时也可采用双端预制。

一般情况下，预制电缆推荐采用阻燃、带屏蔽、软控制电缆，户外敷设时须有铠装。交流动力回路、直流控制回路缆芯截面选择 2.5mm^2；直流信号回路、弱电回路缆芯截面选择 1.5mm^2。预制电缆规格及技术参数要求见表 14－1。

表 14－1　　　　　　　　预制电缆规格及技术参数要求

预制电缆规格型号	适用条件	技术参数要求
WDZCN－KVVRP	户内控制电缆	符合 GB/T 9330 相应标准规定
WDZCN－KVVRP22	户外控制电缆	

在有低毒阻燃性防火要求的场合，预制电缆推荐采用 WDZCN 型（无卤、低烟、阻燃 C 级、耐火型），阻燃级别不低于 C 级。预制电缆型号为 WDZCN－KVVRP（户内）、WDZCN－KVVRP22（户外）。对于低温高寒地区，宜选择具备耐低温型电缆以满足特殊环境要求。

预制电缆电连接器的结构及要求见表 14－2。

表 14－2　　　　　　　　预制电缆电连接器的结构及要求

电连接器结构形式	结构组成	插座安装方式	插头座连接方式	适用条件
圆形	插头、插座及其附件和防护盖	插座分板前和板后安装两种	卡口和螺纹连接两种	柜内或柜外
矩形带外壳	插头、插座及其附件和防护盖	带外壳螺钉固定	螺钉锁定	柜外
矩形不带外壳	插头、插座及导轨安装支架	导轨安装	导轨支架锁定	柜内

电连接器插芯数量按照 10 芯、16 芯、24 芯、64 芯进行选择。对于 24 芯及以下电连接器，预制电缆芯数与电连接器相同。对于 64 芯电连接器，预制电缆芯数在考虑适当备用后按

40 芯、50 芯、55 芯来选择。

连接器插头（座）的接触件（插针、插孔）与导线、电缆的端接推荐采用压接型，分为冷压压接或螺钉压接，应符合 GJB 5020—2001 压接连接技术要求。

（2）连接附件。

预制电缆组件连接器端可根据使用空间及电缆外径采用合适的附件，附件主要起到电缆与连接器连接后使电缆与连接器可靠固定的作用，增加整体的抗拉、抗拖曳性能；可一定程度地防止连接器的接触件与导线的端接处弯折、受力脱落。户外及户内箱/柜体表面使用时应采用屏蔽密封式附件实现屏蔽与防水的要求，箱/柜体内使用且不受力情况下也可不使用附件。

（3）防尘盖。

预制电缆组件所使用连接器应有防尘盖，特别是预制缆端。需要在施工现场安装、调试时带好防尘盖，以防操作过程中对连接器内部接触件造成损伤，或者插合端进入杂物等影响连接器正常使用。

（4）屏蔽层与铠装层接地要求。

预制电缆屏蔽层接地要求详见《国家电网公司十八项电网重大反事故措施》第 15.7.3.8 条及 GB 50217《电力工程电缆设计标准》相关规定。预制电缆屏蔽层接地推荐采用在电连接器上设置单独的 PE 接线端来实现，该 PE 接线端应能实现与电连接器金属外壳电气绝缘。

预制电缆铠装层接地要求详见 GB/T 50065—2011《交流电气装置的接地设计规范》第 3.2.1 条与 5.2.1 条相关规定，预制电缆铠装层接地可采用铠装层与电连接器金属外壳可靠电气连接来实现。

预制电缆金属铠装层应与变电站主接地网相连接，屏蔽层则与二次等电位接地网相连接。预制电缆制作缆端时，应保证铠装层接地与屏蔽层接地相互独立。

（5）成品电缆标志要求。

预制电缆应在适当位置有厂家标识、电缆组件型号、批次号、额定电压和计米长度的连续标识。印刷标识应符合 GB/T 6995 的规定。为便于单端预制电缆组件甩线端的接线，需要在电缆组件甩线端增加线号标识。

14.4　二次舱及设备

14.4.1　预制舱舱体尺寸

预制舱体尺寸规格参照现行 ISO 国际标准的货运集装箱尺寸规格，主要分为Ⅰ型（20ft●）、Ⅱ型（30ft）和Ⅲ型（40ft）三种。分别对应标准第 1 系列中宽度为 2438mm，高度为 2896mm，长度为 6058mm、9125mm、12 192mm 的三种类型。综合考虑舱内设备尺寸、数量及运行维护通道等因素，同时便于流通和周转，并结合《公路安全保护条例》《超限运输车辆行驶公路管理规定》相关法规的要求，在标准集装箱尺寸基础上适当扩容，增加屋顶等

---

❶ 1 ft = 0.304 8 m。

部件尺寸。预制舱规格见表 14 – 3。

舱体	外部尺寸（$L \times W \times H$）	内部尺寸（$L \times W \times H$）
Ⅲ 型	12 200 × 2800 × 3180	11 900 × 2500 × 2750
Ⅱ 型	9200 × 2800 × 3180	8900 × 2500 × 2750
Ⅰ 型	6200 × 2800 × 3180	5900 × 2500 × 2750

表 14 – 3 预 制 舱 规 格 （单位：mm × mm × mm）

预制舱站内就位效果图如图 14 – 12 所示。

图 14 – 12 预制舱站内就位效果图

14.4.2 预制舱外形

预制舱为一体式架构，可整体移动及运输。舱体 A 面两侧放置两个消防检修门作为设备通道，同时为工作人员出入并形成消防通道；消防检修门使用防雨、防锈的消防锁，外部使用钥匙，内部可无障碍撞开。两门大小一致，开门净空间为宽度为 900mm、高度为 2300mm，其外尺寸及开门位置如图 14 – 13 所示。

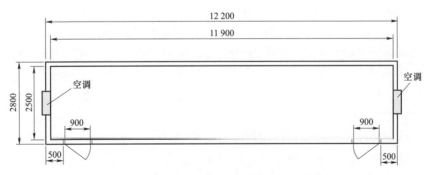

图 14 – 13 预制舱的外尺寸及开门位置

顶部外形为人字顶，建议采用整体形式与舱体主框架刚性连接。顶宽度和长度方向两侧分别突出，方便顶部排水和通风，预制舱顶部及屋檐结构示意图如图 14 – 14 所示。

舱体底座主体材料统一采用 H 型钢、角钢、钢板及其他结构件（如活动吊耳等），按部件焊接组合为整体底座，底座上部敷设钢板，焊接底座需与土建设计及一次设备配合，预留线缆出入口。

14.4.3 预制舱的主体及内部结构

预制舱主体由底部框架、立柱、横梁、底板、屏柜安装基础、门框、顶部框架和吊耳等部分构成。预制舱框架由优质碳钢、型钢及不锈钢材料经整体焊接而成，形成独立完整舱室。吊装、运输及现场施工均不拼接，预制舱体承载能力在 15t 以上。预制舱钢结构骨架示意图如图 14-15 所示。

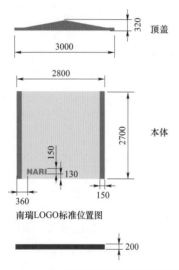

图 14-14　预制舱顶部及屋檐结构示意图

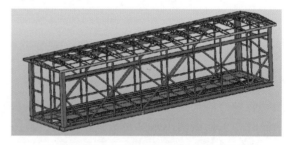

图 14-15　预制舱钢结构骨架示意图

预制舱在提吊时最大变形量：空载状态不大于 1.5mm，满载状态不大于 3mm。预制舱的接地系统符合 GB/T 50065—2011《交流电气装置的接地设计规范》的要求。在舱内金属底板上焊接铜排（或扁钢）组成闭合环形作为保护接地，铜排截面积不小于 100mm²，舱内屏柜接地线就近接入环形接地排，环形接地排通过接地线（多点连接）直接接入舱外主地网。同时舱体外壳设置不少于 2 处专用接地导体，该接地导体通过扁钢与主地网可靠连接，并设有明显的接地标识。舱内屏柜的下方对应位置、防静电地板下、沿屏柜布置的方向，架空敷设接地母排作为工作接地，截面积不小于 100mm²，形成预制舱内二次等电位接地体；屏柜内工作地统一接入柜内接地铜排，再使用接地线与接地母排连接，舱内二次等电位接地体采用铜带（缆）与舱外主地网连接，接点处设置明显的工作接地标识。

舱体外壳与地网设置 4 个接地点；单个接地点的接触面面积为 100mm×50mm（热镀锌件，推荐采用类似规格的热轧槽钢），端子为 2 个 M12 铜质螺栓，接地电阻不大于 0.1Ω。

为了在内部放置尺寸为 2260mm×800mm×600mm 的屏柜，预制舱底座布置 4 根 20 号热轧槽钢，与底板焊接作为控制柜安装基础，如图 14-16 所示。槽钢上设置机柜安装孔及穿线孔。

预制舱与外部连线、舱内屏柜间走线均采用下部走线形式，通过防静电地板下方的线缆夹层进行布置。在预制舱底板端部设计线缆入口（光缆和电缆隔离），舱内屏柜前部、后部及下部分别安装行线架。外部线缆通过电缆沟敷设至预制舱对应位置，经预留线缆口入舱后沿预制舱长度方向设置的行线架敷设并固定。预制舱底部敷设防静电地板，安装高度为 200mm。舱内热轧槽钢左右布置网格行线架，如图 14－17 所示。

图 14－16　控制柜安装基础

图 14－17　网格行线架

（1）预制电缆的接入与连接。

电缆线芯与长度确定后进行预制加工，如有接插中转连接，连接器与电缆须提前预制。预制电缆经电缆沟从舱体底部进入舱内，沿舱体底部预设的行线架进入机柜底部，并以圆弧形预留适当余量，用扎线带固定，预制电缆入舱如图 14－18 所示。

图 14－18　预制电缆入舱

铠装电缆进入机柜后，沿机柜侧面向上排布，在距离柜底入口约 400mm 的位置为电缆添加标签，预制电缆入机柜如图 14－19 所示。

（2）预制光缆的接入与连接。

预制光缆和预制电缆一样，线芯与长度确定后进行预制加工，经由电缆沟进入舱内底部，在进舱底槽盒之前根据机柜接线远近决定其在槽盒内的平铺顺序，即实际光缆长度较短的放内侧，预制光缆入舱如图 14－20 所示。如果光缆太长，可在舱底槽盒内盘成一盘，用扎线带扎好。

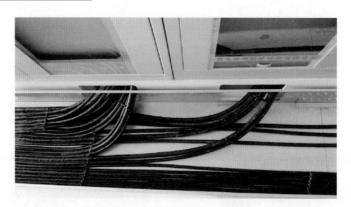

图 14-19 预制电缆入机柜

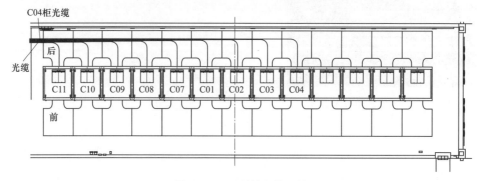

图 14-20 预制光缆入舱

光缆行至机柜下方，接入机柜下方的光纤转接板。转接后的尾纤沿爬线网格向上。其中备用芯进光纤储纤盒，需接入的光纤根据装置位置经光纤储纤盒、光纤固定架等走线结构件接入对应的光纤接口。所有光缆、电缆接线须保证稳固可靠，标识须清楚统一，走线须整齐美观。

14.4.4 预制舱墙体及其装饰

预制舱墙体由外板、内板、金属屏蔽层（封闭整个舱体）、骨架及保温层等组成。预制舱墙体构成示意图如图 14-21 所示。

预制舱外板采用高强度、耐腐蚀、阻燃性的金邦板。内板（保温层）采用 50mm 厚彩钢夹芯板（内部填充发泡聚氨酯）。墙体耐火时间达到 3h。

14.4.5 预制舱舱内电气设备

1. 预制舱舱内电气组成

为满足二次设备舱中相关设备的安全稳定运行

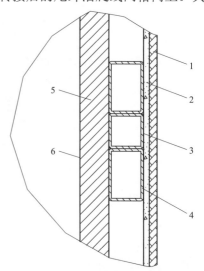

图 14-21 预制舱墙体构成示意图
1—外板；2—内板；3—金属屏蔽层；4—骨架；
5—保温层（发泡聚氨酯）；6—彩钢板

与工作环境的需要，配置照明、空调、换气扇等电气设施，并布置配电箱、开关面板、插座、接地端子等。墙体部分采用穿线管暗敷形式，同时为安防监控系统硬件留有安装基础及预敷设线缆通道。

预制舱内沿长度方向设置两条 LED 灯带，分为事故照明（220V 直流）和正常照明（220V 交流），舱内照度按照 GB 50034—2013《建筑照明设计标准》执行，消防应急照明灯布置在屏柜前后两侧，续航时间 60min 以上。

空调前后布局，在舱内形成空气对流及可靠的循环通道。

2. 预制舱舱内电气设备布置

预制舱墙面展开图如图 14－22 所示。其中 B、D 墙面的布置如图 14－23 所示。C 墙面的布置如图 14－24 所示。

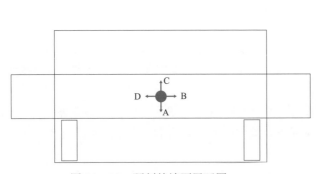

图 14－22　预制舱墙面展开图

图 14－23　B、D 墙面布置

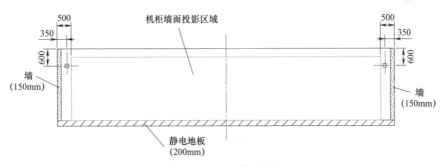

图 14－24　C 墙面布置

E 墙面的布置如图 14－25 所示。

14.4.6　二次设备布置方案

舱内二次设备柜体可采用单列布置与双列布置两种方式。

（1）单列布置方案。二次设备采用 2260mm × 600mm × 600mm（高 × 宽 × 深）屏柜，屏柜可前后开门，柜前维护通道不小于 900mm，柜后维护通道不小于 600mm，两侧维护通道不小于 800mm。

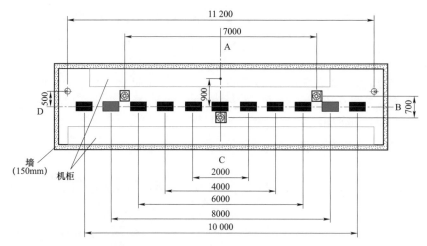

图 14 – 25　E 墙面布置

（2）双列布置方案。舱内将两排屏柜靠墙安装，取消后门，屏内设备采用前接线、前显示式二次装置，二次设备采用 2260mm×600mm×600mm（高×宽×深）屏柜，增加屏柜横向空间，方便运行检修。

单列布置方案的优点是屏柜前后开门，符合传统施工与运维习惯；缺点是舱内布置的屏柜较少，空间利用率低。双列布置的预制舱内部空间紧张，设备运行维护相对不便，但能布置更多的柜体，减少整站的预制舱的数量及投资。

预制舱内二次设备布置区域如图 14 – 26 所示，可布置标准机柜（2260mm×800mm×600mm）共 22 台。

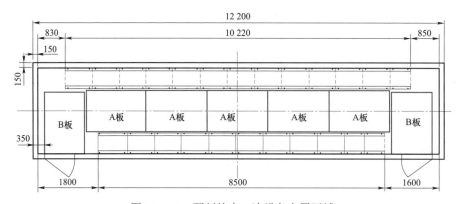

图 14 – 26　预制舱内二次设备布置区域

14.4.7　预制舱结构技术

1. 结构强度计算与校验

作为智能变电站二次设备运行的结构载体，预制舱必须具备足够的机械强度，才能为设备运行提供安全可靠的环境。预制舱的强度校验，包含了自重与载重、提吊、运输过程中激励和惯性载荷的作用等多个方面。在分析方法上，可采用通用有限元软件（以 MSC Patran 和 Nastran 为例）对预制舱结构进行分析，主要分析提吊、顶部积雪、运输、台风和地震等工况下的强度。

预制舱吊装变形云图如图 14 – 27 所示。

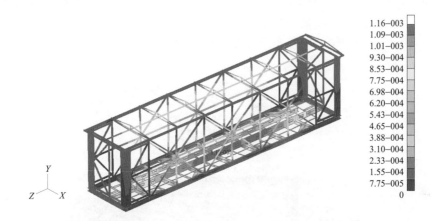

图 14 – 27　预制舱吊装变形云图

预制舱结构强度验证主要包括提吊试验、车载试验、侧面刚度试验及顶部载荷试验等。通过试验来验证预制舱在提吊、运输、运行或其他载荷工况下预制舱结构件是否发生如功能结构失效、材料屈服失效等问题，同时考核预制舱的结构刚度，预制舱刚度变形，如大的弯曲、扭转变形将会对舱内安装的设备造成不必要的挤压或拉伸，额外的应力容易导致精密设备的损坏。

2. 热力学计算与校验

预制舱在正常运行时，除了具有内部电子设备额定功率下对应的热耗外，外部接受太阳辐射热也是关键的热源之一，冬季则要经受住低温寒冷天气的考验。预制舱为金属框架式结构，墙体采用发泡聚氨酯或岩棉作为隔热材料，具有较好的隔热效果，可据此设置预制舱综合换热系数。

实际设计时，要综合考虑舱内设备的布置、空调安装位置等因素，借助 CFD 的方法对舱内流场、温度场进行模拟分析，只有均匀的流场才能保证舱内温度均匀分布，防止气流短路导致局部过热的现象。

14.4.8　预制舱使用维护

预制舱墙面出现污渍时，使用中性洗涤剂清洗。外墙面出现掉漆、破损的情况下，使用同颜色的油漆进行修补。预制舱门使用安全消防锁，在舱内可用手或其他部位推开启杠即可打开舱门，切忌暴力操作。预制舱顶部组织排水槽需经常清理污物，以防堵塞排水通道。内部配置的手持灭火器需按消防设施检查规范进行检查。

14.4.9 预制舱运输及吊装

预制舱空载时自重约 10t，装载屏柜后约在 15t 左右，可以采用底部 8 吊点的起吊设计，出厂前完成提吊试验。使用常规起重机车辆进行吊装，额定起吊重量不小于 25t，工作半径不小于 11m，吊臂仰角 40°～80°可调。底部起吊点为伸缩式吊耳，用以固定吊带。单根吊带承重量为 5t，每根吊带需单独固定在专用吊具及横撑上。吊带中部设置 4m 长的横撑，避免吊带擦伤墙面及屋顶，预制舱吊装与运输如图 14 – 28 所示。

预制舱采用平板车运输，平板车平板高度低于 1000mm。

图 14 – 28　预制舱吊装与运输

预制舱采用桥墩式混凝土安装基础，设计规范按照 GB 50010—2010《混凝土结构设计规范（2015 年版）》执行，材料强度等级 C30。基础上依据舱体尺寸预埋角件，预制舱安装就位后通过角件与基础预埋件连接。预制舱安装基础图如图 14 – 29 所示。

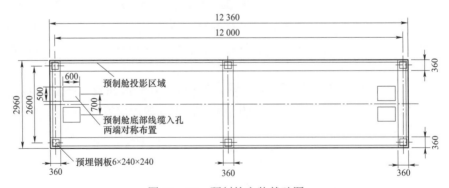

图 14 – 29　预制舱安装基础图

14.4.10　预制舱智能辅助系统

1. 智能辅助系统

智能辅助系统由温湿度传感器、摄像机等设备组成，用于舱内温湿度控制和设备监控。

预制舱内设置空调、电暖器、风机等设施，使用温湿度传感器接入智能辅助系统进行运行控制，空调的制冷量或电暖的热功率可以使内部环境温度保持在 5～25℃范围内，相对湿度保持在 45%～75%范围内。为防止意外情况，空调要具有断电自启动功能。采用风机通风时，风道应有除尘防水措施，且应采用正压通风，以防通风时粉尘进入舱体。

舱内应安装视频监控，主要用作设备周界监控。以预制舱内单列屏柜布置为例，屏柜前后形成两条通道，每通道设置一台摄像机，摄像机使用红外球机。视频信号接入智能辅助系统。

2. 温湿度联动控制

空调遥控器默认温度值为 22℃，当温度低于或高于默认值时，自动关闭或启动空调。温湿度采集舱内温度及湿度值，反馈至智能系统主机。温度联动空调控制器控制空调，当温度低于或高于预设值时，关闭或开启空调。湿度联动舱内风机及除湿机，当舱内湿度超出预设值时，开启或关闭风机及除湿机。

3. 通风系统

通风系统由过滤器和排风扇组成。

4. 消防系统

（1）火灾报警系统。

预制舱火灾报警系统由烟感探头、声光报警器、紧急按钮、线型感温电缆及模块组成。可自动探测舱内异常并报警，同时设置手动报警按钮，用于突发意外情况操作，报警信息传输全站内消防主机。舱内配置手提式灭火器，依据 GB 50116《火灾自动报警系统设计规范》中规定，级别及数量应按火灾危险类别为中危险等级配置。

烟感探头：能实时采集现场烟雾浓度数据，并将数据传送至火灾报警控制器，安装在预制舱顶部。

手动火灾报警按钮：当工作人员确认舱内发生火情后，按下此按钮，即可向火灾报警控制器发出报警信号，火灾报警控制器接收到报警信号，将显示出按钮的编码地址（对应位置）及设备状态。按钮安装在预制舱侧墙距地 1.5m 位置。

声光报警器：当发生火警时，声光警报器接收到控制器的启动命令后动作，状态指示灯常亮，声光警报器发出耀眼的闪光信号和刺耳的声报警信号，提醒现场人员迅速了解现场发生火警，尽快采取措施进行疏散。

线型感温电缆：由微处理器、感温电缆和感温终端组成，安装在网格行线架的电缆上。当感温电缆周边环境温度达到报警温度时，立即向火灾报警控制器发送报警信号。

（2）消防设备灭火器。

每个预制舱舱内配有 2 个 5kg 的干粉灭火器。

第15章 工程应用案例

15.1 智能变电站自动化系统案例

500kV 某变电站是华东地区首座使用 NS 3000S 一体化监控平台、高压测控、高压保护、合并单元、智能终端、PMU、网络报文记录分析装置、网络设备等全套二次设备的智能变电站，该变电站监控系统实现了顺序控制、智能告警、一体化五防、在线监测、远方切换定值等高级功能，满足无人值班变电站要求。该站于 2015 年 5 月投运，2018 年 6 月完成 2 号、3 号主变压器扩建和 220kV 双母双分段改造工程并顺利投入使用。

15.1.1 站控层应用

该站监控主机采用 DL/T 860 标准和间隔层设备通信，通过系统数据建模工具、通用组态软件工具、图形系统、综合量计算模块、"五防"闭锁、仿真控制与调试和系统功能冗余等模块，不仅实现了人机交互界面，管理控制一、二次设备等常规变电站功能，还实现了顺序控制、一体化"五防"、在线监视一次设备状态等高级功能，形成全站监控和管理中心。操作员站通过共享监控主机的三遥信息、历史数据、操作票、"五防"信息、保护信息等数据满足运行监控需求。

一体化监控平台具备变电站故障信息的逻辑和推理模型，实现对故障告警信息的分类和信号过滤，对变电站的运行状态进行在线实时分析和推理，自动报告变电站异常并提出故障处理指导意见。告警信息集中在厂站端处理，厂站根据主站需求，为主站提供分层分类的故障告警信息，以减少主站端信息流量。

数据通信网关机采用 DL/T 860 标准采集间隔层设备信息，根据远传信息表配置数据，使用 IEC 104 规约通过调度数据网将数据上传调度端，该站数据通信网关机还具备了主站切换站内保护装置定值区、远程复归保护装置等功能。

保信子站采用 DL/T 860 标准采集间隔层设备信息，根据远传信息表配置数据，使用保护 IEC 104 规约通过调度数据网将站内保护装置事件、定值和波形文件等数据上传调度端。

图形网关机采用 DL/T 860 标准采集间隔层设备信息，根据远传信息表配置数据，使用 DL 476 规约通过调度数据网将监控系统画面和报警信号等数据上传调度端。

Ⅱ区数据通信网关机采用 DL/T 860 标准采集间隔层设备信息，实现对一次设备的在线监测功能并根据远传信息表配置数据，使用 IEC 104 规约通过调度数据网将数据上传调度端。

Ⅲ区数据通信网关机采用 DL/T 860 标准采集间隔层设备信息，实现对一次设备的在线监测功能并根据远传信息表配置数据，使用 I2 规约通过调度数据网将数据上传调度端。实现了采集主要一次设备（变压器、断路器等）状态信息，进行可视化展示并发送到上级系统，为电网实现基于状态检测的设备全寿命周期综合优化管理提供了基础数据支撑。

智能辅助综合监控系统从站控层网络获取实时数据,实现了电子地图、网络管理、门禁系统、环境监控、视频监控、SCADA 系统、状态在线监测等功能。

15.1.2 间隔层应用

该站测控装置全部采用室内集中组屏的安装模式,使用 DL/T 860 标准和站控层设备通信,支持 16 路报告实例号。站控层网络为双网冗余设计,在模拟 GOOSE 信号雪崩试验中做双网切换无数据丢失。使用 DL/T 860.92 采集交流电气量时具备 DL/T 860.92 采样值报文品质转发及异常处理功能;500kV 部分测控使用采样值序号同步对齐的方式组网接收多个合并单元采样值报文,通过接收到的采样值报文置失步品质或多个合并单元采样值序号偏差过大时同步对齐处理机制测试;通过国网规范的测控采样检修机制测试;具备在装置面板设置零值死区和变化量死区的功能;支持测量值取代服务。

该站测控通过过程层 GOOSE 报文采集数字化开入量和数字化直流采样,通过站控层 GOOSE 报文采集其他测控间隔断路器、隔离开关位置,具备转发 GOOSE 报文的有效、检修品质功能;具备对 GOOSE 报文状态量、时标、通信状态的监视判别功能;接收 GOOSE 报文传输的状态量信息时,优先采用 GOOSE 报文内状态量的时标信息;装置正常运行状态下,转发 GOOSE 报文中的检修品质;支持状态量取代服务;具备事件顺序记录(SOE)功能。

该站测控通过解析 NS3000S 监控系统导出的"五防"信息来实现间隔层"五防"闭锁,实现了全站"五防"逻辑一体化的功能,采用选择、返校、执行的方式遥控断路器和隔离开关等一、二次设备;自动生成控制操作记录,能记录遥控命令来源、操作时间、操作结果、失败原因等信息。

15.1.3 过程层应用

该站过程层合并单元装置采用户外汇控柜方式就近安装在一次设备旁,通过采集电压互感器和电流互感器的模拟量,经过 AD 转换、同步、电压并列、电压切换和重采样等处理后,将模拟量转换为数字量。使用高速光纤以太网接口通过 DL/T 860.92 和 DL/T 860.81 两种协议发送到过程层网络,经现场测试合并单元数据处理时间小于 2ms。

该站过程层智能终端装置采用户外汇控柜方式就近安装在一次设备旁,通过电信号采集一次设备状态量,经过内部处理转换为数字量。使用高速光纤以太网接口通过 GOOSE 报文发送到过程层网络,经现场测试智能终端开入的响应时间小于 1ms。智能终端配置了 2 组跳闸出口、1 组合闸出口,以及 4 个隔离开关、3 个接地开关的遥控分合出口和一定数量的备用输出,与分相或不分相操作的断路器配合使用,测控和保护装置可以通过智能终端对一次开关设备进行分合操作。

15.1.4 PMU 应用

该站 PMU 子站总体架构如图 15 – 1 所示,PMU 采集装置通过过程层网络采集对应相应间隔合并单元发出的电流电压数字量,基于相量计算方法和时钟同步技术在采集装置内完成电压电流相量、功率、频率测量、频率变化率和开关量的处理、分析和存储。上述信息通过站控层网络发送给站内 PDC 子站控制器,子站控制器按照规定的通信协议将数据上送至 WAMS 主站,从而为 WAMS 主站相关应用功能提供数据支撑。

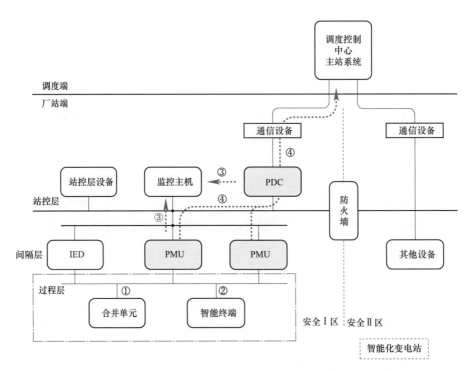

图 15 – 1　某站 PMU 子站总体架构

①—以太网多播 SV 服务；②—以太网多播 GOOSE 服务；③—MMS 服务；

④—GB/T 26865.2—2011 数据传输协议

15.1.5　网络应用

全站网络由站控层网络、过程层网络和调度数据网组成。

站控层网络结构符合 DL/T 860 定义的变电站自动化系统接口模型，以及逻辑接口与物理接口映射模型。站控层网络由两个独立的高速以太网 MMS – A 和 MMS – B 组成，通信规约采用 DL/T 860 标准，可以传输 MMS 和 GOOSE 等格式报文。实现网络设备与站控层其他设备通信，站控层与间隔层设备通信。逻辑功能上，覆盖站控层之间数据交换接口、站控层与间隔层之间数据交换接口。

站控层网络中单向隔离装置部署在电力生产控制大区与管理信息大区之间，在这两个区网络方式单向数据传输的场景中，采用正向安全隔离装置以实现两个安全区之间安全数据交换，并且保证安全隔离装置内外两个处理系统不同时连通，实现了以下功能：

（1）支持透明工作方式：虚拟主机 IP 地址，隐藏 MAC 地址。

（2）基于 MAC、IP、传输协议、传输端口以及通信方向的综合报文过滤与访问控制。

（3）防止穿透性 TCP 连接：禁止两个应用网关之间直接建立 TCP 连接，将内外两个应用网关之间的 TCP 连接分解成内外两个应用网关分别到隔离装置内外网卡的 TCP 虚拟连接，隔离装置内外网卡在装置内部是非网络连接，且只允许数据单向传输。

（4）具有可定制的应用层解析功能，支持应用层特殊标记识别。

过程层网络由四个独立的高速以太网 500kV A 网、500kV B 网、220kV A 网、220kV B 网组成,通信规约采用 DL/T 860 标准,可以传输 SMV 和 GOOSE 报文,过程层网络采用 VLAN 方式来控制网络流量,简化网络结构,提高网络的安全性。

调度数据网中纵向加密认证装置部署在电力控制系统的内部局域网与电力调度数据网络的路由器之间,用于实现纵向加数据传输的加密保护及纵向间数据通信的访问控制。

纵向加密隧道加解密的功能实现由通信双方分别持有本端设备私钥和对端设备证书,双方的通信过程分为两个部分:首先,双方利用非对称加密技术及散列算法协商建立加密隧道,得到对称密钥;然后再使用电力专用硬件加密算法对需要传输的报文进行密文传输。数据包加解密传输过程如图 15 - 2 所示。

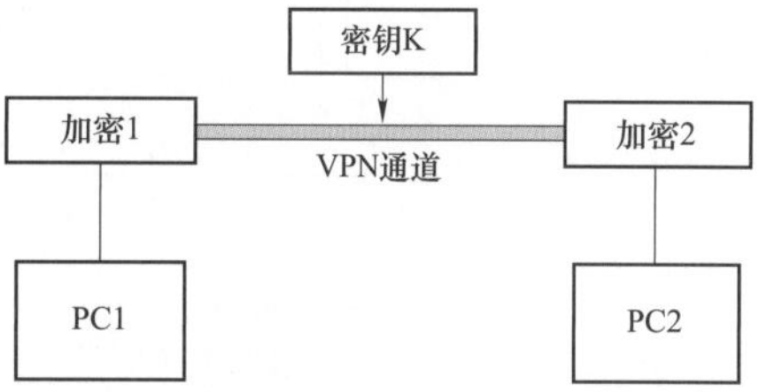

图 15 - 2　数据包加解密传输过程

站控层设备通过站控层网络接收 SNTP 对时信号进行时钟校正。

站控层设备通过设置在站控层的网络打印机实现全站图形、数据、装置告警、保护事件、波形等数据网络打印。

全站网络结构如图 15 - 3 所示。

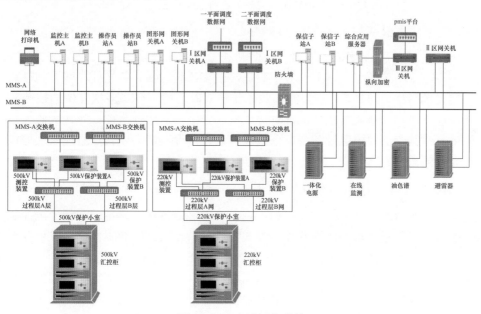

图 15 - 3　全站网络结构

15.2　BSJ2000 自动化系统改造案例

500kV 某变电站监控系统站控层采用某公司 BSJ2200 监控系统,间隔层测控装置为某公司 6MD66 系列，测控装置采用双光纤环网方式连接，远动装置为两台西门子 SICAM 总控装置，于 2007 年投入运行使用，2011 年配合省调 D5000 接入增加两台 NSC2200 远动装置。历经多年安全稳定运行后，由于硬件设备老化以及在测控国产化要求等各方面不利因素，于 2017 年进行自动化监控系统改造。500kV 某变电站改造前监控系统结构示意图如图 15－4 所示。

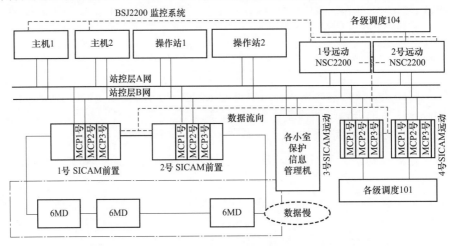

图 15－4　500kV 某变电站改造前监控系统结构示意图

该变电站 BSJ2200 监控系统后台主机、操作员工作站等计算机设备运行时间较长，硬件设备已出现老化，表现出操作响应速度变慢，历史数据存储量超载，计算机死机等异常现象。2013 年 5 月份以来异常次数增多。间隔层设备经过多次扩建后，各光纤环网上测控装置数量已接近上限（西门子公司推荐值为 20），数据传输实时性能下降，多次发生测控装置遥控预置超时、遥控不成功，遥信变位上送延时等现象，影响日常运行监控。为解决监控系统运行存在的隐患，对某变电站控层设备及部分间隔层设备进行改造，以满足监控系统稳定运行以及改扩建间隔的需求。

15.2.1　更新站控层监控主机、操作员站等设备

采用某公司 NS3000（V8）监控系统，支持 DL/T 860 规约，满足国产新型测控装置接入的要求。采用原监控系统数据库一键导入方式完成新后台数据库的制作工作，可在现场提前完成，也可在工厂内完成。对需要进行测控改造的间隔通过 NS3000（V8）一键切换不同数据源功能，实现后台、远动间隔层改造过程画面、报表、转发表等进行无缝切换，减少人为关联的错误率，缩短改造周期（注：新老测控存在部分装置告警信号区别，远动信息表建议保持原信息表一致，需增加信号放置最后）。数据库制作流程如图 15－5 所示。

15.2.2　更新远动机等设备

新的 NSC332 远动装置取代老的 NSC2200、SICAM 远动装置，将 NSC332 远动机的 IP 地址设置成原 NSC2200 远动机 IP 地址，调试中将其中 NSC2200 远动机 B 网断开，NSC332 远动机挂 B 网，完成与 SICAM 远动机的通信，并将数据发送给 NS3000（V8）后台，完成主

机和调度端的信号核对工作。因为 A、B 网为同一张 IEC 104 转发表，可以用抽点核对方式完成新系统 B 网的验证工作。NSC2200 远动机运行在 A 网，NSC332 远动机运行在 B 网，进行试运行一周，无任何问题后，可退出原 NSC2200 和 BSJ2200 系统，NS3000（V8）+ NSC332 正式运行。新设备接入调试流程如图 15 - 6 所示。

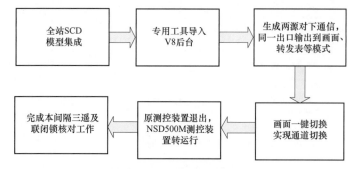

图 15 - 5　数据库制作流程

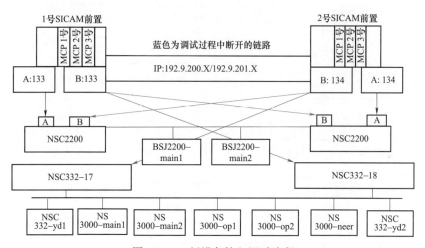

图 15 - 6　新设备接入调试流程

15.2.3　更新保护公用信息管理机设备

原接入 BSJ2200 系统的 500/220kV 保护公用信息管理机不能兼容 NS3000（V8）系统，因此更换为两台 NSC332 公用信息管理机，实现直流数据、ERTU 电能量以及保护动作等信息接入，站控层改造后系统结构如图 15 - 7 所示。

站控层改造完成后间隔层 6MD66 测控装置采用原通信方式接入某公司 NS3000（V8）系统，测控改造间隔选择国产满足 DL/T 860 标准的 NSD500M 测控装置，采用"掏屏法"模式，直接接入站控层网络。原公司 6MD66 测控装置与国产 NSD500M 测控装置之间的联闭锁，通过增加 2 台某公司 NSC330 过渡接口机实现未改造间隔离开关遥信 GOOSE 方式转发。NSD500M、6MD66 与测控装置联闭锁信息传输方式示意图如图 15 - 8 所示。

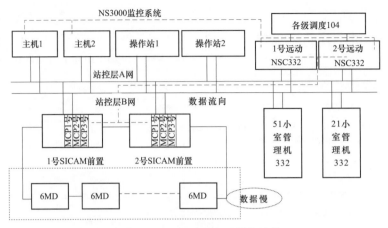

图 15 – 7 站控层改造后系统结构

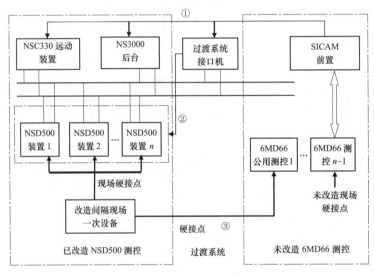

图 15 – 8 NSD500M 与 6MD66 测控装置联闭锁信息传输方式示意图

实现原理：

（1）原西门子公司 SICAM 总控将 6MD66 测控信息分别发送 NS3000（V8）后台、NSC330 远动装置及 NSC330 过渡接口机。

（2）NSC330 过渡接口机将 6MD66 测控位置信号转换为 GOOSE 信息传送给已改造间隔的 NSD500M 测控装置。应采用 GOOSE 发送方式，原公司 6MD66 测控装置改造完毕拆除。

（3）改造期间原公司间隔层测控装置若要保持完整的联闭锁功能，则仍需要保留相关联的隔离开关位置信号，可通过另一付辅助接点接入一台 6MD66 公用测控装置的方式实现，需修改原西门子公司 SICAM 前置闭锁逻辑配置。

间隔层测控装置改造采取"只更换测控装置，而不更换屏柜"的方案。在原有屏柜的基础上，采用"掏屏法"将原来的测控整体更换。采用的 NS3000（V8）自动化监控系统支持新老设备多规约共网运行。间隔层改造后数据流向如图 15 – 9 所示。

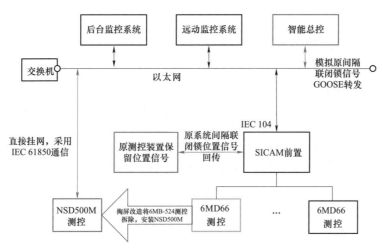

图 15 - 9　间隔层改造后数据流向

实施步骤：

（1）NSD500M 测控装置配线。

提前 2 天进场，完成测控装置停电前的预置线配线工作，完成测控端子侧的配线工作。停电后，完成旧装置的拆除，新装置的上屏及屏柜端子排的接线工作。

（2）信号核对工作。测控装置定值整定、NSD500M 测控装置配置下装，后台一键切换完成数据库制作，完成三遥核对、CVT 验证、"五防"逻辑验证。

（3）经过上述全部改造过程后可彻底实现监控系统国产化，继续为一次设备的安全稳定运行提供保障。500kV 变电站改造后系统结构如图 15 - 10 所示。

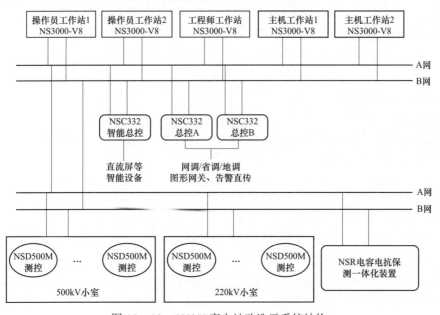

图 15 - 10　500kV 变电站改造后系统结构

15.3　NS2000 自动化系统改造案例

110kV 某变电站监控系统由 NS2000（Windows）监控系统＋NSC300 数据通信网关机及 NSD500V 测控和 NSR600RF 保测装置组成。监控后台和数据通信网关机采用单网与测控装置、保测一体装置通信。直流屏和消弧线圈通过串口与一台数据网通信关机通信，并通过网络转发给监控后台和另外一台数据通信网关机。串口 12 接入直流屏，串口 13 和串口 14 分别接入两台消弧线圈，都采用部颁 CDT 规约。改造前网络结构如图 15－11 所示。

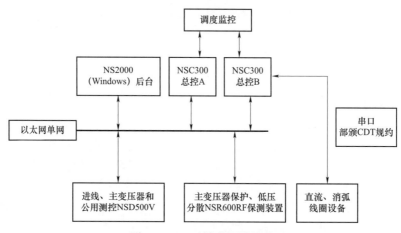

图 15－11　改造前网络结构

NS2000（Windows）监控系统为该公司早期产品，监控系统中数据通信网关机、后台监控主机运行近 10 年，设备老化，数据刷新慢，存在数据丢包等问题，影响调度的正常运行，给电网稳定运行带来一定风险。而且变电站后台系统运行在 Windows 操作系统上，存在重大的安全运行隐患，因此有必要对网关机、监控系统、后台主机进行改造，以满足调度端数据监控和提高变电站运行的可靠性要求。

新监控系统使用该公司自主开发的 NS5000 一体化监控系统，按监控后台和数据网关机一体化的设计思想开发，满足国家电网公司"四统一"监控系统的要求；支持自动对点功能，满足国家电网公司最新安防要求，并通过江苏电科院检测。支持《调网安〔2017〕135 号》内网监视平台厂站端提升方案，监控主机和网关机支持上送各类行为以及安全事件。监控系统使用国产机器和国产安全操作系统，满足国家电网公司最新要求。

根据变电站实际运行需求和国家电网公司最新的安防要求，现场需更换两台后台监控主机和两台数据通信网关机。两台监控主机采用主备模式运行，使用国产安全操作系统，安装 NS5000 监控系统软件；两台数据通信网关机采用双主模式运行，使用国产安全操作系统，安装 NS5000 监控系统软件。保留原有一台数据通信网关机作为规约转换器，所有接入这台规约转换器设备不动，通过网络转发给后台和新的两台数据通信网关机。改造后网络结构如图 15－12 所示。

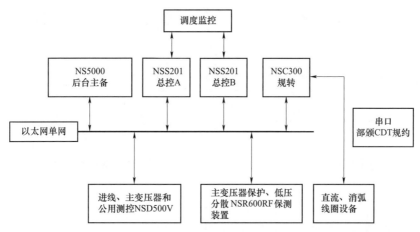

图 15 – 12　改造后网络结构

（1）使用一键导库工具将现场老监控后台中最新的数据库、图形和本地文件导入到 NS5000 监控后台中，在厂内完成监控后台数据库、画面的制作，根据最新的转发点表完成数据通信网关机转发表配置等工作。新后台到现场后只需完成数据通信网关机的安装和网络接入、后台监控主机的搭建和网络接入，即可完成与站内装置的通信。

（2）核对新老监控后台所有间隔的遥信数据是否一致，并抽取部分遥信信号进行动态核对，例如，远程就地信号。对于投运间隔核对新老监控后台遥测实时数据是否同步刷新，采样值是否一致；对于没有运行间隔的遥测应在条件允许的情况下使用实验仪模拟加量核对。做好安全措施，在新监控后台上进行遥控预置试验，一一核对并记录装置上的预置记录；针对部分无法查看遥控预置记录的老装置，用新的监控后台单连该台装置，执行遥控预置，如果预置成功，可认为该间隔遥控预置合格。

（3）将调度二平面通道切换到新数据通信网关机，核对调度一平面前置（接老数据通信网关机）和调度二平面前置（接新数据通信网关机）数据库的遥信数据是否一致，并抽取部分遥信信号进行动态核对，例如，远程就地信号。对于投运间隔核对调度一平面前置（接老数据通信网关机）和调度二平面前置（接新数据通信网关机）遥测实时数据是否同步刷新，采样值是否一致；对于没有运行间隔的遥测，应在条件允许的情况下使用实验仪模拟加量核对。做好安全措施，在调度二平面前置（接新数据通信网关机）上进行遥控预置试验，一一核对并记录装置上的预置记录；针对部分无法查看遥控预置记录的老装置，用新的二平面通信网关机单连这台装置，执行遥控预置，如果预置成功可认为该间隔遥控预置合格。

（4）调度二平面数据核对完毕后，调度一平面通道切换到新数据通信网关机，核对调度一平面前置（接新数据通信网关机）和调度二平面前置（接新数据通信网关机）数据库的遥信数据是否一致，并抽取部分遥信信号进行动态核对，例如，远程就地信号。对于投运间隔核对调度一平面前置（接新数据通信网关机）和调度二平面前置（接新数据通信网关机）遥测实时数据是否同步刷新，采样值是否一致；对于没有运行间隔的遥测，应在条件允许的情况下使用实验仪模拟加量核对。做好安全措施，在调度一平面前置（接新数据通信网关机）上进行遥控预置试验，一一核对并记录装置上的预置记录；针对部分无法查看遥控预置记录的老装置，用新的一平面通信网关机单连该台装置，执行遥控预置，如果预置成功，可认为该间隔遥控预置合格。

新后台和数据通信网关机调试全部完成后，临时退役原后台和数据通信网关机。新后台和数据通信网关机正常运行半个月后，将原后台和数据通信网关机拆除，正式退役。

15.4 NSD26X 自动化系统差异化改造案例

某公司主导推进的 NSD26X 系列测控装置"差异化"改造成 NS3560－F2 系列测控装置在 220kV 某变电站实现整站试点，并完成整站差异化改造投运工作。该案例的成功应用对目前变电站二次设备运行年限久远、设备老化严重、故障率偏高、设备重要元器件停产等无法满足现阶段运行电网二次设备稳定运行问题提供解决方案。

220kV 某变电站投产于 2002 年，按照《国家电网继电保护通用技术规范》等规程要求，测控保护运行年限达到 12 年后，需进行测控保护设备改造。由于该地区居民用电负荷要求停电时间设备设置在 9:00—18:00 内，停电时间只有 9h。

如果使用常规整体改造方式，220kV 线路测控改造工时大于允许停电时间，安排停电改造困难，将导致设备无法按期进行技术改造。同时继电保护小室面积小、屏位紧张，难以支持 220kV 综自设备"立新拆旧"的常规改造方式。老旧设备缺陷率较高，超期运行存在较大运行风险。

为此某公司工程部对某站试点"NSD26X 测控差异化改造"，即充分利用已有电缆和屏位，仅进行 NSD26X 测控及其内部电压电流线更换，既达到设备更新，又能缩短设备改造时间，在保障施工安全与工程质量的前提下，大幅提高改造效率，解决常规改造时间长与停电时间短的突出矛盾。

与传统改造项目"立新拆旧"不同，该站原屏差异化改造利用了原有屏柜和外部线，因此对接线的准确性、回路的可靠性提出了更高的要求。班组人员牢牢把住"四个关口"，即图纸关、设备关、施工关和验收关，统筹安排，提前准备，仔细核对，推进"电缆不出屏""废料不下地"等一系列精益管控措施，有效地提高了现场安全系数与施工效率，保障了工程质量。减少用户停电时间和项目成本，成效可观并可复制。

某变电站原屏差异化改造实施过程中，精益管理成效显著，取得了宝贵经验。经统计，与往期传统改造项目相比，单条馈线停电时间从 12h 降低至 2h，减少 83%；人力成本、工程费用分别减少约 75% 和 46%；屏柜安装、电缆敷设、解接线等工作中存在的施工风险大幅减少。

常规整体改造方式改造 1 个 220kV 变电站需 4 人，工作 120 天。"差异化改造"方式预期 4 人，工作 120 天，可以改造 8 个同等规模的变电站，改造效率大幅提升。同时，验收关口前移、工作流程优化使施工过程对停电时间的需求降低，创造了电网停电最小空间，缩短了大电网运行系统检修时间，增强了电网整体运行稳定性，提高了电力系统综合自动化水平。

据统计，目前华东电网 220kV 变电站中在运行采用 NSD26X 型测控变电站数量有 52 座，均运行超过 12 年。如果不能按期改造，设备缺陷率将逐年增加。为保障电网安全运行，未来

5 年华东电网必须逐步完成这些设备的改造，压力较大，因此探索更为高效的改造方式势在必行。

220kV 某变电站测控差异化改造是某公司在提升变电站综合自动化设备技术改造策略精益管理水平道路上一个新的里程碑，其积累的宝贵经验和成果，为进一步推广差异化改造奠定了基础，为推进变电站二次改造提供了一个有效的解决方案。

15.5 智能变电站二次模块化技术案例

110kV 某变电站是国家电网公司首批五个标准配送式智能变电站试点项目，也是全国第一座投运的配送式变电站，某配送站效果图如图 15-13 所示。某变电站设计建设满足"标准化设计、工厂化加工、装配式建设"的要求。全站电气一次设备及建筑物采用装配式设计、施工；全站设置 2 座预制舱，采用预制光缆等实现二次设备光缆连接的即插即用；变电站内信息统一建模、统一采集，遵循 DL/T 860（IEC 61850）《变电站通信网络与系统》和 DL/T 1146《DL/T 860 实施技术规范》标准。

图 15-13 某配送站效果图

该站本期（一期）工程规模为 1 台容量 50MVA 的有载调压变压器，110kV 出线 4 回，10kV 出线 12 回；远期规模为 3 台容量 80MVA 的有载调压变压器，110kV 出线 4 回，10kV 出线 36 回。一期装设 2 组 6Mvar 低压并联电容器。

根据《标准配送式智能变电站建设技术导则》，该工程实现站内信息一体化及高级应用，实现站内信息的"统一接入、统一存储、统一应用、统一展示"，满足各专业主站系统对站内数据、模型和图形的应用需求。该站采用的 NS3000S 综合自动化系统通过采集系统运行工况、故障告警、设备状态等信息，将全站数据进行融合和标准传输，构建智能变电站全景数据平台，具备智能告警、顺序控制、在线监测和保信子站等各项高级应用功能。一体化信息平台集成度高、功能强大、使用维护方便，极大提高了变电站的自动化和智能化水平。

该站主机兼操作员站、数据服务器、远动网关机、显示终端、网络打印机等布置在预制舱主机柜内，110kV 系统保护测控采用一体化装置，布置于预制舱保护测控柜，10kV 采用保护测控多合一装置，就地分散布置于开关柜内；主变电器主保护与后备保护分开配置，测控装置与后备保护合一，均布置于预制舱主变电器保护、测控柜内；其他公用二次设备均集中布置于预制舱。蓄电池组柜安装，布置于预制舱蓄电池柜内。

全站设置两个预制舱，均布置于 110kV GIS 左侧，预制舱平面布置图如图 15-14 所示。

预制舱舱体结构外形如图 15-15 所示。

预制舱内二次组合设备如图 15-16 所示。

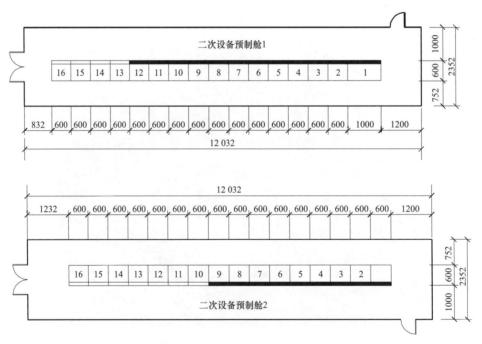

图 15-14 预制舱内平面布置图

图 15-15 预制舱舱体结构外形

图 15 – 16 预制舱内二次组合设备

预制舱内二次组合设备就地下放到配电装置现场，舱体采用集装箱结构形式，具有保温隔热、采暖通风、安防监控等功能。二次设备集成在预制舱工厂整体加工，工厂整体调试后运输至现场。本工程使用按标准集装箱尺寸制造的预制舱。预制舱各部分设施及性能介绍如下：

（1）人机环境。

1）底部铺设防静电地板，舱体侧板采用双层隔温防火结构。

2）在舱体内部设置走线槽，作为空调、照明等交流线的接入路径。

3）箱体两侧各安装 11 盏照明灯具，共 22 盏。照明灯具采用整条形线光源，可覆盖舱内所有部分。

4）舱内根据需要配置桌、椅等办公用品。桌子设置为折叠桌，便于节省空间。

5）壁挂有线电话，保证舱内与外界的可靠联络，提高预制舱内操作人员运行中的安全性，固定电话设置于操作门左侧。

（2）舱内环境监测。

1）预制舱箱壁中间含有隔热保温材料，保证箱体具有隔热效果。

2）为使箱体内部维持二次设备的工作温度，箱内配置冷暖空调 2 台，进行内部环境温湿度控制。当 1 台空调正常运行时，即可满足环境控制要求。2 台空调都具备来电自启动功能，提高温湿度控制系统的可靠性。

3）舱内配备 2 台内外换气风扇，当运行人员开门进入舱体时，启动换气风扇，形成空气流通，保障运行人员有健康的工作环境。

（3）安全防护及视频监控。

1）干式灭火器设置在工作门左侧，便于及时扑灭火情。

2）视频监视系统。预制舱内外均安装摄像头，舱内在柜前及柜后各设置一台摄像机，实现对舱内操作和运行的监控，提高预制舱运行的稳定性和安全性。

（4）紧急逃生系统。

预制舱设置紧急逃生门，在任何情况下都可以紧急启动，避免人员被困。

（5）电磁兼容性能。

箱体底板、侧壁、顶板各部件采用全焊接结构；门等活动部件设置连接电缆，形成封闭完整的金属壳体，并通过接地排可靠接入现场地网，对电磁辐射具有较高的屏蔽效应。

（6）预制光缆的应用。

各预制舱之间，预制舱与安装智能终端、合并单元的户外智能控制柜之间的光纤通信采用预制光缆连接，通过标准化设计确定光缆的型号、数量和长度，在厂内完成预制，现场实现即插即用。预制光缆连接器和预制光缆连接图如图 15 – 17 和图 15 – 18 所示。

图 15 – 17　预制光缆连接器

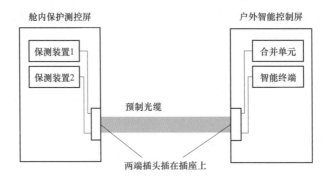

图 15 – 18　预制光缆连接示意图

该工程项目于 2013 年 3 月 24 日正式启动，6 月 8 日完成联调，顺利投运。该变电站集合了当前变电站建设的前沿技术，更加节能环保，工艺水平和智能化程度更高。提供了从"建设一个变电站"向"采购一个变电站"转变的典型样板。通过该站的投运使得在二次设备与系统的设计、安装、吊装、运输、调试等各环节取得了大量宝贵的建设经验。

（1）设计。

标准配送式智能变电站中，预制舱内集成的各种二次屏柜可能选自不同生产厂家，在设计早期阶段就需要明确各个厂家二次设备与预制舱的安装配合结构要求。要求各厂家统一屏柜颜色、开门方式、并柜结构，以做到二次预制舱内的设备外观统一。预制光缆连接设计和舱内屏间电缆连线设计工作一般要在所有二次设备图纸均确认完毕后才能开展，完成设计后还需要进行长度复测、生产加工、安装集成等工作。该项设计进度直接影响到项目工期，应予以重点关注。

（2）实施。

全站配置两组预制舱式二次组合设备，二次设备舱舱体主体采用标准集装箱，满足强度、密封、防风、防雨、防潮、防腐、安防、消防、暖通、照明、检修、接地等各项要求，保证安全性，保证舱体内设备运行环境条件和运行调试人员现场作业要求。预制舱内二次系统设备高度集成，在工厂内完成组屏、接线、调试等工作，并作为一个整体运输至工程现场，实现整舱配送、现场吊装，缩短建设工期。

预制舱采用预制光缆连接技术，实现了"即插即用"的标准化连接。在出厂前基本完成变电站二次设备集成调试，到现场后将一次设备与舱体内的二次设备以光缆无缝对接后，可直接运行，这样就改变了原来的现场安装、调试工作方式，缩短了现场安装调试工期，提高了建设速度。另一方面，使用预制舱和预制光缆大大减少了与土建的交叉作业，有效降低了现场施工的安全风险，二次设备调试基本实现无尘化作业，对二次设备起到了很好的保护作用。

（3）吊装。

在吊装之前编写详实的吊装方案，做好场地安全措施，以确保吊装安全。吊装方案要考虑预制舱不均衡载荷可能引起的侧翻或倾斜，根据载荷在吊具横梁上的分配，进行详细负载测算。采用多点起吊和双机同步起吊是解决上述问题的有效方法。

（4）运输。

在预制舱设计之前进行道路勘探工作，以合理设计预制舱的尺寸，选择合适的运输车辆，确保满足道路运输的限高、限重、转弯半径等要求。

（5）厂内调试。

标准化、模块化的设计理念，工厂化、预制式的加工方式，仅为现场设备的"即插即用"提供了"硬"的可能性，而二次设备系统联调工作在厂内充分、有效地开展为之提供"软"的可能性。同时做好以上两个方面工作才能切实缩减现场工作量，真正实现"装配式建设"。要做好厂内联调工作，二次设备集成商需提前做好与各厂家、业主、设计院的沟通协调工作，向各单位提出资料、图纸、规范需求并跟踪到位，尤其是虚端子连接图。条件允许的情况下应邀请业主、维护和运行单位、设计院、施工方等各单位派员参加厂内联调工作，并对联调结果验收确认。在联调准备阶段应对设计院出具的预制光缆、电缆清单进行详细的核实，确保没有遗漏，满足组网的需要。

15.6　数字化计量技术应用案例

数字化计量技术广泛应用于 220kV 的数字化变电站中。电子式互感器集成了模数转换装置，在高压侧完成信号数字化，合并单元接收的是前端采样离散数字量数据。电子式互感器将一次电流和电压信号按照 DL/T 860.91、DL/T 860.92 协议就地数字化，通过光纤传送给合并单元。数字式电能表通过网口接收合并单元的数据帧，提取出电压和电流数据，再使用合适的算法计算出电能。电能量采集终端 ERTU 负责完成各个数字化电能表中电能数据的收集、存储和上报，最终将所有数据信息发送到本地后台的管理系统和远程电能量采集主站系统。一般情况下，每个变电站内安装一台电能量采集终端，即可完成变电站内所有电能表数据的采集和管理任务。数字化计量典型应用如图 15－19 所示。

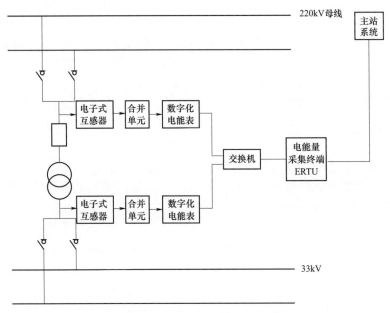

图 15-19 数字化计量典型应用图

第16章 未来发展展望

16.1 宽频测量技术

随着我国电力工业的快速发展，近年来风力发电、太阳能光伏发电、储能电站等新能源，已开始大规模接入电网。可再生能源发电出力的随机波动提高了系统快速调频的需求，同时，相比火电机组，新型储能和新能源通常要求具有较快的功率调节速度，要求能够对系统的频率变化做出快速响应。传统电网主要由电感性元件和同步发电机构成，同步发电机输出的电压几乎是完美的正弦波，当变流器数量较少时，传统电网可维持自身的运行特性，通常表现出理想电压源特性，此时变流器主要与电网发生交互作用，且变流器对电网特性的影响很弱。随着并网逆变器渗透率的飞速提升，变流器与电网之间的交互作用以及变流器与变流器之间的交互作用越来越频繁，越来越复杂。把电网视为理想电压源的假设已经不再成立，可再生能源发电出力的随机波动性会使可再生能源出力在很短时间内从零变化到最大值，而这种波动是不可避免的。大规模电力电子设备的应用产生了大量谐波及间谐波，次同步振荡等问题日益突出，导致电力信号频带变宽、频谱特征复杂，以往基于基频的实时测量数据已不能满足电网监控及安全稳定的需求，宽频测量技术就是在这种应用背景下，基于现有同步相量测量技术提出的一种新型测量技术。

16.1.1 宽频测量装置结构

相较于传统的同步相量测量装置而言，宽频测量装置不仅要准确测量出电力系统工频基波数据，还要能完整测量出低频振荡、次/超同步振荡、高次谐波等宽幅振荡数据。因此，在已部署宽频测量装置的厂站，将不必再部署同步相量测量装置，而在已部署同步相量测量装置的现场，可以按需采用宽频测量装置逐步替换已部署的同步相量测量装置。

宽频测量装置系统结构如图 16-1 所示，在对时守时模块的高精度采样脉冲驱动下，装置对输入信号进行高速同步采样，得到带有精确时间戳的原始采样点。采样点分别输入至宽频测量及振荡辨识模块、相量计算模块等，经过计算处理后得到的宽频测量数据、相量数据等，经过数据融合模块进行断面数据打包后，由标准的相量数据传输规约传输至相量数据集中器，由相量数据集中器将数据集中后转发至调度主站。装置还具备完备的暂态录波、连续录波、动态录波等功能，在多种触发条件、存储策略的配合下，实现微秒级至毫秒级颗粒度的电力系统全景数据记录功能。

为了实现对电网中低频振荡、次/超同步振荡、工频相量、高次谐波等分属于不同频带的测量对象的高精度测量，宽频测量装置需要基于交流高速同步采样，综合应用硬件滤波、软件滤波等技术，从而消除测量结果中由于频谱泄漏、频谱混叠等引入的伪振荡。根据采样定理，进行工频相量测量时，需要依赖前端的模拟低通滤波器，将 1/2 倍采样频率以上的高频分量彻底滤除才有可能获得准确的测量结果，否则将发生频率混叠现象，导致对低频振荡或次/超同步振荡产生误判。而对于高次谐波分析而言，又需要在采样结果中保留较高频率分量，以便后续测量算法能够准确提取，真实反映输入信号中的高次谐波含量。

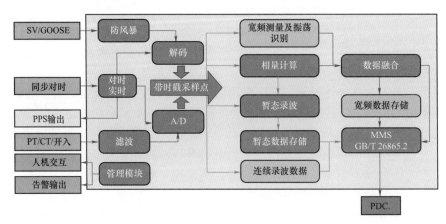

图 16-1　宽频测量装置系统结构

16.1.2　宽频测量原理及算法

傅里叶算法包括 DFT 和 FFT 变换，是离散信号处理中常用的频域分析工具。傅里叶算法非常适合于平稳信号的处理，当信号被噪声污染时，傅里叶算法仍能快速准确地提取信号频率。但是对于频谱混叠、频谱泄漏等问题的影响，傅里叶算法仅能通过增加时间长度来提高计算精度。离散傅里叶变换算法因对谐波有较好的抑制作用，已在国内外 PMU 量测装置中广泛采用。快速傅里叶变换是电力系统中测量谐波的常用方法，然而 FFT 存在栅栏效应和泄漏现象，在非同步采样和非整数周期截断的情况下，其计算出的信号参数如频率、幅值和相位不准，误差较大。若只加 Hanning 窗，则 FFT 幅值误差最高可达 15.3%。

为减小 FFT 频谱分析的误差，一些专家学者提出了 FFT 频谱校正算法，如比值法、相位差法和能量重心法等。Grandke 比值法是幅值比值法的一种，它是在 Rife-Jane 方法的基础上对信号加 Hanning 窗后进行 FFT 频谱校正的一种方法，由于其算法简洁高效，非常适合应用于基于嵌入式计算机系统的宽频测量装置。Grandke 比值法的基本思想是对采样信号加 Hanning 窗后进行 FFT 变换，再利用 FFT 变换结果的主瓣内两条谱线幅值比值来估计信号的实际频率的位置。

对某一单一频率离散信号，其数学表达式为

$$x(n) = A\cos(2\pi nf / f_s + \varphi) \quad n = 0, 1, \cdots, N-1 \quad (16-1)$$

式中：A、f、φ 是信号的幅值、频率和初相位；f_s 是采样频率；N 是采样点数。

$x(n)$ 的 N 点 FFT 记为 $X(n)$，并记 $X(n)$ 幅值最大处的谱线序号为 k，与 k 谱线相邻的两谱线序号记为 $k-1$ 和 $k+1$，这三条谱线的复数值记为 X_{k-1}、X_k、X_{k+1}。

根据 Grandke 比值法，频率和幅值校正公式为

$$f_c = (k - \delta) \times \frac{f_s}{N} \qquad (16-2)$$

$$A_c = \frac{1 - \delta^2}{\text{sinc}(\delta)} |X_k| \qquad (16-3)$$

式中，δ 是无量纲的频率偏移量，其表达式为

$$\delta = \begin{cases} \dfrac{|X_k| - 2|X_{k+1}|}{|X_k| + |X_{k+1}|} & |X_{k+1}| \geqslant |X_{k-1}| \\[4mm] \dfrac{|X_k| + 2|X_{k-1}|}{|X_k| + |X_{k-1}|} & |X_{k+1}| < |X_{k-1}| \end{cases} \qquad (16-4)$$

当在原始的采样信号中叠加了多个不同频率分量时，在使用 Grandke 比值法时，需要对式（16-2）、式（16-3）进行修正，其基本思想是首先寻找频谱的各极大值点，再进行频谱校正，从而得到各频率分量的幅值、频率。

对某一多频率离散信号，其数学表达式为

$$x(n) = \sum_{i=1}^{K} A_i \cos(2\pi n f_i / f_s + \varphi_i) \quad n = 0, 1, \cdots, N-1 \qquad (16-5)$$

式中：A_i、f_i、φ_i 是信号的幅值、频率和初相位；f_s 是采样频率；N 是采样点数。

$x(n)$ 的 N 点 FFT 记为 $X(n)$，并记 $X(n)$ 幅值各极大值处的谱线序号为 k_i，与 k 谱线相邻的两谱线序号记为 $k_i - 1$ 和 $k_i + 1$，这三条谱线的复数值记为 X_{k-1}^i、X_k^i、X_{k+1}^i。

根据 Grandke 比值法基本原理，频率和幅值校正公式为

$$f_c^i = (k_i - \delta_i) \times \frac{f_s}{N} \qquad (16-6)$$

$$A_c^i = \frac{1 - \delta_i^2}{\text{sinc}(\delta_i)} |X_k^i| \qquad (16-7)$$

$$\delta_i = \begin{cases} \dfrac{|X_k^i| - 2|X_{k+1}^i|}{|X_k^i| + |X_{k+1}^i|} & |X_{k+1}^i| \geqslant |X_{k-1}^i| \\[4mm] \dfrac{|X_k^i| + 2|X_{k-1}^i|}{|X_k^i| + |X_{k-1}^i|} & |X_{k+1}^i| < |X_{k-1}^i| \end{cases} \qquad (16-8)$$

16.1.3 宽频测量数据传输

目前，国内 WAMS 主站系统与 PMU 子站采用的通信规约主要是 GB/T 26865.2—2011，该版本规约实现了工频相量数据、模拟量数据和开关量数据的传输。为了满足宽频测量装置中新增谐波/间谐波测量数据的传输需求，需要基于现有传输规约进行无缝兼容扩展，既保证原有系统在未进行升级改造时能正常稳定运行，又可使系统在升级改造后能实现新的功能。

规约中定义了 16 位 STAT 状态字，并使用低 4 位表示触发原因，需要扩展次/超同步振荡、谐波/间谐波越限。状态字触发原因定义见表 16-1。

表 16－1 状态字触发原因定义

Bits03~01	原　　因	备　　注
0000	手动	
0001	幅值越下限	
0010	幅值越上限	
0011	相角差	
0100	频率越限	
0101	频率变化率越限	
0110	线性组合	
0111	开关量	
1000	低频振荡	
1001	次/超同步振荡	扩展，当有次/超同步振荡时置位
1010	谐波/间谐波幅值越限	扩展，当谐波/间谐波幅值越限时置位

谐波/间谐波数据虽然数据测点较多（例如每个交流通道的谐波包含 1~50 次，间谐波包含第 1 主导分量、第 2 主导分量……），但是相比于工频基波相量而言，其数据刷新周期一般较长，通常为秒级，可采用谐波/间谐波测量通道时分复用方式来传输其数据，即每帧数据中仅包含一个谐波/间谐波频点的信息，每秒进行一次完整的谐波/间谐波含量信息传输。

在 CFG 相量通道中扩展谐波相量通道、间谐波相量通道，在 CFG 模拟量通道中扩展间谐波频率通道，谐波/间谐波测量扩展通道命名规则见表 16－2。

表 16－2 谐波/间谐波测量扩展通道命名规则

数据名称	数据类型	子站单位	主站换算比例	主站单位
UxH	谐波电压相量	—	—	—
UxJ	谐波电压幅值	V	0.001	kV
UxK	谐波电压角度	rad	1	rad
IxH	谐波电流相量	—	—	—
IxJ	谐波电流幅值	A	1	A
IxK	谐波电流角度	rad	1	rad
UxI	间谐波电压相量	—	—	—
UxM	间谐波电压幅值	V	0.001	kV
UxN	间谐波电压角度	rad	1	rad
IxI	间谐波电流相量	—	—	—
IxM	间谐波电流幅值	A	1	A
IxN	间谐波电流角度	rad	1	rad
UxF	间谐波电压频率	Hz	1	Hz
IxF	间谐波电流频率	Hz	1	Hz

综合考虑满足传输速率为 100 帧/s、50 帧/s、25 帧/s 时谐波/间谐波信息传输完整性的要求，对于谐波实时数据的传输，采用如图 16-2 所示传输时序。

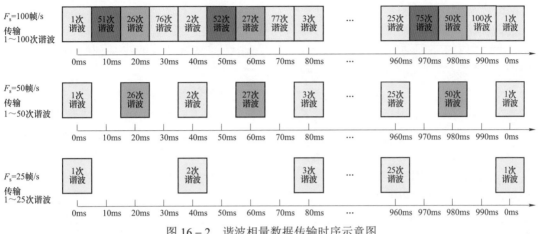

图 16-2　谐波相量数据传输时序示意图

在系统频率额定频率为 50Hz 时，按照上述传输时序，第 n 次谐波所在数据帧的时间戳毫秒 T_n 计算公式为

$$\begin{cases} M = [(n-1)/25] \\ N = (n-1)\bmod 25 \\ T_n = 40 \times N + 10 \times \left\{ 2 \times (M \bmod 2) + \dfrac{M}{2} \right\} \end{cases} \qquad (16-9)$$

注：1. [ ] 为取整运算，即 M 等于（n–1）/25 取整后的值。

　　2. mod 为取余运算，即 N 等于（n–1）/25 的余数。

对于间谐波数据，宽频测量装置按照各频点下的间谐波相量幅值由大到小进行排序，得到第 1 主导分量、第 2 主导分量……然后按照上述时序进行各个主导分量的传输。由于谐波/间谐波计算窗口较长，故当前传输的谐波间谐波数据的真实时间戳会滞后于数据帧的时间戳，为了便于主站对于谐波/间谐波数据时间戳的统一处理，可强制约定谐波/间谐波的固定时间戳延迟为 2s。

16.2　内网安全监测技术

16.2.1　概述

随着计算机网络技术和数字通信技术的飞速发展，信息网络技术的应用层次不断提高，应用领域从传统、小型的业务系统逐渐向大型、关键的业务系统扩展，如电子政务、电子商务、知识管理、电子金融、社会保障、GIS 系统、电力监控系统等。大量的技术和商业机密信息存储在计算机和网络中，对网络安全性要求变得越来越高，需要有效地制定安全策略以保护数据信息的安全。长期以来，安全防御理念局限在常规的网关级别（防火墙等）、网络边界（漏洞扫描、安全审计、防病毒、IDS）等方面的防御。重要的安全设施大致集中于机房、网络入口处，在这些设备的严密监控下，来自网络外部的安全威胁大大减小。但是现实中，来自网络内部的安全威胁却是多数网络管理人员真正需要面对的问题。

根据美国联邦调查局（FBI）和计算机安全机构（CSI）等权威机构的研究，得出这样的结论：80%的安全事件来自于网络内部，而只有20%的安全事件来自于外部。造成这种后果的原因是因为大多数局域网采取的是内网信任机制，即默认企业或单位内部的网络、设施都是处于安全状态的，接触到内部网络的工作人员也都是安全和可信任的，而实际上并非如此。很多安全事件就是由于用户将内部信息通过网络或外设等方式带出，或者将外部设备私自带入内网，连入内网如入无人之境，而内网中又缺乏有效的管理造成的。

电力监控系统的信息网络亦是如此。为保障国家电网公司电网安全运行，国调中心近年来多次组织相关单位对各类各级电厂、变电站开展了安全防护检查。检查发现厂站系统安全防护措施和能力低于主站系统，厂站安全防护成为电力监控系统栅格状安全防护体系中明显的"短板"。厂商运维人员安全管理不到位，移动介质和设备接入随意且缺乏必要监测手段，设备安全防护策略配置不当，存在病毒、木马等恶意代码"摆渡"进入生产控制系统、生产控制大区与互联网等外部网络直接相连等严重安全风险。上述问题均未纳入安全监视范围，存在重大安全隐患。针对以上问题，计划基于电力监控系统内网安全监视平台进行一系列功能提升及扩充，实现对电厂、变电站的第三方安全监视，防范因厂站被恶意攻击或违规操作而影响电力监控系统全局安全的风险，保障电力监控系统安全稳定运行。

16.2.2　现状分析

针对目前变电站自动化系统的安全防护体系的分析研究，具有如下特点：

（1）变电站自动化系统设计优先确保高可用性和业务连续性，更关注实时性和可靠性。尽管对安全性普遍考虑不足，安全保护机制弱，但安全防护绝不可影响系统本身正常运行。

（2）变电站自动化系统软硬件配置较调度主站复杂，如主机设备具有多种操作系统，网络包括IP网络和非IP网络，交换机操作系统包括Windows、Linux、UNIX，网络设备（交换机）对标准管理协议（SNMP）支持有限。

（3）在横纵向边界处部署通用安全设备及电力专用安全设备。纵向边界部署纵向加密认证装置，横向部署防火墙和横向隔离装置，这类设备自身未得到有效监控。

（4）分析伊朗"震网"病毒、乌克兰"12·23"大停电等工控安全事件，可以发现大多数工控安全事件的发生实际是由于操作人员误操作、违规操作或者非授权设备非法接入造成的。

目前使用最多的内网监控系统主要有以下两种工作模式：

单机模式：只对主机收集信息。收集网内主机的硬件信息、软件信息和系统信息；非法外联监控，通过在应用层拦截网络连接来确定非法外联监控；非法接入行为管理及自动阻断功能；主机I/O控制，对网络中主机的软驱、光驱、USB外设接口进行读写控制；异常流量控制，对网络主机中的流量进行监测；攻击防护功能，阻挡外部攻击和扫描，针对网络病毒及蠕虫进行防护。但是单机模式缺乏有效的管理和分析手段。

多机模式：通过远程监控网络各终端的使用情况来解决违规内网外联、内外网互联。强制性拨号阻断，主动发现除拨号外的其他上网行为；在客户端，禁用 USB 移动存储，禁用光驱、软驱，禁用网络共享；监视进程使用情况和硬盘文件情况；对网络打印机及打印行为进行监控；监测陌生主机接入内网；全网查杀病毒、木马、流氓软件、间谍软件和未知软件；提供远程桌面、流量监控、注册表监控等功能。

16.2.3 内网安全监视与管理体系

针对变电站自动化系统特点，按照"监测对象自身感知、网络安全监测装置分布采集、网络安全管理平台统一管控"的原则，构建电力监控系统网络安全监视与管理体系，实现网络空间安全的实时监控和有效管理，如图 16-3 所示。

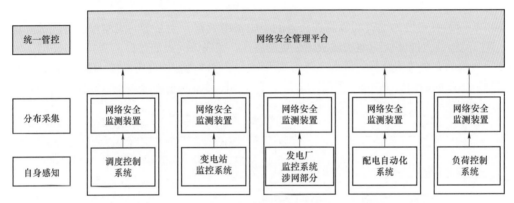

图 16-3　内网安全监视与管理体系结构图

监测对象利用自身感知技术，产生所需网络安全事件并提供给网络安全监测装置，同时接受网络安全监测装置对其的命令控制。变电站自动化系统涉及的监测对象主要包括主机（服务器、工作站）、网络设备（交换机）、安全防护设备（防火墙、隔离装置）及监测装置本身等。

网络安全监测装置就地部署，实现对本地电力监控系统的设备信息采集、处理，同时把处理的结果通过通信手段送到调度机构部署的网络安全管理平台。

监测范围涵盖用户操作信息、安全事件及管理事件。

（1）采集服务器和工作站的用户登录、操作信息、运行状态、移动存储设备接入、网络外联等事件信息。

（2）采集网络设备的用户登录、操作信息、配置变更、流量信息、网口状态信息等事件信息。

（3）采集安全防护设备的用户登录、配置变更、运行状态、安全事件信息等事件信息。

网络安全管理平台部署于调度主站，负责收集所管辖范围内所有网络安全监测装置的上报事件信息，进行高级分析处理，同时调用网络安全监测装置提供的服务实现远程的控制与管理。

通过内网安全监视与管理体系，可以有效地对内网设备进行全方位的监视，并且有效分析各种安全事件，跟踪安全事故全过程，发现内网安全隐患。全面实现对变电站的第三方安全监视，防范因变电站被恶意攻击或人员内部违规操作影响电力监控系统全局安全的风险，保障电力监控系统安全稳定运行。

16.3　集群测控技术

为了解决目前智能变电站间隔层测控装置单套配置，无冗余备用，装置故障时相应间隔的监视及控制功能缺失的问题，缩短设备故障功能失效时间，提高远程操作可靠性，需要研究应用集群化、虚拟化等新技术，研制智能变电站冗余备用集群测控装置，健全间隔层和站控层冗余备用手段，提升系统运行可靠性。

16.3.1　集群测控装置结构

集群测控装置定位为现有间隔测控装置的集中备用装置。当某个间隔测控装置因故障退出运行时，集群测控装置能够快速地实现故障装置的备用，完成该间隔的数据监视和控制功能，实现与故障测控装置的完全等价替换。除此之外，集群测控装置作为智能变电站的 IED 设备，也具备独立的模型及完备的通信服务功能。采用冗余备用集群测控装置的智能变电站自动化系统间隔层架构如图 16 - 4 所示。

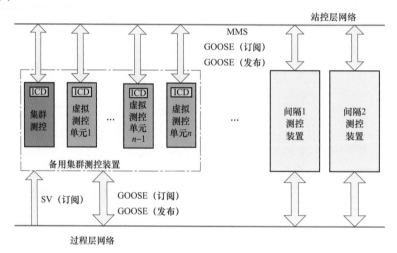

图 16 - 4　集群测控系统间隔层架构

16.3.2　集群测控装置运行模式

基于集群测控装置的智能变电站测控系统配置如图 16 - 5 所示，包含若干集群测控装置和一个管理单元。集群测控装置站控层和过程层通信网口物理上分别接入站控层和过程层网络交换机。

过程层采用虚拟间隔测控的 SV、GOOSE 配置的合集正常接收采样值和 GOOSE 报文，各虚拟间隔软件模块实时进行相应的运算处理。过程层 GOOSE 发送的控制命令与间隔测控采用相同的配置（APPID、组播地址等），为了避免与间隔测控的 GOOSE 报文产生冲突，当虚拟间隔未投入运行时，将不发送 GOOSE 报文；当间隔测控因为故障退出运行、虚拟间隔投入运行时，才开始进行 GOOSE 报文发送。

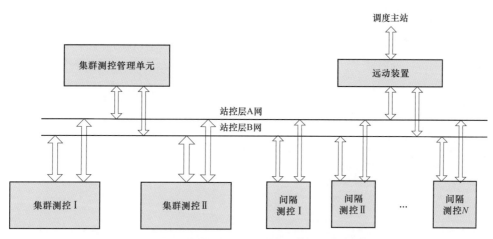

图 16 - 5　基于集群测控装置的智能变电站测控系统配置

　　虚拟间隔测控与站控层的数据通信采用冷备用方式，集群测控的 2 个 MMS 通信网口采用单网口绑定多 IP 的方式接入站控层 A、B 双网，代表集群测控装置本身的通信 IP 地址常驻，虚拟间隔测控对每个站控层网通信配置监测 IP、投运 IP 两个地址。当虚拟间隔未投入运行时，投运 IP 地址不生效，虚拟间隔 MMS 通信绑定监测 IP 地址，与集群测控管理单元实时通信；当有间隔测控装置出现故障需要退出运行时，管理单元通过集群测控装置的软压板投入相应虚拟测控间隔，集群测控装置的虚拟间隔 MMS 通信绑定投运 IP 地址，监测 IP 地址被解除。

　　集群测控管理单元接入站控层 MMS 网，导入系统 SCD 文件与间隔测控装置通信，接收测控装置及集群测控装置上送的数据，并根据收集数据信息完成对间隔测控装置运行状态的监测和故障诊断。当间隔测控装置发生故障时，根据不同的故障类型采取不同策略恢复系统的数据及控制功能。例如，当间隔测控装置发生闭锁、通信中断等故障时，管理单元监测到通信异常时上送告警信息，并提供远程投入虚拟间隔测控的控制压板，可由人工进行远程操作恢复数据；当管理单元监测到间隔测控与集群测控数据不一致时，上送告警信息，由人工仲裁。

16.3.3　集群测控装置关键技术

　　1. 间隔测控装置隔离技术

　　对指定测控装置的站控层网络通信、过程层网络通信隔离技术。

　　2. 装置多模型并存技术

　　为了实现集群测控与多台间隔测控的等价，各虚拟间隔测控装置的模型应保持独立，并与被等价的间隔测控装置保持一致，配置集群测控时应避免增加现场额外配置工作量。

　　3. 虚拟间隔功能组态技术

　　集群测控装置具备灵活的功能组态技术，以便针对不同的工程现场进行灵活等价配置。通过将间隔测控装置的三遥功能抽象出基本功能元件，再根据实际工程需要进行功能元件的工程化组态，即可实现对现场种类繁多的测控装置进行等价。

4. 人机接口技术

集群测控装置采用友好的人机接口技术，既要实现对多个间隔的数据、记录信息等进行集中或者分类显示，同时还需要满足工程现场对间隔类型（线路、母线、主变压器）等参数的灵活组态需求。

5. 功能一致性校验

集群测控应用于工程现场时，需要综合应用多种离线、在线校验方式，保证集群测控装置与实体间隔测控装置在模型、功能等方面的严格一致性。

参 考 文 献

[1] 郑玉平. 智能变电站二次设备与技术［M］. 北京：中国电力出版社，2014.

[2] 唐涛等. 发电厂变电站自动化技术与应用［M］. 北京：中国电力出版社，2005.

[3] 曹团结，黄国方. 智能变电站继电保护技术与应用［M］. 北京：中国电力出版社，2013.

[4] 杨奇逊. 变电站综合自动化技术发展趋势［J］. 电力系统自动化，1995，10.

[5] 杨奇逊，孟建平. 变电站综合自动化系统的体系结构［J］. 电网技术，1996，20（6）.

[6] 尚学伟，赵林，范泽龙，等. 基于调度数据网的广域数据总线体系架构和关键技术［J］. 电力系统自动化. 2018（4）.

[7] 左爱群，黄水松. 基于组件的软件开发方法研究［J］. 计算机应用. 1998（11）.

[8] 雷宝龙，万书鹏，陈鹏，等. 轻量级分布式文件管理在调度自动化系统中的研究与应用［J］. 电力系统自动化，2015，2.

[9] 王钰，马新华. 对基于 B－树系列的数据库索引算法的研究［J］. 科技信息，2010，12.

[10] 王萍. B－树的性能分析及其在数据搜索中的应用［J］. 浙江海洋学院学报（自然科学版），2005，3.

[11] 贾春娟，张慧莉. 基于 COM 技术的规约插件的设计与实现［J］. 电力系统及其自动化学报，2001，9.

[12] 刘齐. D5000 智能电网调控系统在变电站集中监控方面的功能及显示界面优化［J］. 科技创新与应用，2015，5.

[13] 樊陈，倪益民，窦仁晖，等. 智能变电站顺序控制功能模块化设计［J］. 电力系统自动化，2012，7.

[14] 韩本帅，孙中尉，崔海鹏. 智能变电站顺序控制方案研究［J］. 电工技术，2015，6.

[15] 郑洁，胡红兵，陈柏峰，等. D5000 电厂和变电站间隔层测控装置防误闭锁及顺序控制规则库的设计方法［J］. 水电厂自动化，2008，12.

[16] 刘青，傅代印，郑志勤，等. 基于一体化监控系统的智能变电站顺序控制模块互换性研究［J］. 电力系统保护与控制，2013，10.

[17] 黄凯，杨骥，顾全，一体化电网运行智能系统的源端维护技术［J］. 电力系统自动化，2014，8.

[18] 王化鹏，杨威，许智，等. 智能变电站一体化信息平台源端维护模型转化技术［J］. 电力建设，2012，1.

[19] 胡绍谦，李力，祁忠，等. 保护信息系统 IEC 61850 建模及 CIM 扩展的研究与应用［J］. 电力系统自动化，2016，3.

[20] 王冬霞，施广德，刘文彪. 变电站远程浏览与源端维护中的图形转换方法［J］. 电力系统保护与控制，2014，9.

[21] 张海东，陈爱林，姚志强，等. 面向主站的智能变电站模型分层分类裁剪与信息融合［J］. 电力系统自动化，2016，5.

[22] 丁宏恩，赵家庆，苏大威，等. 智能变电站和调控主站的模型按需共享技术［J］. 电力系统自动化，2012，11.

[23] 刘伟，李江林，杨恢宏，等. 智能变电站智能告警与辅助决策的实现［J］. 电力系统保护与控制，2011，

39.

[24] 杨皓然，刘琦，郑连清. 变电站智能告警专家系统设计 [J]. 电力科学与工程，2010，26.

[25] 闪鑫，戴则梅，张哲，等. 智能电网调度控制系统综合智能告警研究及应用 [J]. 电力系统自动化，2015，7.

[26] 王保民. 智能变电站故障信息综合分析决策系统的研究与应用 [D]. 华北电力大学，2012.

[27] 胡超，高宏慧，陈宏山，等. 一种基于数据融合的电力系统故障综合分析方法研究 [J]. 电气应用，2015（S2）.

[28] 徐岩，应璐曼，刘泽锴. 大电网下基于故障域的 PMU 配置和故障定位新方法 [J]. 电网技术，2014，38.

[29] 余涛，周斌. 电力系统电压/无功控制策略研究综述 [J]. 继电器，2008，3.

[30] 戴宪滨，蔡志远. 变电站电压无功控制策略的探讨 [J]. 电气开关，2005，12.

[31] 文屹，董凯达，刘孝旭，等. 多层次一体化备自投系统的研究及应用 [J]. 电力系统保护与控制，2015，12.

[32] 梁鑫钰，李伟，张哲，等. 基于站域信息的备自投研究 [J]. 电力系统保护与控制，2016，10.

[33] 张文修，梁怡. 不确定性推理原理 [M]. 西安：西安交通大学出版社，1996.

[34] 蔡自兴，徐光祐. 人工智能及其应用 [M]. 北京：清华大学出版社，2010.

[35] 黄益庄. 智能变电站自动化系统原理与应用技术 [M]. 北京：中国电力出版社，2012.

[36] 周斌，仇新宏，黄国方，等. 基于 IEC 61588 和 GOOSE 的交互式采样值传输机制 [J]. 电力系统自动化，2012，36（20）.

[37] 黄国方，徐石明，周斌，等. 新型变电站综合测控装置优化设计 [J]. 电力系统自动化，2009，33（19）.

[38] 黄国方，徐云燕，奚后玮，等. 新型超高压变电站测控装置的研制 [J]. 电力系统自动化，2005，29（6）.

[39] 程凤兰. 电网调度自动化系统中遥信误动的分析与处理 [J]. 电力系统通信，2002，1.

[40] 周斌，张斌，闫承志. 数字化变电站同期功能的实现 [J]. 电力系统自动化，2009，33（9）.

[41] 张敏，刘湘琼，范培培，等. 一种智能变电站手合检同期的方法 [J]. 电力系统自动化，2012，36（17）.

[42] 林冶，等. 智能变电站二次系统原理与现场实用技术 [M]. 北京：中国电力出版社，2016.

[43] 牟涛，等. 基于高性能 FPGA 的合并单元设计与实现 [J]. 电力系统保护与控制，2016，44（19）：128.

[44] 王振岳，等. 电子式与电磁式互感器的比较及在智能电网中的应用 [J]. 华电技术，2012，34（2）：50.

[45] 芮新花，等. 智能变电站二次系统 [M]. 北京：中国水利水电出版社，2016.

[46] 覃剑，等. 智能变电站技术与实践 [M]. 北京：中国电力出版社，2010.

[47] 宋晓林，等. 数字化变电站合并单元插值误差对于电能计量的影响 [J]. 电测与仪表，2017，54（11）：57.

[48] 姜雷，等. 基于合并单元装置的高精度时间同步技术方案 [J]. 电力系统自动化，2014，38（14）：90.

[49] 国家电网公司. Q/GDW 11487—2015 智能变电站模拟量输入式合并单元、智能终端标准化设计规范

[S]．北京：中国电力出版社，2015.

[50] 左群业，等．智能变电站装置网络流量处理模式及其测试研究［J］．计算机技术及应用，2018，40（3）：8.

[51] 周华良，等．面向智能变电站二次设备的网络报文管控技术［J］．电力系统自动化，2015，39（19）：96.

[52] 张道农．电力系统同步相量测量技术及应用［M］．北京：中国电力出版社，2018.

[53] 常乃超，兰洲，甘德强，等．广域测量系统在电力系统分析及控制中的应用综述［J］．电网技术，2005，29（10）.

[54] 许勇，张道农，于跃海，等．智能变电站 PMU 装置研究［J］．电力科学与技术学报，2011，26（2）.

[55] 倪以信，陈寿孙，张宝霖．动态电力系统的理论和分析［M］．北京：清华大学出版社，2002.

[56] 程时杰，曹一家，江全元．电力系统次同步振荡的理论与方法［M］．北京：科学出版社，2009.

[57] 毕天姝，刘灏，吴京涛，等．PMU 电压幅值与频率量测一致性的在线评估方法［J］．电力系统自动化，2010（21）.

[58] 刘灏，毕天姝，杨奇逊．数字滤波器对 PMU 动态行为的影响［J］．中国电机工程学报，2012（19）.

[59] 刘灏，毕天姝，周星，等．电力互感器对同步相量测量的影响［J］．电网技术，2011（6）.

[60] 郑明忠，张道农，张小易，等．基于节点集合的 PMU 优化配置方法［J］．电力系统保护与控制，2017，45（13）.

[61] 王茂海，鲍捷，齐霞，等．相量测量装置（PMU）动态测量精度在线检验［J］．电力系统保护与控制，2009，37（10）.

[62] 许树楷，谢小荣，辛耀中．基于同步相量测量技术的广域测量系统应用现状及发展前景［J］．电网技术，2005，29（2）.

[63] 庞杰．电网相量同步测量技术及应用［J］．高电压技术，2007，33（3）.

[64] 华北电网有限公司电力调度通信中心．电力系统实时动态监测系统（WAMS）系列规范［M］．北京：中国电力出版社，2009.

[65] 谢小荣，韩英铎．电力系统频率测量综述［J］．电力系统自动化，1999，23（3）：54，57.

[66] 贺建闽，黄治清．基于相位差校正的电网频率高精度测量［J］．继电器，2005，33（44）.

[67] 朱旻捷，张君，秦虹，等．一种基于实时数据误差补偿的傅里叶测频算法［J］．电力系统保护与控制，2009，37（22）.

[68] 曾妍．数字化电能表计量准确度校验装置研究［D］．华中科技大学，2016.

[69] 王明．基于电子式互感器的数字计量体系研究［D］．西安理工大学，2017.

[70] 胡小波．基于 IEC 61850 的数字化多功能电能表的研究［D］．中国石油大学（华东），2010.

[71] 郑安平，朱会，等．基于 IEC 61850 的多功能电能表［J］．仪表技术与传感器，2012，10.

[72] 王文华，傅晓平，沈孝贤．传统电能表与数字化电能表的对比分析［J］．浙江电力，2011，5.

[73] 王晓芳，周有庆，袁旭龙，等．符合 IEC 61850 标准的数字化线路保护研究［J］．电力系统保护与控制，2009，37（04）.

[74] 田韶昱，等．电子式互感器及其在智能变电站中的应用［J］．电网技术，2011.

［75］ 窦晓波，吴在军，胡敏强，等. IEC 61850 标准下合并单元的信息模型与映射实现［J］. 电网技术，2006，30（02）.

［76］ 王玲，崔琪，负保记，等. 基于 IEC 61850 标准的高压线路间隔的建模研究［J］. 继电器，2007，35（24）.

［77］ 章坚民，蒋世挺，金乃正，等. 基于 IEC 61850 的变电站电能量采集终端的建模与实现［J］. 电力系统自动化，2010，34（11）.

［78］ 陶顺，徐永海，齐林海. 现代电能质量测量技术［M］. 北京：中国电力出版社，2015.

［79］ 陈方霞. 在于代理的分布式体系结构研究与应用［D］. 北京：华北电力大学，2011，21.

索　引